普通高等教育建筑

建筑供配电与照明（第2版）

主编／魏 明

主审／龙莉莉

重庆大学出版社

内 容 提 要

本书是以贯彻国家现行用电标准、配电设计要求和规范为指导思想,系统地介绍了建筑供配电系统的组成。主要内容包括:建筑供配电的基础知识、供配电系统的负荷计算、短路电流及其计算、变配电所及其一次系统、供配线线路、供配电系统的过流保护、二次回路与自动装置、电气照明、电气安全防雷接地系统等方面的知识。

本书与其他相类似书籍相较,在内容和体系上作了一些调整和充实,主要是对建筑供配电部分和电气照明部分作了详细的介绍,使内容更趋于实用;并力求图文并茂,理论与实践相结合,深入浅出,方便读者自学。

本书适用于建筑电气工程专业,以及房屋设备安装、建筑装饰、工程造价、工业与民用建筑等非电类专业的教学用书,也可作为有关工程技术人员的参考用书。

图书在版编目(CIP)数据

建筑供配电与照明/魏明主编.—2版.—重庆:
重庆大学出版社,2011.1(2024.8 重印)
ISBN 978-7-5624-3406-1

Ⅰ.①建…　Ⅱ.①魏…　Ⅲ.①房屋建筑设备—供电②
房屋建筑设备—配电系统③房屋建筑设备—电气照明
Ⅳ.①TU852②TU113.8

中国版本图书馆 CIP 数据核字(2010)第 248068 号

建筑供配电与照明
(第2版)

魏　明　主编
龙莉莉　主审
责任编辑:陈红梅　吴达周　　版式设计:王　勇　张　婷
责任校对:许　玲　　　　　责任印制:赵　晟

*

重庆大学出版社出版发行
出版人:陈晓阳
社址:重庆市沙坪坝区大学城西路 21 号
邮编:401331
电话:(023) 88617190　88617185(中小学)
传真:(023) 88617186　88617166
网址:http://www.cqup.com.cn
邮箱:fxk@ cqup.com.cn(营销中心)
全国新华书店经销
POD:重庆新生代彩印技术有限公司

*

开本:787mm×1092mm　1/16　印张:19.25　字数:480 千
2005 年 7 月第 1 版　2011 年 1 月第 2 版　2024 年 8 月第 10 次印刷
ISBN 978-7-5624-3406-1　定价:49.00 元

特别鸣谢单位

（排名不分先后）

天津大学	重庆大学
广州大学	江苏大学
湖南大学	南华大学
东南大学	扬州大学
苏州大学	同济大学
西华大学	江苏科技大学
上海理工大学	中国矿业大学
南京工业大学	南京工程学院
华中科技大学	南京林业大学
武汉科技大学	武汉理工大学
山东科技大学	天津工业大学
河北工业大学	安徽工业大学
合肥工业大学	广东工业大学
重庆交通大学	福建工程学院
重庆科技学院	江苏制冷学会
西安交通大学	解放军后勤工程学院
西安建筑科技大学	新疆伊犁师范学院
安徽建筑工业学院	江苏省建委定额管理站

前　言

建筑供配电与照明在建筑电气工程中占有很重要的地位,本书以贯彻国家用电标准、配电设计要求和规范为指导思想,由浅入深,系统地介绍了建筑供配电系统以及电气照明系统。

编写本书的目的

建筑电气是一门综合性极强的技术,它涉及的学科十分广泛,学科的综合性也越来越强。建筑供电与照明知识不仅是建筑电气工程专业必须掌握的专业知识,也是房屋设备安装、工程造价、工业与民用建筑、建筑设计、建筑装饰、智能建筑等专业的学生需要了解和掌握的专业知识。本书是顺应各专业对供配电知识的需求,把建筑供配电知识和电气照明知识整合在一起,从系统理论的介绍,到实际工程图例的讲解,理论与实践相结合,使读者方便、快捷、直观地了解和掌握建筑电气强电工程的主要内容。

本书的读者对象

本书适用于建筑电气工程专业,以及房屋设备安装、工程造价、工业与民用建筑、建筑设计、建筑装饰、智能建筑等专业的教学用书,也可作为相关工程技术人员的参考用书。

本书的内容

本书共分9章,第1章扼要地介绍了建筑供配电系统的有关基础知识;第2章介绍了电力负荷及其计算;第3章介绍了短路电流及其计算;第4章讲述了变配电所及其一次系统;第5章讲述了供配电线路;第6章介绍了供配电系统的过流保护;第7章介绍了供配电二次回路和自动装置;第8章讲述了电气照明系统;第9章介绍了防雷与接地系统。同时,在每章后面附有练习题供读者练习,以方便读者快速掌握和巩固本书所涉及到的重点内容。

本书特点

    本书是建设新形势的产物,是顺应各专业对供配电知识的需求,把建筑供配电知识和电气照明知识整合在一起,书中图文并茂,采用了大量的实际应用工程图例,理论与实践相结合,使得本书较之其他同类书籍,内容和体系上更趋于完整、实用。同时,为了方便读者自学和教师授课,充分发挥本教材的优点,本书配有与本书配套的电子课件。读者可登录 www.cqup.wm,然后进入"资源网站",在"书籍搜索"中,填写书名或作者名后,点击"搜索"按钮,再点击"电子教案",按照网站上的具体提示下载即可。

    本书由重庆大学魏明主编,其中1,2,3,4章由冯芳碧撰稿,全书由龙莉莉主审。在编写过程中参阅了大量公开或内部发行的技术书刊、资料,吸取了许多有益的知识,在此向原作者致以衷心的感谢;同时,本书在编写过程中,先后得到了很多同仁的大力支持和帮助,亦在此表示诚挚的谢意!

    由于编者水平有限,错误之处在所难免,敬请广大读者和同行批评指正。

编 者

2010 年 7 月

目　录

1

概 论

1.1 建筑供配电的要求与供电电源

1.1.1 建筑供配电的基本要求

我国《电力法》规定:"电力生产与电网运行应当遵循安全、可靠、优质、经济的原则。电网运行应连续、稳定,保证供电可靠性。"又规定:"国家对电力供应和使用,实行安全用电、计划用电的管理原则。"因此,建筑供配电的基本要求是:安全、可靠、优质、经济、合理。

安全:在电能的供应、分配和使用中,应避免发生人身事故和设备事故,实现安全供用电。

可靠: 在发电、供电系统正常运行的情况下,应连续向用户供电,不得中断。由于供电设施检修、依法限电或用户违法用电等原因,需要中断供电时,应按规定事先通知用户。《供电营业规则》规定:"供电设备计划检修时,对 35 kV 及其以上电压的用户的停电次数,每年不应超过 1 次;对 10 kV 供电的用户,每年不应超过 3 次。"

优质:应满足用户对电能质量的要求。电能质量包括电压质量和频率质量,均应符合现行标准和《供电营业规则》中的有关规定。

经济:供配电系统的投资要少,运行费用要低,尽可能地节约电能和有色金属消耗量。在供电系统设计中,应采用符合现行国家标准的效率高、能耗低、性能先进的电气产品,不得采用明令淘汰的产品。

合理:在供配电工作中,应合理地处理局部和全局、当前和长远等关系。既要照顾局部和当前的利益,又要有全局观点,按照统筹兼顾、保证重点、择优供应的原则,做好供配电工作。

1.1.2 供配电系统的电源

1) 市电电源

供配电系统的电源主要由电力部门提供。电能是国民经济各部门和社会生活中的主要能源和动力。电能由一次能源如原煤、原油、天然气、核燃料、水能、风能、太阳能、地热能、海洋能、潮汐能等转换而来,它是一种特殊的"商品",其生产具有发、输、变、配、用同时性等特点。电能从发电厂到用户的过程见图1.1。

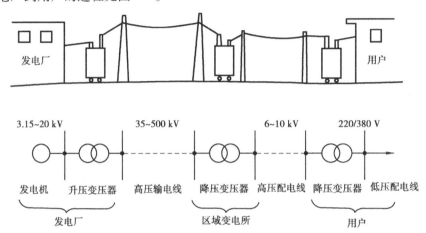

图 1.1 电力系统示意图

电力系统就是由不同等级的电力线路,将发电厂、变电所、用户有机结合起来的一个整体。建立大型的电力系统,将更加经济合理地利用能源,减少电能损耗,降低发电成本,并大大提高供电可靠性,有利于国民经济发展。

（1）发电厂

发电厂是将自然界蕴藏的各种一次能源转变为二次能源,即电能的工厂。目前,我国是以火力、水力发电为主,同时也很重视核电站的建设。

（2）变电站（所）

变电站是变换电压、分配电能的场所,由变压器和配电装置组成。按变压的性质和作用又分为:升压变电站和降压变电站。对处于电力系统末端的用户,变电站又称为变电所。

（3）配电所

对仅装有受电、配电设备而没有变压器的场所称为配电所,其作用是接受电能和分配电能。

（4）电能用户

电能用户就是消耗电能的场所。所有用电单位都称为电能用户。

（5）电力系统

电力系统是指由各种电压的电力线路将发电厂、变电所和电能用户联系起来的一个发电、输电、变电、配电和用电的整体。

（6）电力网（电网）

电力网是电力系统中各级电压的电力线路及其联系的变配电所的统称,见图1.2。习惯上电网和系统也用来指某一电压等级的整个电力线路,如 10 kV 电网或 10 kV 系统。110 kV 及其以上的供电范围较大的电网,通常称为区域电网;110 kV 及其以下的供电范围较小的电网,通常称为地方电网。

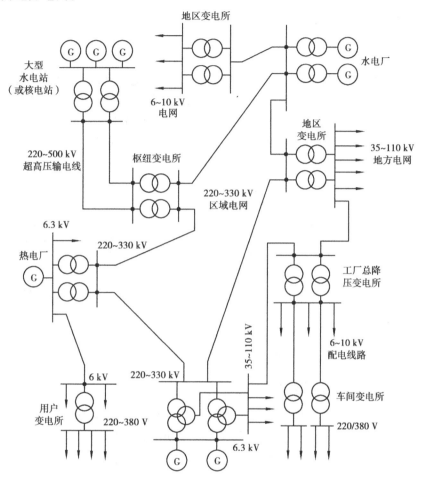

图 1.2　大型电力系统的系统图

2)自备电源

自备电源通常是作为一些重要负荷的备用电源。当正常供电电源(即由公共电网供电的电源)因故停电时,自备电源将投入运行,以保证用户对供电可靠性的要求。常用的自备电源主要有应急柴油发电机组、静态交流不停电电源装置 UPS(Uninterrupted Power System)等。

1.2　电能用户的负荷分级及其对供电的要求

1.2.1　负荷分级

电力负荷又称电力负载,它有 2 种含义:一是指耗用电能的用电设备或用电单位(用户),

如重要负荷、非重要负荷、动力负荷、照明负荷等;二是指用电设备或用电单位所耗用的电功率或电流大小,如轻负荷(轻载)、重负荷(重载)、空负荷(空载)、满负荷(满载)等,其具体含义视情况而定。

电力负荷按其供电中断后所造成的损失或影响的程度分为三级:

1)一级负荷

一级负荷为中断供电将造成人身伤亡者,或者中断供电将在政治、经济上造成重大损失者,如重大设备损坏、重大产品报废、重要原料生产的产品大量报废、国民经济中重点企业的连续生产过程被打乱需要长时间才能恢复等;中断供电将影响有重大政治、经济意义的用电单位的正常工作者,如重要铁路枢纽、重要通信枢纽、重要宾馆、经常用于国际活动的大量人员集中的公共场所等用电单位的重要电力负荷;高层建筑的重要电力负荷等。

2)二级负荷

二级负荷为中断供电将在政治、经济上造成较大损失的负荷,如主要设备损坏、大量产品报废、连续生产过程被打乱需较长时间才能恢复、重点企业大量减产等;中断供电将影响重要用电单位正常工作的负荷,如交通枢纽、通信枢纽等用电单位中的重要电力负荷,以及中断供电将造成大型影剧院、大型商场等较多人员集中的重要公共场所秩序混乱的负荷。

3)三级负荷

三级负荷为一般的电力负荷,即所有不属于一、二级负荷的电力负荷。

1.2.2　各级负荷对供电的要求

一级负荷应由不少于2个独立电源供电。当一个电源发生故障时,另一个电源应不致同时损坏,以维持继续供电。对一级负荷中特别重要的负荷,除设置上述2个电源外,还必须增设应急电源。常用的应急电源可使用独立于正常电源的发电机组、蓄电池组或电力系统中有效地独立于正常电源的专用线路。

二级负荷要求由双回路供电。当获取双回路有困难时,可采用单回路专线供电。

三级负荷属于不重要负荷,对供电电源不做特殊要求。

1.3　电力系统的电压

电力系统中的所有电气设备都是在一定的电压和频率下工作的。当电气设备工作在额定条件下时,才能获得最佳经济效益。

我国三相交流电的额定频率为50 Hz,称为工频。工频频率偏差一般不得超过 ±0.5 Hz,它是由发电厂来决定。对供配电系统来说,提高电能质量主要是通过提高电压质量来实现,电压质量是按照国家标准和规范对电力系统电压的偏移、波动和波形的一种质量评估。

1.3.1　三相交流电网和电力设备的额定电压

按照《标准电压》(GB 156—93)规定,我国三相交流电网和发电机的额定电压,见表1.1。表中变压器一、二次绕组额定电压,是依据我国生产的电力变压器标准产品规格确定的。下面结合表1.1,对电网和各类电力设备的额定电压做以说明。

表 1.1　我国三相交流电网和电力设备的额定电压(据 GB 156—93)

分　类	电网和用电设备额定电压/kV	发电机额定电压/kV	电力变压器额定电压/kV	
			一次绕组	二次绕组
低　压	0.38	0.40	0.38	0.40
	0.66	0.69	0.66	0.69
高　压	3	3.15	3/3.15	3.15/3.3
	6	6.3	6/6.3	6.3/6.6
	10	10.5	10/10.5	10.5/11
	—	13.8/15.75/18	13.8/15.75/18	—
	—	20/24/26	20/24/26	—
	35	—	35	38.5
	66	—	66	72.6
	110	—	110	121
	220	—	220	242
	330	—	330	363
	500	—	500	550

(1)电网(线路)的额定电压

电网(线路)的额定电压是国家规定的相应的电压等级。一个国家的电压等级是国家根据国民经济的发展和电力工业的水平,经全面的技术经济比较分析后确定的,它是确定各类电力设备额定电压的基本依据。

(2)用电设备的额定电压

由于用电设备运行时在线路上要产生电压降,所以线路上各点的电压略有不同,如图1.3中虚线所示。用电设备的额定电压不可能按线路上各点的实际电压来制造,而只能按照线路上首端与末端的平均电压来制造。所以,用电设备的额定电压与同级电网的额定电压相同。

(3)发电机的额定电压

由于电力线路允许的电压偏移一般为±5%,即整个线路允许有10%的电压损耗值。为了维持线路的平均电压在额定值,作为线路首端的发电机,其额定电压应较电网额定电压高5%,用来弥补线路电压损耗,而线路末端则可较线路额定电压低5%,如图1.3所示。

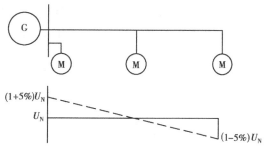

图 1.3　用电设备和发电机的额定电压说明

（4）电力变压器的额定电压

电力变压器一次绕组的额定电压分2种

情况：一是变压器直接与发电机相连，其一次绕组额定电压与发电机额定电压相同；二是变压器直接与线路相连，这时可将变压器视为用电设备，其一次绕组的额定电压应与所接电网的额定电压相同。

电力变压器二次绕组的额定电压指空载电压。当满载时，二次绕组约有5%的阻抗电压降。所以，当变压器二次侧供电线路较长（一般是较高电压等级的电网）时，其二次绕组额定电压要比所接电网的额定电压高10%，这是为了弥补其内部电压损耗和线路上电压损耗；当变压器二次侧供电线路不太长（一般是低压线路）时，只考虑弥补变压器内部5%的电压损耗，则其二次绕组的额定电压只需高于所接电网额定电压的5%即可。

1.3.2 电力系统的电压与电能质量

1)电压偏移及其抑制

（1）电压偏移的含义

电压偏移，或称电压偏差 $\eta_{\Delta U}$*，是指设备的端电压 U 与设备额定电压 U_N 之差对设备的额定电压 U_N 之比的百分数，即

$$\eta_{\Delta U} = \frac{U - U_N}{U_N} \times 100\% \qquad (1.1)$$

电压偏移 $\eta_{\Delta U}$ 对电气设备的工作性能和使用寿命有很大影响。

①对感应电动机的影响。当感应电动机的端电压比其额定电压低10%时，由于转矩与端电压的平方成正比（$T \propto U^2$），因此其实际转矩将只有额定转矩的81%，而负荷电流将增大5%~10%，温升将提高10%~15%，绝缘老化程度将比额定运行时增加1倍以上，电机的寿命将缩短；同时，由于转矩减小，转速下降，还会影响生产效率及产品质量。当端电压偏高时，电机电流和温升也将增加，绝缘受损，对电机也不利，也要缩短电机寿命；当电压偏高较多时，甚至会直接击穿设备绝缘层，损坏设备。

②对同步电动机的影响。当同步电动机的端电压偏高或偏低时，转矩也要按电压的平方成正比变化（$T \propto U^2$），因此同步电动机的电压偏差，除了不会影响其转速外，其他如对转矩、电流和温升等参数的影响，与感应电动机相同。

③对电光源的影响。电压偏移对热辐射光源，如白炽灯的影响最为明显。当白炽灯的端电压降低10%时，灯泡使用寿命将延长2~3倍；但发光效率将下降30%以上，光通量明显下降，照度降低，影响人的视力，降低工作效率。当其电压偏高于10%时，发光效率提高1/3；但其使用寿命将大大缩短，只有原来的1/3。

④电压偏移对气体放电光源的影响也不容忽视。当其端电压偏低时，灯管不易启燃，如多次反复启燃，则灯管使用寿命将大打折扣，而且电压偏低时，照度下降，影响视力，降低工作效

---

* $\eta_{\Delta U}$ 以及以下的 $\eta_{\delta U}$，η_{I_0} 和 η_{U_K} 等电气参数的百分数，在一些资料中分别表示为 $\Delta U\%$，$\delta U\%$，$I_0\%$，$U_K\%$ 等，以说明相应电压、电流对其额定值之比的百分数。本教材采用将相应电流、电压列为下标，以此说明主参数百分数 η 的属性。

率;当电压偏低太多时,灯管无法启燃,工作着的灯管也将停止工作;当其电压偏高时,灯管寿命又要缩短。

《供配电系统设计规范》(GB 50052—95)规定,正常情况下,用电设备端子处电压偏差$\eta_{\Delta U}$的允许值应符合以下要求:

a.电动机为 ±5%。

照明:在一般工作场所为 ±5%;对于远离变电所的小面积一般工作场所,难以满足上述要求时,可为 -10% ~ +5%;应急照明、道路照明和警卫照明等为 -10% ~ +5%。

b.其他用电设备,当无特殊规定时为 ±5%。

(2)电压偏移的抑制

①科学地确定电力系统中各个电气设备的额定电压。

②正确选择无载调压形变压器的电压分接头。我国处于电力系统末端的用户中应用的 10 kV 电力变压器,一般为无载调压形,其高压绕组有 $(1 \pm 5\%) U_N$ 的电压分接头,并装有无载调压分接开关,如图1.4所示。调压原理为:

$$\frac{U_1}{U_2} = \frac{N_1}{N_2}$$

$$U_2 = U_1 \times \frac{N_2}{N_1} \qquad (1.2)$$

式中,N_1,N_2——常数。

设备端电压偏高时,应将分接开关接到 $(1 + 5\%) U_N$ 的分接头,以降低设备端电压;如设备

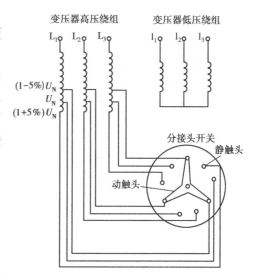

图1.4　电力变压器的分接开关

端电压偏低,则应将分接开关接到 $(1 - 5\%) U_N$ 的分接头,使设备端电压升高。

③合理减小系统阻抗。由于供配电系统中的电压损耗与系统中各元件(如电力变压器、线路)的阻抗成正比,当电压偏低时,可增大导线的截面积来减小系统阻抗,降低电压损耗,从而缩小电压偏差。

④合理改变系统的运行方式。对 2 台变压器并列运行的变电所,在负荷较轻时只运行 1 台变压器,可起到降低过高电压的作用。

⑤设备尽量平衡地分配在三相系统中。在低压配电系统中,存在大量的单相设备,如果这些单相设备在三相系统中分布不平衡,将使系统的中性点电位偏移,造成有的相电压偏高,有的相电压偏低。为此,应使单相设备尽量平衡地分配在三相系统中,以降低中性点电位偏移,提高电压质量。

⑥采用无功补偿提高功率因数。由于系统中存在大量的感性负荷,如感应电动机、变压器、气体放电光源等。因此,系统中的功率因数偏低,导致输送同样的有功功率时,线路中的电流、电压损耗、电压偏差均较大。所以,采用并联电容或同步电动机来提高功率因数,降低系统的电压损耗。

2）电压波动及其抑制

（1）电压波动的产生及其危害

电压波动是指电网电压的快速变动或电压包络线的周期性变动。电压波动值以用户公共供电点的相邻最大电压方均根值 U_{max} 与最小电压方均根值 U_{min} 之差同电网额定电压 U_N 之比的百分值 $\eta_{\delta U}$ 来表示，即

$$\eta_{\delta U} = \frac{U_{max} - U_{min}}{U_N} \times 100\% \qquad (1.3)$$

$\eta_{\delta U}$ 的变化速率按《电能质量、电压允许波动和闪变》（GB 12326—90）规定，应不低于0.002 次/s。

电压波动是由于负荷急剧变动的冲击性负荷所引起，负荷急剧变动使电网的电压损耗相应变动，从而使用户公共供电点的电压出现波动现象。如电动机的启动、电焊机的工作等均会引起电网电压的波动。

电压波动可影响电动机的正常工作，甚至使电动机无法正常运行；对同步电动机还会引起转子振动，导致电子设备和电子计算机无法正常工作，使照明设备发生明显的闪烁，严重影响人们的视觉。

（2）电压波动的抑制

①对负荷变动剧烈的大型电器设备，采用专线供电。

②增大供电容量，减小系统阻抗，如将单回路线路改为双回路线路，使系统的电压损耗减小，从而减小负荷变动引起的电压波动。

③在系统出现严重的电压波动时，减小或切除引起电压波动的负荷。

1.3.3　高次谐波及其抑制

1）高次谐波的相关概念及其危害

谐波是指对非正弦周期交流量进行傅立叶级数分解的大于基波频率整数倍的各次分量，通常称为高次谐波。其中，基波是指其频率与工频相同的分量。向公用电网注入谐波电流或在公用电网中产生谐波电压的电气设备，称为谐波源。

电力系统中的三相交流发电机发出的电压，可以认为其波形是正弦波，即电压波形中基本上无直流和高次谐波。由于电力系统中存在"谐波源"，如大型的半导体变流设备、电弧炉、电子设备、UPS等非线性电气设备的使用，使得高次谐波的干扰成了当前电力系统中影响电能质量的一大"公害"。

谐波对电气设备的危害很大，谐波电流可使变压器、电动机等带铁芯的电气设备铁损增加，发热严重，使电动机转子发生谐振现象；谐波电压加在电容器两端时，由于电容器对谐波电流的阻抗很小，因此电容器很容易发生过载，甚至烧毁。此外，谐波电流可使电力线路的电能损耗和电压损耗增加；谐波电流使低压系统中的中性线发热，甚至烧毁中性线；可使电力系统中发生电压谐振，产生过电压，危及系统中电气设备的绝缘；并可对附近的通信设备和通信线路产生信号干扰。

2)高次谐波的抑制

抑制高次谐波,从供电的角度可采取下列措施:

①对用户三相配电变压器,宜选用 D,yn11 联接组别。由于原边绕组允许三次谐波电流环向流通,励磁电流为尖顶波,产生的磁通为正弦波,故副边相绕组没有三次谐波感应电动势,输出就不存在三次谐波电压。

②装设分流滤波器。在大容量静止"谐波源"(如大型晶闸管变流器)与电网连接处,装设分流滤波器,如图 1.5 所示。使滤波器的各组 R—L—C 回路分别对 5,7,11,…次谐波发生串联谐振,从而使这些谐波电流被它分流吸收,而不致注入电网中去。

③对高次谐波严重的 220/380 V 线路,中性线与相线截面相同,可以防止谐波中的三次和三的倍数次谐波电流烧毁中性线而发生的严重后果。

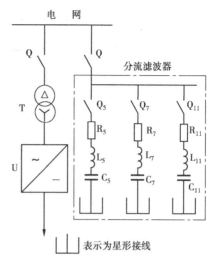

图 1.5 装设分流滤波器吸收高次谐波

1.4 电力系统的中性点运行方式

在三相交流电力系统中,发电机和变压器以星形联接时,其中性点有 3 种运行方式:中性点不接地;中性点经消弧线圈接地;中性点直接接地。前两种称为小电流系统,后一种称为大电流系统。

我国 3~66 kV 系统中,3~10 kV 系统一般采用中性点不接地的运行方式,其系统接地电流大于 30 A;20 kV 及其以上系统接地电流大于 10 A 时,则应采用中性点经消弧线圈接地的运行方式。110 kV 及其以上的系统都采用中性点直接接地的运行方式。220/380 V 低压系统,广泛采用中性点直接接地的运行方式,并且引出中性线(代号 N)、保护线(代号 PE)或保护中性线(代号 PEN)。

1.4.1 中性点不接地运行方式

图 1.6 是电源中性点不接地的电力系统正常运行时的电路图和相量图。

为了简化起见,假设图中所示三相系统的电源电压、线路参数都是对称的,线路参数归结到负载中去,将各相与地之间的分布电容用一个集中电容 C 表示,相间电容与所讨论的问题无关而予以略去。

现在分析系统正常时以及系统发生单相接地故障时的各相对地电压 $\dot{U}'_A$,$\dot{U}'_B$,$\dot{U}'_C$,负载上的线电压 $\dot{U}_{AB}$,$\dot{U}_{BC}$,$\dot{U}_{CA}$,接地电流(电容电流)$\dot{I}_C$ 是否有变化?如何变化?

① 系统正常运行时,电源三个相电压 $\dot{U}_A$,$\dot{U}_B$,$\dot{U}_C$ 是对称的,三相的对地电容电流 $\dot{I}_{C0}$ 也是平衡的,接地电流 $\dot{I}_C = \dot{I}_{C0,A} + \dot{I}_{C0,B} + \dot{I}_{C0,C} = 0$

② 系统发生单相接地时,如图 1.7 所示。

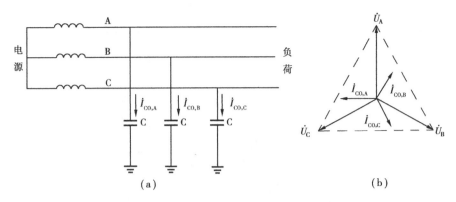

图 1.6 正常运行时的中性点不接地的电力系统

（a）电路图；（b）相量图

$$\dot{U}'_A = \dot{U}_A - \dot{U}_C = \dot{U}_{AC} \to U'_A = \sqrt{3}U_A$$

$$\dot{U}'_B = \dot{U}_B - \dot{U}_C = \dot{U}_{BC} \to U'_B = \sqrt{3}U_B$$

$$\dot{U}'_C = 0 \to U'_C = 0$$

这时各相对地电压,即完好相的对地电压由原来的相电压升高为线电压,故障相的对地电压为零。负载上的线电压不变。

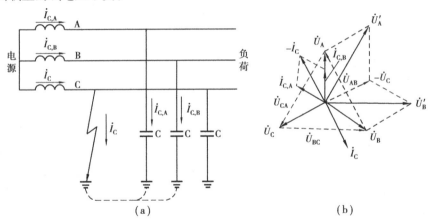

图 1.7 单相接地时的中性点不接地的电力系统

（a）电路图；（b）相量图

接地电流 $\dot{I}_C$,由图 1.7a 可见, $\dot{I}_C = -(\dot{I}_{C,A} + \dot{I}_{C,B})$。由相量图 1.7b 可知, $\dot{I}_C$ 在相位上正好超前 $\dot{U}_C 90°$。在大小上, $I_C = \sqrt{3}I_{C,A}$,而 $I_{C,A} = \dfrac{U'_A}{X_C} = \dfrac{\sqrt{3}U_A}{X_C} = \sqrt{3}I_{CO}$。

$$I_C = 3I_{CO}$$

即单相接地时的电容电流为正常运行时每相对地电容电流的 3 倍。

由于电容 C 不易准确确定,因此 I_C 的计算通常采用下列经验公式来确定,即

$$I_C = \frac{U_N(l_{oh} + 35l_{cab})}{350} \tag{1.4}$$

式中, I_C——系统的单相接地电容电流;

U_N——系统的额定电压;

l_{oh}——同电压 U_N 有联系的架空线路总长度;

l_{cab}——同电压 U_N 有联系的电缆线路总长度。

综上所述:当电源中性点不接地的系统发生单相接地时,因为线路的线电压无论从大小还是相位均未发生变化,所以系统中的电气设备仍能正常运行。但是,在该系统中,当发生单相接地故障后,负载只能运行 2 h,因为如果任意一相发生接地故障时,就形成两相接地短路,较大的短路电流造成的危害很大,这是不允许的。

因此,在中性点不接地的系统中,应装设专门的单相接地保护(绝缘监测装置)。当系统发生单相接地故障时,给予报警信号,提醒有关值班人员注意,并及时处理。

1.4.2 中性点经消弧线圈接地的运行方式

在上述中性点不接地的系统中发生单相接地故障时,如果接地电流较大,有可能出现断续电弧,致使 R,L,C 串联电路发生串联谐振,即发生电压谐振现象;使线路上出现危险的过电压(可达相电压的 2.5~3 倍),这可能导致线路上绝缘薄弱地点的绝缘击穿。为了防止单相接地时接地点出现断续电弧,引起过电压的情况,在单相接地电容电流大于一定值的电力系统中,电源中性点必须采取经消弧线圈接地的运行方式。

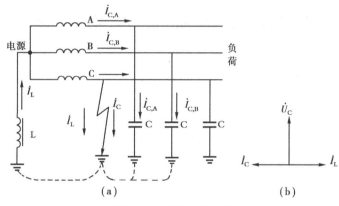

图 1.8 中性点经消弧线圈接地的电力系统

(a)电路图;(b)相量图

图 1.8 是电源中性点经消弧线圈接地的电力系统发生单相接地时的电路图和相量图。消弧线圈就是铁芯线圈,其 $\omega_L \gg R$。

当系统发生单相接地时,流过接地点的电流 $\dot{I}_C$ 超前于故障相电压 $\dot{U}_C 90°$,而消弧线圈的电感电流 $\dot{I}_L$ 滞后 $\dot{I}_C 90°$,一般 $\dot{I}_L$ 小于 $\dot{I}_C$,所以 $\dot{I}_L$ 与 $\dot{I}_C$ 在接地点互相部分补偿;当 $\dot{I}_C$ 小于产生电弧的最小电流值时,就不会产生电弧,也就不会出现谐振过电压现象了。

中性点经消弧线圈接地的运行方式的其他问题,如各相的对地电压、负载上的线电压在故障前后的情况均与中性点不接地的运行方式相同。

所以,该接地系统与中性点不接地的系统一样,在发生单相接地故障时继续运行 2 h,供电可靠性高。要装设绝缘监测装置,对单相接地故障给予报警信号,提示值班人员。当超过 2 h 后,值班人员应进行拉闸处理。

1.4.3 中性点直接接地的运行方式

图 1.9 为电源中性点直接接地的电力系统发生单相接地的电路图。在该系统中,当发生单相接地,即通过接地中性点形成的单相短路,单相短路电流 $I_k^{(1)}$ 比线路的正常负荷电流大得多,系统中的保护装置动作于跳闸,切除短路部分,使系统的其他部分恢复供电。

当中性点直接接地系统发生单相接地时,其他两完好相的对地电压不会升高。因此,凡中性点直接接地的系统中,其供用电设备的绝缘只需按相电压考虑即可。这对 110 kV 及其以上的高压、超高压系统来说,具有相当的经济技术价值。因为高压电器,尤其是超高压电器,其绝缘问题是影响设计和制造的关键问题。电气设备的绝缘降低,就降低了设备的造价,也改善了设备的性能。因此,我国 110 kV 及其以上的高压、超高压系统的电源中性点通常都采用直接接地的运行方式。在低压配电系统中,如 220/380 V 系统,中性点直接接地,在发生单相接地故障时,形成单相短路,一般能使保护装置跳闸,切除故障,保证人身安全。如加装漏电保护开关,则使人身安全更能得到保障。

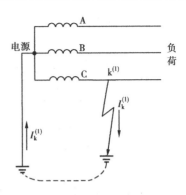

图 1.9 中性点直接接地的电力系统在发生单相接地时的电路

需要说明的是:中性点直接接地的运行方式因一相接地而形成单相短路,保护装置跳闸,所以其供电可靠性很高。

1.4.4 低压配电系统的接地形式(保护接地系统)

低压配电系统的接地形式有 TT 系统、IT 系统及 TN 系统,如图 1.10 所示。

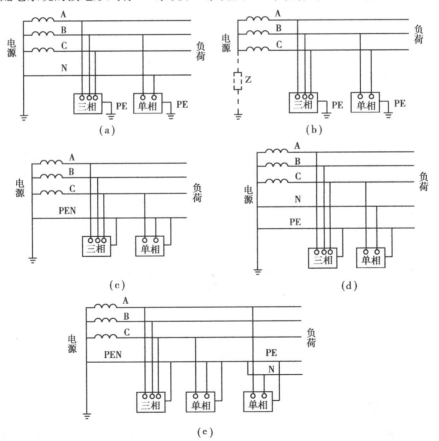

图 1.10 保护接地系统分析

(a)TT 系统;(b)IT 系统;(c)TN—C 系统;(d)TN—S 系统;(e)TN—C—S 系统

1.5 供配电设计的内容及程序简介

建筑供配电设计是整个建筑设计的重要组成部分,供配电设计的质量直接影响到建筑的功能及其发展。建筑供配电设计必须根据上级有关部门的文件、建设单位的设计要求和工艺设备要求进行;建筑供配电设计必须贯彻国家有关工程建设的政策和法令,符合现行的国家标准和设计规范,并遵守对行业、部门和地区的相关规程及特殊规定。注意节约能源,根据工程特点、规模和发展规划,正确处理近期建设和远期发展的关系,做到远近结合,以近期为主,适当考虑扩建的可能。

1.5.1 建筑供配电设计的内容

建筑供配电设计的内容包括:配电线路设计、变配电所设计、电气照明设计、电力设计、防雷与接地设计、电气信号及自动控制设计。

总之,供配电系统设计必须从全局出发,统筹兼顾,按照负荷性质、用电容量、工程特点和地区供电条件,合理确定设计方案。

1.5.2 建筑供配电设计的程序与要求

建筑供配电设计通常分为初步设计和施工图设计 2 个阶段,但对设计规模较小且设计任务紧迫的情况下,经技术论证许可后,也可合并为一个阶段,直接进行施工设计。

1)初步设计

初步设计的主要内容是根据任务书的要求,进行负荷计算,确定建筑工程用电量及供配电系统的原则性方案,提出主要设备和材料清单及其订货要求,编制工程概算,控制工程投资,报上级主管部门审批。因此,初步设计资料应包括设计说明书和工程概算 2 部分。

(1)收集资料

为了进行初步设计,在设计前必须收集以下资料:

①建筑总平面图,各建筑的土建平、剖面图。

②工艺、给水、排水、通风、供暖及动力等工种的用电设备平面图及主要剖面图,并附有各用电设备的名称及其有关技术数据。

③用电负荷供电可靠性的要求及其工艺允许停电时间。

④向当地供电部门收集下列资料:可靠的电源容量和备用电源容量;供电电源的电压、供电方式(架空线还是电缆线,专用线还是公共线)、供电电源线路的回路数、导线型号规格、长度以及进入用户的方位及具体布置;电力系统的短路容量数据或供电电源线路首端的开关断流容量;供电电源线路首端的继电保护方式及动作电流和动作时限的整定值,电力系统对用户进线端继电保护方式及动作时限配合的要求;供电部门对用户电能计量方式的要求及电费的收取办法;对用户功率因数的要求;电源线路设计与施工的分工及用户应负担的投资费用等。

⑤向当地气象、地质部门收集下列资料:当地气温数据,如最高年平均温度、最热月平均温度、最热月平均最高温度以及最热月地下约 1 m 处的土壤平均温度等,当地年雷暴日数;当地

土壤性质、土壤电阻率;当地曾经出现过或可能出现的最高的地震烈度;当地常年主导风向,地形下水位及最高洪水位等。

⑥向当地消防主管部门收集资料。由于建筑防火的需要,设计前必须走访当地消防主管部门,了解现行法制法规。

(2)编制初步设计文件

建筑方案经上级主管部门批准以后,即可进行初步设计。

初步设计文件一般包括:图纸目录、设计说明书、设计图纸、主要设备材料表和工程概算。

(3)供电设计

①供电电源及电压。

②供电系统。

③变配电所。

④继电保护与计量。

⑤控制与信号。

⑥功率因数补偿方法。

⑦输电线路。

⑧过电压与接地保护。

(4)电力设计

①电源电压和配电系统。

②配电设备选择。

③选择导线及线路敷设方式及敷设部位。

④防止触电危险所采取的安全措施。

(5)电气照明设计

①确定照明方式和照明种类,确定照度标准。

②进行光源及灯具的选择,布置照明灯具。

③进行照明计算。

④进行照明线路的型号、规格选择计算,确定导线的敷设方式及敷设部位。

⑤确定照明电源、电压、容量及配电系统形式及应急照明电源的切换方式等。

(6)建筑物的防雷保护

①建筑物的防雷等级。

②接闪器的类型和安装方法。

③接地装置:接地电阻的确定,接地极处理方法和采用的材料。

(7)电气信号与自动控制

①叙述工艺要求所采取的手动、远程控制。

②控制原则。

③仪表和控制设备的选择。

2)设计图纸

①供电总平面图。

②高低压供电系统图。

③变配电所平面图。

④电力平面及系统图。

⑤照明平面及系统图。

⑥电气信号和自动控制。

⑦主要设备材料表。

⑧计算书(不对外)。

1.5.3　施工图设计

初步设计文件经有关部门审查批准后,就可以进行施工图设计。在施工图设计阶段要做好准备工作和完成施工图设计文件。

1)准备工作

在进行编制施工图设计文件前,其准备工作包括:核对各种设计参数、资料的正确性;补充必要的技术资料,如收集有关的设备样本;进一步核对和调整初步设计阶段中的各种计算;对初步设计阶段各种专业相互提供资料,进行补充和深化。

2)编制施工图设计文件

施工图设计文件的深度应达到可以编制施工图预算,可以安排材料及设备和非标准设备的制作,以及进行施工和安装。

施工图设计文件一般包括:图纸目录、设计说明、设计图纸、主要设备材料表和工程预算。

图纸目录中,应列出新绘制的图纸,然后列出选用的标准图,重复利用图及套用的工程设计图。

设计说明中,当本工程有总说明时,在各子项工程图纸中应加以附注说明;当子项工程先后出图时,应分别在各子项工程图纸中写出设计说明;图例一般在总说明中。

(1)供电总平面图

①设计说明。电源电压、进线方向、线路结构、敷设方式;杆型选择、杆型种类、高低压是否共杆、电杆距路边的距离、杆顶装置引用标准图的索引号;架空线路的敷设、导线型号规格、档数、入户线的架设和保护;路灯的控制、路灯方位和照明、路灯型号规格和容量、路灯的保护;重复接地装置的电阻值、型式、材料和埋地方法。

②图纸内容。标出建筑子项名称(或编号)、层数(标高)、等高线和用户的设备容量等;画出变配电所位置、线路走向、电杆、路灯、拉线、重复接地和避雷器、室外电缆等;标出回路编号、电缆、导线截面、根数、路灯型号和容量;绘制杆型选择表。

(2)变配电所

①高、低压供电系统图。画单线图,表明继电保护、电工仪表、电压等级、母线和设备元件的型号规格;系统表栏从上到下依次为:开关柜编号、开关柜型号、回路编号、设备容量、计算电流、导线型号规格、用户名称、二次接线方案编号。

②变配电所平、剖面图。按比例画出变压器、开关柜、控制柜、电容器柜、母线、穿墙套管、支架等平剖面布置、安装尺寸;进出线的编号、方向位置、线路型号规格、敷设方法;变配电所选用标准图时,应注明选用标准图编号和页数。

③变配电所的照明和接地平面图。接地极和接地线的平面布置、材料规格、埋地深度、接地电阻值等;选用的标准安装图编号、页数。

（3）电（动）力系统

①设计说明。电源电压、引入线方式;导线选型和敷设方式;设备安装高度,保护措施（接地系统）。

②电（动）力平面图。画出建筑物平面轮廓（由建筑专业提供工作图）,用电设备位置、编号、容量及进出线位置;配电箱、开关、启动器、线路及接地平面布置,注明回路编号、配电箱编号、型号规格、总容量等。不出系统图时,必须在平面图上注明自动开关整定电流或熔体电流;注明选用的标准安装图的编号和页数。

③电（动）力系统图。用单线绘制,标出配电箱编号、型号规格、开关、熔断器、导线型号规格、保护管径和敷设方法,用电设备编号、名称和容量。

④控制及信号装置原理图。包括控制原理图和设备元件布置图、接线图、外引端子板图。

⑤安装图。包括设备安装图和非标准件制作图,设备材料明细表。尽量选用安装标准图和标准件,一般不出图。

（4）电气照明

①照明平面图。配电箱、灯具、开关、插座、线路等平面布置（在建筑专业提供的建筑平面图上作业）;标注线路、灯具型号、安装方式及高度、配电设备的编号、型号规格;复杂工程的照明需要局部大样图,多层建筑有标准层时可只绘出标准层照明平面图;设计说明主要包括电源电压、引入线方式、导线型号规格及敷设方式、保护措施等。

②照明系统图。用单线或多线绘制,标出照明配电箱、开关、熔断器、导线型号、规格、保护管径和敷设方式等。

③安装图。为照明灯具、配电设备、线路安装图。一般不出图,尽量选用安装标准图。

（5）电气信号及自动控制

①配电系统图、控制系统原理图、方框图,要注明系统电气元件符号、接线端子编号、环节名称、列出设备材料表。

②控制室平、剖面图和管线敷设图。

③安装、制作图尽量选用标准设备。

（6）建筑物防雷保护

①建筑物防雷接地平面图。一般小型建筑物绘出屋面防雷平面图及基础接地平面图,复杂形状的大型建筑物应绘出立面图,注明标高、主要尺寸;避雷针、避雷带、引下线、接地装置材料型号规格;注明选用的标准图编号、页数;说明主要包括建筑物和构筑物防雷等级和采取的防雷措施;接地装置的电阻值要求及型式、材料和埋设方法等。

②如果利用建筑物（构筑物）的钢筋混凝土构件或其他金属构件作防雷措施时,应在相关专业的设计图纸上进行注明。

（7）计算书（不对外）

各部分的计算书应经校审并签字,作为技术文件归档。

施工图设计是即将付诸安装施工的最后决定性设计,因此设计时更有必要深入现场调查研究,核实资料,以确保供电工程质量。

习 题

1. 试确定图 1.11 所示供电系统中变压器 T_1 和线路 WL_1，WL_2 的额定电压。

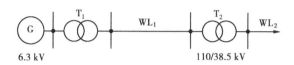

图 1.11 习题 1 的供电系统

2. 试确定图 1.12 所示供电系统中发电机和所有变压器的额定电压。

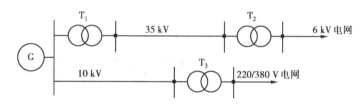

图 1.12 习题 2 的供电系统

3. 某厂有若干车间变电所，互有低压联络线相连，其中某一车间变电所，装有 1 台无载调压型配电变压器，高压绕组有 $(1+5\%)U_N$，U_N 和 $(1-5\%)U_N$ 3 个电压分接头，现调到主分接头 U_N 的位置。白天生产时，低压母线电压只有 360 V，而晚上非生产时，低压母线电压有时高达 410 V。问此变电所低压母线的昼夜电压偏差 $\eta_{\Delta U}$ 范围为多少？宜采取哪些改善措施？

4. 某 10 kV 电网，架空线路总长度 70 km，电缆线路总长度 15 km。试求此中性点不接地的电力系统发生单相接地时的接地电容电流，并判断此系统的中性点是否需要改为经消弧线圈接地？

供配电系统的负荷计算

2.1 负荷计算的目的及相关物理量

要使供配电系统在正常情况下可靠运行,就要求其中的各个元件(如电力变压器、开关设备、导线、电缆等)必须选择合适,除了应满足工作电压和频率的要求外,还要满足正常发热的要求。这就要求对该系统中各个环节的电力负荷,根据基本的原始资料,如铭牌上给定的额定容量、额定电压和有关资料所查得的计算系数等进行统计计算。根据统计计算出的负荷即计算负荷 P_c,满足设备的正常的允许发热条件(也称半小时最大负荷 P_{30})。根据计算负荷选择电气设备和导线,并进行保护的整定计算等,这也是负荷计算的目的。

1)用电设备的工作制

用电设备按工作制分为以下 3 类:

(1)连续运行工作制

是指工作时间较长,负荷输出稳定,连续运行的用电设备。大多数用电设备属此类工作制,如通风机、水泵、压缩机、机床电动机中的主电机、电炉、照明灯等。

(2)短时运行工作制

是指工作时间短,停歇时间长的用电设备。如机床上的辅助电机、控制闸门的电动机等。在用电设备中这类设备的数量很少且容量也小。

(3)断续周期运行工作制

是指周期性地时而工作、时而停歇,反复运行的用电设备。如起重设备,电焊设备等。

断续周期工作制的设备,可用"负荷持续率"(又称暂载率)来表征该种设备在1个工作周期内工作时间的长短。负荷持续率为1个工作周期内工作时间与工作周期的百分比值,用 ε 表示,即

$$\varepsilon = \frac{t}{T} \times 100\% = \frac{t}{t + t_0} \times 100\% \tag{2.1}$$

式中,T——工作周期;

t—— 1 个工作周期内的工作时间;

t_0—— 1 个工作周期内的停歇时间。

2) 设备容量的确定

由于用电设备存在不同的工作制,对不同工作制下设备的额定容量不能简单求和,而须将不同工作制的用电设备的额定容量换算为统一规定工作制下的额定容量,这个经过换算后的额定容量就称为设备容量,用 P_e 表示。设备容量不含备用设备的额定容量。

(1)对连续运行工作制和短时工作制的用电设备组

其设备容量一般是所有设备铭牌额定容量 P_N 之和,即 $P_e = \sum P_N$。

对采用电感镇流器的电光源,要考虑镇流器消耗的功率。估计考虑设备容量为其设备铭牌额定容量之和的 1.2 倍,即 $P_e = 1.2 \sum P_N$。

对不同性质的建筑物估算照明设备的设备容量,可采用单位面积照明容量法来计算,即

$$P_e = A\omega \tag{2.2}$$

式中,A——建筑物的面积,m^2;

ω——照明单位面积照明容量(单位面积安装功率,W/m^2),可参考相应的设计手册。

对短时运行工作制用电设备,也可不考虑其 P_e。

(2)对断续周期运行工作制的用电设备

就是将所有在不同负荷持续率下的铭牌额定容量换算到一个规定的负荷持续率下的功率之和,即

$$P_e = \sqrt{\frac{\varepsilon_N}{\varepsilon_{规}}} P_N = \sqrt{\frac{\varepsilon_N}{\varepsilon_{规}}} S_N \cos\varphi \tag{2.3}$$

式中,P_N, S_N——铭牌额定容量;

$\cos\varphi$——铭牌规定的功率因数;

ε_N——铭牌额定容量所对应的额定负荷持续率;

$\varepsilon_{规}$——换算到的规定的负荷持续率,对电焊设备 $\varepsilon_{规} = 100\%$,起重设备 $\varepsilon_{规} = 25\%$。

3) 负荷曲线及与负荷计算相关的物理量

负荷曲线是表征用电设备的用电负荷(P, Q, S, I)随时间变化的关系曲线,它反映用户用电的特点和规律。负荷曲线绘制在直角坐标系上(见图2.1)。

根据纵坐标表示的负荷(P)性质不同,可分为有功负荷曲线、无功负荷曲线等。根据横坐标表示的持续时间(t)的不同,又可分为日负荷曲线、年负荷曲线等。

图 2.1 是 1 班制用户的日有功负荷曲线,其中图 2.1a 是表示每一瞬时的日有功负荷曲

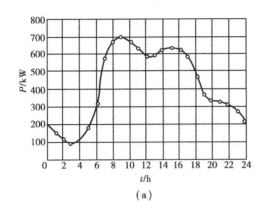
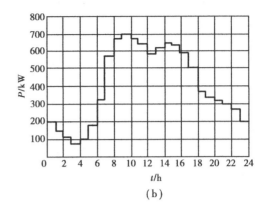

(a)   (b)

图 2.1 日有功负荷曲线

（a）依点连成的负荷曲线;（b)绘成梯形的负荷曲线

线,图 2.1b 是表示半小时分格的日有功负荷曲线,以便确定"半小时最大负荷"。

年负荷曲线,通常绘成负荷持续时间曲线,按负荷大小依此排列,如图 2.2 所示。

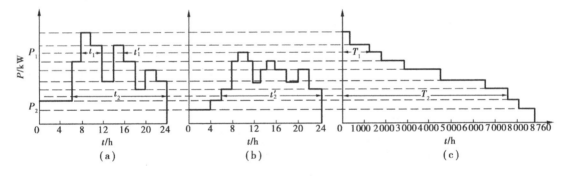

(a)   (b)   (c)

图 2.2 年负荷持续时间曲线的绘制

（a）夏日负荷曲线;（b)冬日负荷曲线;（c)年负荷持续时间曲线

4) 与负荷计算有关的几个物理量

（1）年最大负荷

年最大负荷是指全年中最大工作班(这一工作班的最大负荷不是偶然出现的,而是全年至少出现 $2\sim3$ 次)内半小时平均功率的最大值,并用 P_{max}, Q_{max}, S_{max}, I_{max} 分别表示年有功、无功、视在最大负荷和电流最大负荷,即

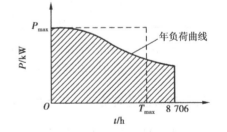

图 2.3 年最大负荷和年最大负荷利用小时

$$P_{max} = P_{30}, Q_{max} = Q_{30}, S_{max} = S_{30}, I_{max} = I_{30}$$

（2）年最大负荷利用小时

年最大负荷利用小时又称为最大负荷利用小时,用 T_{max} 表示。它是一个假想时间,并认为在此时间内,用电设备一直按最大负荷 P_{max}（或 P_{30})持续运行所消耗的电能正好等于该用电设备全年实际消耗的电能。用图 2.3 来说明年最大负荷利用小时,即

$$T_{max} = \frac{W_q}{P_{max}} = \frac{W_q}{P_{30}} \tag{2.4}$$

年最大负荷利用小时是反映用电设备特征的一个重要参数,它与用户的工作班次有关。例如,一班制工作用户 $T_{max} = 180 \sim 2\,300\,h$,两班制工作用户 $T_{max} = 3\,500 \sim 4\,800\,h$,三班制工作用户 $T_{max} = 5\,000 \sim 7\,000\,h$。

(3)平均负荷

平均负荷 P_{av} 是电力用户在一定时间 t 内平均消耗的功率,即

$$P_{av} = \frac{W_t}{t} \tag{2.5}$$

图2.4 用来说明平均负荷。年平均负荷 P_{av} 的横线与两坐标轴所包围的矩形面积恰好等于年负荷曲线与两坐标轴所包围的面积,即为全年消耗的电能。因此,年平均负荷为:$P_{av} = \frac{W_q}{8\,760\,h}$。

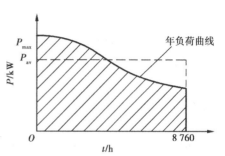

图2.4 年平均负荷

(4)负荷系数

负荷系数又称负荷率,用 K_L 表示,它是用电负荷的平均负荷 P_{av} 与其最大负荷 P_{max} 之比,即

$$K_L = \frac{P_{av}}{P_{max}} = \frac{P_{av}}{P_{30}} \tag{2.6}$$

对负荷曲线来说,负荷系数是表征负荷曲线不平坦程度的一个物理量,或者说是表征负荷起伏变动程度的一个物理量。从充分发挥供电设备的能力,提高供电效率来说,希望此系数越高越好。对用电设备来说,负荷系数 K_L 就是设备的输出功率 P 与设备额定容量 P_N 的比值,即 $K_L = \frac{P}{P_N}$。但负荷系数有时又分为有功负荷系数(用 α 表示)和无功负荷系数(用 β 表示)。

2.2 三相用电设备的计算负荷

2.2.1 用需要系数法确定计算负荷

需要系数 K_d 定义为:

$$K_d = \frac{P_{max}}{P_e} = \frac{P_{30}}{P_e} \tag{2.7}$$

式中,P_{30}——用电设备组负荷曲线上半小时最大有功负荷;

　　P_e——用电设备组的设备容量。

　　K_d——综合系数,它意味着用电设备组投入运行时从供电网络实际取用的功率与用电设备组设备容量之比。

$$K_d = \frac{K_\Sigma K_L}{\eta_S \eta_{nd}} \tag{2.8}$$

式中,K_Σ——同期系数。用电设备组的设备有可能不同时运行,该设备组在最大负荷时工作着的用电设备与该组用电设备总容量之比即为同期系数,$K_\Sigma < 1$,但对 1,2 台电动机而言,$K_\Sigma = 1$;

K_L——负荷系数。工作着的用电设备有可能不同时运行在最大负荷下,该设备组最大负荷时,工作着的用电设备实际所需功率与工作着的用电设备总功率之比称为负荷系数,$K_L < 1$;

η_S——用电设备在实际运行时的效率。$\eta_S < 1$。

由此可见,需要系数 K_d 与用电设备组的工作性质、设备台数、设备效率和线路损耗等因数有关,所以只能通过统计测量确定。

附录表 1 为用电设备组的需要系数及功率因数。附录表 2 为某些工厂的需要系数及功率因数。

需要说明的是:表中所提供的需要系数不是一个恒定的值,而是要视具体情况具体分析取用一个合适的值。

所谓需要系数法,就是将用电设备组的设备容量 P_e 乘以需要系数 K_d,求出计算负荷的一种简单实用的计算方法。

1) 用电设备组的计算负荷

用电设备组是指工艺性质相同,需要系数、功率因数相同的多台用电设备。在某民用建筑或工厂的某车间中,可根据对用电设备组的定义,将用电设备分为若干组,再分别计算各用电设备组的计算负荷。其计算公式为:

$$\left.\begin{array}{l} P_{30} = K_d P_e \\ Q_{30} = P_{30}\tan\varphi \\ S_{30} = \sqrt{P_{30}^2 + Q_{30}^2} \\ I_{30} = \dfrac{S_{30}}{\sqrt{3}\, U_N} = \dfrac{P_{30}}{\sqrt{3}\, U_N \cos\varphi} \end{array}\right\} \tag{2.9}$$

式中,P_{30},Q_{30},S_{30}——用电设备组的有功、无功、视在计算负荷;

P_e——用电设备组的设备容量总和,不包含备用设备容量;

U_N——额定电压;

$\cos\varphi$——用电设备的功率因数;

$\tan\varphi$——与功率因数对应的正切值;

I_{30}——用电设备组的计算电流;

K_d——用电设备组的需要系数。

例 2.1 已知某民用建筑内有带电感镇流器的荧光灯容量共 10 kW,普通插座容量共用 10 kW,空调设备容量共 10 kW,试求各组的计算负荷。

解:1. 先求各用电设备组的设备容量 P_e

照明组: $P_e = 10$ kW

普通插座组: $P_e = 8$ kW

空调设备组: $P_e = 10$ kW

2. 查表找出各组的 K_d, $\cos\varphi$, $\tan\varphi$, 并求各组的计算负荷

照明组: $K_d = 0.8$, $\cos\varphi = 0.5$, $\tan\varphi = 1.73$

$$P_{30} = 0.8 \times 10 \text{ kW} = 8.0 \text{ kW}$$

$$Q_{30} = P_{30}\tan\varphi = 8.0 \text{ kW} \times 1.73 = 16.61 \text{ kvar}$$

$$S_{30} = \sqrt{P_{30}^2 + Q_{30}^2} = \sqrt{(8.0 \text{ kW})^2 + (16.61 \text{ kvar})^2} = 19.18 \text{ kV} \cdot \text{A}$$

$$I_{30} = \frac{S_{30}}{\sqrt{3}U_N} = \frac{19.18 \text{ kV} \cdot \text{A}}{\sqrt{3} \times 0.38 \text{ kV}} = 29.14 \text{ A}$$

普通插座组: $K_d = 0.5$, $\cos\varphi = 0.8$, $\tan\varphi = 0.75$

$$P_{30} = 0.5 \times 8 \text{ kW} = 4 \text{ kW}$$

$$Q_{30} = P_{30}\tan\varphi = 4 \text{ kW} \times 0.75 = 3 \text{ kvar}$$

$$S_{30} = \sqrt{P_{30}^2 + Q_{30}^2} = \sqrt{(4 \text{ kW})^2 + (3 \text{ kvar})^2} = 5 \text{ kV} \cdot \text{A}$$

$$I_{30} = \frac{S_{30}}{\sqrt{3}U_N} = \frac{5 \text{ kV} \cdot \text{A}}{\sqrt{3} \times 0.38 \text{ kV}} = 7.60 \text{ A}$$

空调设备组: $K_d = 0.8$, $\cos\varphi = 0.8$, $\tan\varphi = 0.75$

$$P_{30} = 0.8 \times 10 \text{ kW} = 8 \text{ kW}$$

$$Q_{30} = P_{30}\tan\varphi = 8 \text{ kW} \times 0.75 = 6 \text{ kvar}$$

$$S_{30} = \sqrt{P_{30}^2 + Q_{30}^2} = \sqrt{(8 \text{ kW})^2 + (6 \text{ kvar})^2} = 10 \text{ kV} \cdot \text{A}$$

$$I_{30} = \frac{S_{30}}{\sqrt{3}U_N} = \frac{10 \text{ kV} \cdot \text{A}}{\sqrt{3} \times 0.38 \text{ kV}} = 15.20 \text{ A}$$

2) 多组用电设备的计算负荷

在配电干线上或变压器低压母线上,常接有多个用电设备组;但是,多个用电设备组的最大负荷也并不一定同时出现。因此,在求配电干线或变压器低压母线上的计算负荷时,应再计入一个同时系数(或称同期系数) K_Σ。计算公式如下:

$$\left.\begin{aligned}
P_{30} &= K_\Sigma \sum P_{30} \\
Q_{30} &= K_\Sigma \sum Q_{30} \\
S_{30} &= \sqrt{P_{30}^2 + Q_{30}^2} \\
I_{30} &= \frac{S_{30}}{\sqrt{3}U_N} \\
\cos\varphi &= \frac{P_{30}}{S_{30}}
\end{aligned}\right\} \quad (2.10)$$

式中, K_Σ: ①对于低压干线 $K_{\Sigma P}$, $K_{\Sigma Q}$, $K_{\Sigma S}$ 取 $0.85 \sim 0.97$;

②对低压母线 $K_{\Sigma P}$, $K_{\Sigma Q}$, $K_{\Sigma S}$ 取 $0.80 \sim 0.95$;

③当只有 1 组或 2 组设备时 $K_{\Sigma P} = K_{\Sigma Q} = K_{\Sigma S} = 1$。

例2.2　某一变压器低压侧母线接有冷加工机床组20台,共60 kW(其中较大容量电动机7 kW,2台;5 kW,2台;3 kW,5台;通风机4台,共11.2 kW(每台2.8 kW);电阻炉3台,6 kW;照明白炽灯,共5 kW)。试确定变压器低压母线上的计算负荷。

解: 在实际工程设计说明书中,为便于审核,常采用计算表格的形式,如表2.1所示。

表2.1 电力负荷计算表

序号	用电设备组名称	台数 n	设备容量 P_e/kW	需要系数 K_d	$\cos\varphi$	$\tan\varphi$	计算负荷			
							P_{30}/kW	Q_{30}/kvar	S_{30}/(kV·A)	I_{30}/A
1	冷加工机床组	20	60	0.25	0.5	1.73	15	25.95	—	—
2	通风机组	4	11.2	0.8	0.8	0.75	8.96	6.72	—	—
3	电阻炉	3	6	0.8	1	0	4.8	0	—	—
4	照明	5	5	0.9	1	0	4.5	0	—	—
—	—	32	82.2	—	—	—	33.26	32.67	—	—
—	取 $K_{\Sigma P}=0.95$			$K_{\Sigma Q}=0.97$			31.6	31.69	44.75	68

2.2.2 用二项式系数法确定计算负荷

需要系数法计算简单、方便,在工程中得到广泛应用,但需要系数法没有考虑用电设备组中少数容量特别大的设备对计算负荷的影响。因此,在确定用电设备台数较少,而容量差别较大的低压分支干线或干线的计算负荷,用需要系数法计算所得的结果一般偏小,于是工程技术人员提出了二项式系数法来确定计算负荷。

1) 用电设备组的计算负荷

$$P_{30} = bP_e + cP_x \qquad (2.11)$$

式中,bP_e——用电设备组的平均功率,其中,P_e计算方法与需要系数法相同;

cP_x——用电设备中 x 台容量较大的设备投入运行时增加的附加分量,反映较大设备的容量对最大负荷的影响。其中 P_x 是 x 台最大容量的设备总容量;x 是用电设备组中大容量用电设备的台数,对不同工作制、不同类型的用电设备,x 取不同的值。当设备总台数 n 小于表中规定的最大容量台数 x 的 2 倍(即 $n \leq 2x$ 时),$x = \frac{n}{2}$,按四舍五入原则取值。如某机床电动机共有 7 台,则 $x = \frac{7}{2} \approx 4$ 台。

b,c——二项式系数,由附录表1查得,它是多年统计的经验数据。

由于二项式系数法中的计算系数 b,c,x 值缺乏充分的理论依据,而且这些系数也只适用于机械加工工业,其他行业的这方面数据缺乏,从而使其应用受到一定局限。

二项式系数法计算结果稍大,在设备台数较少的情况下偏差尤为明显。供电设计的经验说明,选择低压分支干线或支线时,按需要系数法计算的结果往往偏小,以二项式系数法计算为宜。我国建筑行业《民用建筑电气设计规范》(JGJ/T 16—92)规定:"用电设备台数较少,各台设备容量相差悬殊时,宜采用二项式系数法。"

2) 多组用电设备的计算负荷

采用二项式系数法确定干线上多组用电设备的总计算负荷时,应考虑到各组用电设备的最大负荷不同时出现的因素,但不是计入一个同期系数,而是在各组用电设备中取其中一组最大的附加分量 cP_x,再加上平均负荷 bP_e,即总的有功计算负荷为:

$$P_{30} = \sum (bP_e) + (cP_x)_{max}$$

总的无功计算负荷为:

$$Q_{30} = \sum (bP_e \tan\varphi) + (cP_x)_{max} \tan\varphi$$

式中,$\tan\varphi$——最大附加负荷 $(cP_x)_{max}$ 的设备组功率因数对应的正切值。

总的视在计算负荷为:

$$S_{30} = \sqrt{P_{30}^2 + Q_{30}^2}$$

总的计算电流为:

$$I_{30} = \frac{S_{30}}{\sqrt{3}U_N}$$

例 2.3 某机修车间 380 V 线路上,接有金属切削机床电动机 20 台共 50 kW(其中较大容量电动机有 7.5 kW 1 台,4 kW 3 台,2.2 kW 7 台);通风机 2 台共 3 kW;电阻炉 1 台 2 kW。试用二项式系数法确定上述车间 380 V 线路的计算负荷。

解: 先求各组的 bP_e 和 cP_x

1. 金属切削机床组:$b = 0.14$,$c = 0.4$,$x = 5$,$\cos\varphi = 0.5$,$\tan\varphi = 1.73$

设备总容量为:$bP_{e(1)} = 0.14 \times 50 \text{ kW} = 7 \text{ kW}$

$$cP_{x(1)} = P_5 = 0.4 \times (7.5 \text{ kW} \times 1 + 4 \text{ kW} \times 3 + 2.2 \text{ kW} \times 1) = 8.68 \text{ kW}$$

2. 通风机组:$b = 0.65$,$c = 0.25$,$\cos\varphi = 0.8$,$\tan\varphi = 0.75$

设备总容量为:$bP_{e(2)} = 0.65 \times 3 \text{ kW} = 1.95 \text{ kW}$

$$cP_{x(2)} = 0.25 \times 3 \text{ kW} = 0.75 \text{ kW}$$

3. 电阻炉:$b = 0.7$,$c = 0$,$\cos\varphi = 1$,$\tan\varphi = 0$

设备总容量为:$bP_{e(3)} = 0.7 \times 2 \text{ kW} = 1.4 \text{ kW}$

$$cP_{x(3)} = 0 \text{ kW}$$

以上各组用电设备中,附加负荷以 $cP_{x(1)}$ 为最大。因此总计算负荷为:

$P_{30} = (7 + 1.95 + 1.4) \text{ kW} + 8.68 \text{ kW} = 19 \text{ kW}$

$Q_{30} = (7 \times 1.73 + 1.95 \times 0.75 + 0) \text{ kW} + 8.68 \text{ kW} \times 1.73 = 28.6 \text{ kvar}$

$S_{30} = \sqrt{P_{30}^2 + Q_{30}^2} = \sqrt{(19 \text{ kW})^2 + (28.6 \text{ kvar})^2} = 34.3 \text{ kV} \cdot \text{A}$

$I_{30} = \dfrac{S_{30}}{\sqrt{3}U_N} = \dfrac{34 \text{ kV} \cdot \text{A}}{\sqrt{3} \times 0.38 \text{ kV}} = 52.1 \text{ A}$

2.2.3 用负荷密度法确定计算负荷

在已知车间生产面积或某建筑面积负荷密度为 e 时,车间的平均负荷或某建筑的平均负荷可用下式计算:

$$P_{av} = eA \tag{2.12}$$

式中,e——负荷密度;

A——车间生产面积或某建筑面积。

2.2.4 民用建筑负荷计算

1)普通中小学负荷计算

①负荷计算方法是采用需要系数法。

②一般用电插座按 100 W/个考虑;实验室用电插座除特殊要求外,按 100 W/个计算。

③教学楼、实验室的负荷计算所用需要系数 K_d,取 0.6 ~ 0.9。

2)高层住宅、办公楼、科研楼负荷计算

(1)多层住宅的负荷计算

①一般采用需要系数确定计算负荷。

②当层间或单元间接于相电压的单相负荷不平衡时可按最大相负荷的 3 倍计算。

③插座可按 100 W/个计算。

④功率因数可在 0.6 ~ 0.9 范围内选取。

⑤按一般用电水平,干线的同期系数 K_Σ 可由接在同一相电源上的户数范围选取:20 户以下,取 0.6 以上;20 ~ 50 户,取 0.5 ~ 0.6;50 ~ 100 户,取 0.4 ~ 0.5。

(2)高层住宅的负荷计算

①照明、插座的负荷计算基本上与多层住宅的负荷计算相同,只是 100 户以上时,干线的同期系数取 0.4 以下,功率因数取 0.6 ~ 0.9。

②动力负荷计算。需要了解各种动力设备的运行情况,来确定计算负荷。一般情况下楼内电梯考虑全部运行,生活泵除备用外考虑全部运行;消防泵和电梯、生活泵可不同时运行。消防时,一般考虑消防用各种机泵及消防电梯同时运行。

3)高层旅游宾馆、饭店动力负荷计算

①现代旅游宾馆、饭店等高层建筑,用电设备繁多,已不再局限于一般的动力、照明、空调,而是增加了很多的现代化服务设施,如通讯、电脑、音响、电冰箱、电热水器等。

②计算方法基本上都采用负荷密度法和需要系数法。其最大优点是:简单、准确,能满足工程要求。同时,要视具体情况正确选用需要系数、功率因数、同期系数。现代高层旅游建筑的需要系数一般在 0.6 ~ 0.7,功率因数视设备组而有所不同,负荷密度在 50 ~ 100 V·A/m²,这些参数的大小与建筑规模、标准高低、管理方法等许多因素有关,可参见相应的设计手册。

例如,某大酒店在方案初步设计阶段,负荷计算适于采用负荷密度法,按负荷密度 80 V·A/m² 估算。计算出变压器容量为 12 800 kV·A,初选 8 台 1 600 kV·A 变压器的供电方案,在扩大初步设计阶段做施工图设计时,各专业用电设备已经确定后,采用需要系数法做详细的负荷计算。对各用电设备取其相应的需要系数,补偿后的功率因数按 0.9 计算,则计算出的总计算负荷为 9 600 kV·A,说明初选的 8×1 600 kV·A 变压器是适当的。此时,变压器的负荷率为 0.75,属经济运行范围。

凡带有空调设备的旅游宾馆,负荷密度一般为 100 V·A/m² 左右;对豪华型的旅游宾馆,负荷密度可达 150 V·A/m² 左右,其中冷冻设备为 54 ~ 65 W/m²,照明及其他为 32 ~ 43 W/m²。国内外一些旅游宾馆、饭店的变压器容量及负荷密度,详见相应设计手册。

2.3 单相用电设备的计算负荷

在供配电系统中,除三相设备外,还有很多的单相用电设备,如电炉、电灯、电冰箱、电风扇等。若单相设备在三相系统中,为了使三相线路中电气设备(如线路开关等)的选择经济合理,供电电压偏移小,应使单相用电设备尽可能平衡地分配于三相系统中。但单相用电设备分配在三相系统中,平衡是相对的,不平衡是绝对的,为了使各相设备都满足正常运行时的最大发热条件,通常是将单相负荷换算为三相负荷。换算思路是:三相负荷是单相中负荷最大相的3倍,再与三相负荷相加,考虑同期系数,得出三相线路总的计算负荷。若单相设备在单相系统中,可不需换算。具体计算思路如下:

1)单相用电设备接于各个相电压下的计算负荷

$$P_e = 3P_{e,m\varphi} \tag{2.13}$$

式中,P_e——等效三相用电设备功率;

$P_{e,m\varphi}$——接于相电压下负荷为最大相的单相用电设备功率。

当 P_e 求出后,就可用需要系数法求出 P_{30},Q_{30},S_{30} 和 I_{30}。

2)单相用电设备接于各个线电压下的计算负荷

①接于同一个线电压下,$P_e = \sqrt{3}P_\varphi$。

②接于不同的线电压下,先将各线内负荷相加,选取其中负荷较大的2相进行计算。

当 $P_{bc} > 0.15P_{ab}$ 时,$P_e = 1.5(P_{bc} + P_{ab})$

当 $P_{bc} \leq 0.15P_{ab}$ 时,$P_e = \sqrt{3}P_{ab}$

当只有 P_{ab},即 $P_{bc} = P_{ca} = 0$ 时,$P_e = \sqrt{3}P_{ab}$

③一般情况下,单相用电设备有接于相电压下,也有接于线电压下的,其总等效三相负荷的计算应分2步计算。

在工程中,主要分析单相设备是分配在三相系统中,还是分配在单相系统中。若是分配在三相系统中,就将单相设备视为三相设备,即 $P_e = \sum P_{e\varphi}$,之后就用需要系数法计算。

一组:$P_{30} = K_d P_e$;$Q_{30} = P_{30}\tan\varphi$;$S_{30} = \sqrt{P_{30}^2 + Q_{30}^2}$;$I_{30} = \dfrac{S_{30}}{\sqrt{3}U_{N\varphi}}$

多组:$P_{30} = K_\Sigma \sum P_{30}$;$Q_{30} = K_\Sigma \sum Q_{30}$;$S_{30} = \sqrt{P_{30}^2 + Q_{30}^2}$;$I_{30} = \dfrac{S_{30}}{\sqrt{3}U_{N\varphi}}$

若是分配在单相系统中

一组:$P_{30} = K_d P_e$;$Q_{30} = P_{30}\tan\varphi$;$S_{30} = \sqrt{P_{30}^2 + Q_{30}^2}$;$I_{30} = \dfrac{S_{30}}{U_{N\varphi}}$

多组:$P_{30} = K_\Sigma \sum P_{30}$;$Q_{30} = K_\Sigma \sum Q_{30}$;$S_{30} = \sqrt{P_{30}^2 + Q_{30}^2}$;$I_{30} = \dfrac{S_{30}}{\sqrt{3}U_{N\varphi}}$

式中,$U_{N\varphi}$ 为220 V。

3)单相设备分别接于线电压和相电压时的负荷计算

首先应将接于线电压的单相设备容量换算为接于相电压的设备容量,然后分相计算各相的设备容量和计算负荷。而总的等效三相有功负荷为其最大有功负荷相的有功计算负荷 $P_{30,m\varphi}$ 的 3 倍,即 $P_{30} = 3P_{30,m\varphi}$。

总的等效三相无功计算负荷为最大无功计算负荷相的无功计算负荷 $Q_{30,m\varphi}$ 的 3 倍,即 $Q_{30} = 3Q_{30,m\varphi}$。

将接于线电压的单相设备容量换算为接于相电压的设备容量,可按下列换算公式进行换算(推导从略)。

A 相 $\quad P_A = p_{AB\text{-}A}P_{AB} + p_{CA\text{-}A}P_{CA}$

$\quad\quad\quad Q_A = q_{AB\text{-}A}P_{AB} + q_{CA\text{-}A}P_{CA}$

B 相 $\quad P_B = p_{BC\text{-}B}P_{BC} + p_{AB\text{-}B}P_{AB}$

$\quad\quad\quad Q_B = q_{BC\text{-}B}P_{BC} + q_{AB\text{-}B}P_{AB}$

C 相 $\quad P_C = p_{CA\text{-}C}P_{BC} + p_{BC\text{-}C}P_{BC}$

$\quad\quad\quad Q_C = q_{CA\text{-}C}P_{CA} + q_{BC\text{-}C}P_{BC}$

式中,P_{AB},P_{BC},P_{CA}——接于 AB,BC,CA 相间的有功设备容量;

$\quad\quad P_A$,P_B,P_C——换算为 A,B,C 相的有功设备容量;

$\quad\quad Q_A$,Q_B,Q_C——换算为 A,B,C 相的无功设备容量;

$\quad\quad p_{AB\text{-}A}$,$q_{AB\text{-}A}$,…——接于 AB,BC,…相间的设备容量换算为 A,B,…相设备容量的有功和无功换算系数,见表 2.2。

表 2.2　相间负荷换算为相负荷的功率换算系数

负荷功率因数 功率换算系数	0.35	0.4	0.5	0.6	0.65	0.7	0.8	0.9	1.0
$p_{AB\text{-}A}$,$p_{BC\text{-}B}$,$p_{CA\text{-}C}$	1.27	1.17	1.0	0.89	0.84	0.8	0.72	0.64	0.5
$p_{AB\text{-}B}$,$p_{BC\text{-}C}$,$p_{CA\text{-}A}$	−0.27	−0.17	0	0.11	0.16	0.2	0.28	0.36	0.5
$q_{AB\text{-}A}$,$q_{BC\text{-}B}$,$q_{CA\text{-}C}$	1.05	0.86	0.58	0.38	0.3	0.22	0.09	−0.05	−0.29
$q_{AB\text{-}B}$,$q_{BC\text{-}C}$,$q_{CA\text{-}A}$	1.63	1.44	1.16	0.96	0.88	0.8	0.67	0.53	0.29

2.4　供配电系统中的功率损耗

要计算变压器高压侧的计算负荷和电力系统向用户分配多少负荷,这就需要计算变压器的功率损耗和电力线路的功率损耗,如图 2.5 所示。要确定变电所低压配电线路 WL_2 首端的计算负荷 $P_{30,4}$,就应将末端计算负荷 $P_{30,5}$ 加上该线路损耗 ΔP_{WL}(无功计算负荷则应加上无功损耗)。如要确定高压配电线路 WL_1 首端的计算负荷 $P_{30,2}$,就应将变电所低压侧计算负荷 $P_{30,3}$ 加上变压器的损耗 ΔP_T,再加上高压配电线路 WL_1 的功率损耗 ΔP_{WL_1}。下面讲述线路和变压器功率损耗的计算。

1)电力变压器的功率损耗

(1)变压器的有功功率损耗

变压器的有功功率损耗由 2 部分组成：

①铁芯中的有功功率损耗，即铁损 ΔP_{Fe}。铁损在变压器一次绕组的外施电压频率不变的条件下是固定不变的，与负荷大小无关。铁损可由变压器空载实验测定，一般认为变压器的空载损耗 $\Delta P_0 \approx \Delta P_{Fe}$。

②负荷运行时一、二次绕组中的有功功率损耗，即铜损 ΔP_{Cu}。铜损与负荷电流（或负荷容量）的平方成正比。铜损可由变压器的短路实验测定，或由变压器的短路额定铜损 ΔP_K 及变压器的实际负荷求得。

综上所述，变压器的有功功率损耗为：

$$\Delta P_T = \Delta P_{Fe} + \Delta P_{Cu} \approx \Delta P_0 + \Delta P_K \left(\frac{S_{30}}{S_N}\right)^2$$

$$= \Delta P_0 + \Delta P_K \beta^2 \qquad (2.14)$$

式中，S_N——变压器的额定容量；

S_{30}——变压器低压侧经过补偿后的视在计算负荷；

β——变压器的负荷率，$\beta = \dfrac{S_{30}}{S_N}$；

$\Delta P_0, \Delta P_K$——变压器的空载损耗和额定短路损耗（可由变压器的有关技术资料查取）。

在工程中，对于低损耗变压器：$\Delta P_T \approx 0.015 S_{30}$。

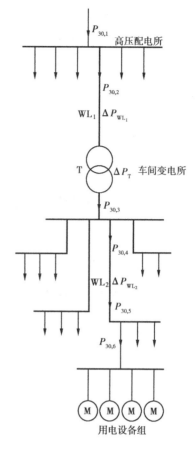

图 2.5　工厂供电系统中各部分的计算负荷和功率损耗（见示出有功部分）

2)变压器的无功功率损耗

变压器的无功功率损耗也由 2 部分组成：

$$\Delta Q_T = \Delta Q_0 + \Delta Q_K \qquad (2.15)$$

式中，ΔQ_0——励磁电流产生主磁通的励磁无功功率，$\Delta Q_0 \approx S_{30} \eta_{I_0}$

ΔQ_K——消耗在一、二次绕组电抗上的无功功率，$\Delta Q_K \approx S_N \eta_{U_K}$

$$\Delta Q_T \approx S_{30} \eta_{I_0} + S_N \eta_{U_K} \qquad (2.16)$$

式中，η_{I_0}——变压器的空载电流占额定电流的百分比；

η_{U_K}——短路电压占额定电压的百分比。

η_{I_0} 和 η_{U_K} 可从有关手册或产品样本中查得。

在工程实践中：

$$\Delta Q_T \approx 0.06 S_{30} \qquad (2.17)$$

式中，S_{30}——变压器低压侧经过无功补偿后的视在计算负荷。

3)配电线路(高压进户配电线)的功率损耗

线路功率损耗包括有功功率损耗和无功功率损耗 2 大部分。

（1）有功功率损耗

有功功率损耗是电流通过线路电阻所产生的,计算表达式为:

$$\Delta P_{WL} = 3I_{30}^2 R_{WL} \tag{2.18}$$

式中,I_{30}——变压器高压侧计算电流;

R_{WL}——线路每相的电阻,$R_{WL} = R_0 l$,其中 R_0 为线路单位长度的电阻值(参见有关手册或产品样本),l 为线路总长度。

（2）无功功率损耗

无功功率损耗是电流通过线路电抗所产生的,计算表达式为:

$$\Delta Q_{WL} = 3I_{30}^2 X_{WL} \tag{2.19}$$

式中,I_{30}——变压器高压侧计算电流;

X_{WL}——线路每相的电抗。电抗 $X_{WL} = X_0 l$,其中 X_0 为线路单位长度的电抗值(参见有关手册或产品样本)。要查取 X_0 的值,不仅要知道导线截面、型号,而且还需要知道导线之间的几何均距。

4）变压器高压侧的计算负荷

$$P_{30} = P_{30} + \Delta P_T$$

$$Q_{30} = Q_{30} + \Delta Q_T$$

$$S_{30} = \sqrt{P_{30}^2 + Q_{30}^2}$$

$$I_{30} = \frac{S_{30}}{\sqrt{3}U_N}$$

5）系统向用户分配的负荷

$$P_{30} = P_{30} + \Delta P_{WL}$$

$$Q_{30} = Q_{30} + \Delta Q_{WL}$$

$$S_{30} = \sqrt{P_{30}^2 + Q_{30}^2}$$

$$I_{30} = \frac{S_{30}}{\sqrt{3}U_N}$$

2.5 无功功率补偿

我国电力工业部于1996年制订的《供电营业规则》规定:"用户在当地供电局规定的电网高峰负荷时的功率因素应达到下列规定:100 kV·A 及其以上高压供电的用户功率因数为0.90以上;其他电力用户和大、中型企业,用户功率因数为0.85 以上;农业用电,功率因数为0.80。凡功率因数未达到上述规定的,应增添无功功率补偿装置。"

2.5.1 无功功率补偿装置类型及装设

1）无功功率补偿装置类型

（1）并联电容器补偿装置

在无功功率变化速度较慢或无功功率需求较恒定的场合,宜选用带开关或接触器的并联电容补偿装置。在无功功率变化速率较快,且无功功率变化较大的场合,可选用以大功率晶闸管控制投切的无功功率补偿装置。

（2）同步补偿机

工艺条件要求或允许使用转速恒定的同步电动机拖动其工作机械的,可考虑选用同步电动机作无功功率补偿装置。

（3）静态无功功率补偿装置

无功功率变化频率或变化的幅值大时,必须采用静态补偿装置。如大型的炼钢炉、轧钢机等冲击性负荷,需要对其无功冲击负荷进行补偿,应采取静态无功功率补偿装置。

2）并联电容器组的装设位置（补偿方式）

补偿的电容器组越靠近补偿的负荷,其补偿覆盖区域就越大,节能的效果也就越好。由于其装设位置的不同,可分为高压集中补偿、低压集中补偿、低压就地补偿,如图 2.6 所示。

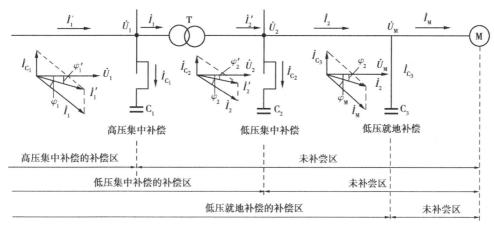

图 2.6　并联电容器在工厂供电系统中的装设位置和补偿效果

高压集中补偿的原理接线,见图 2.7;低压集中补偿的原理接线,见图 2.8;就地补偿(个别补偿)的原理接线,见图 2.9。

2.5.2 补偿容量计算

图 2.10 表示功率因数提高与无功功率和视在功率变化的关系。

由图 2.10 可知,要使功率因数由 $\cos\varphi$ 提高到 $\cos\varphi'$,必须装设的无功补偿装置容量为:

$$Q_C = Q_{30} - Q'_{30} = P_{30}(\tan\varphi - \tan\varphi') \qquad (2.20)$$

或

$$Q_C = \Delta q_C P_{30}$$

式中,Δq_C——无功补偿率或比补偿容量,即 $\tan\varphi - \tan\varphi'$。无功补偿率是表示要使有功功率由

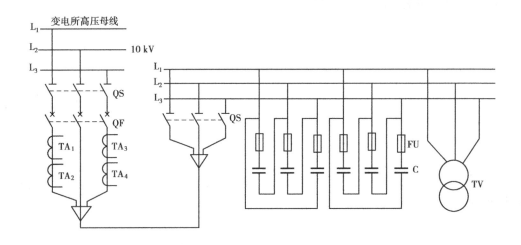

图 2.7　高压集中补偿电容器组的接线

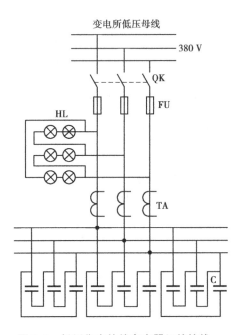

图 2.8　低压集中补偿电容器组的接线

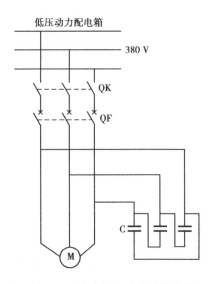

图 2.9　感应电动机旁就地补偿的
低压电容器组的接线

$\cos\varphi$ 提高到 $\cos\varphi'$ 所需要的无功补偿容量值。附录表 3 列出了并联电容器的无功补偿率,可利用补偿前后的功率因数直接查出。

在确定了总的补偿容量后,即可根据所选并联电容器的单个容量 q_C 来确定电容器的个数,即

$$n = \frac{Q_C}{q_C} \qquad (2.21)$$

由式(2.21)计算所得的电容器个数 n,对于单相电容器(电容器全型号后面标"1"者)来说,应取 3 的倍数,以便三相均衡分配。

常用的 BW 系列并联电容器的主要技术数据,如附录表 4 所列。

在供配电设计中,常选用成套设备,无功功率补偿常选用 GR—1 型高压电容器柜、PG11 型低压无功功率自动补偿屏等。具体参见设计手册。

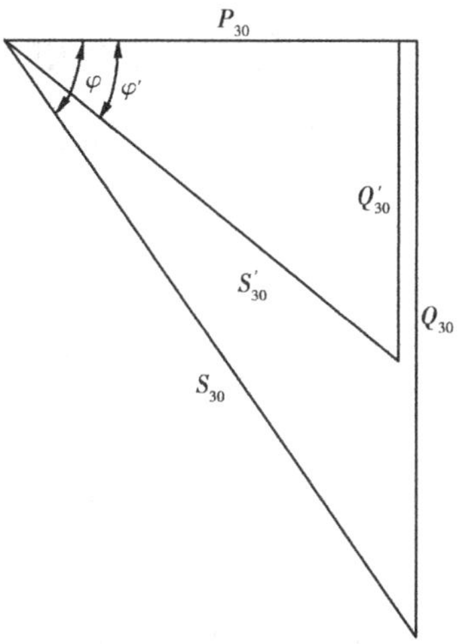

2.5.3　无功补偿后的计算负荷

供配电系统装设了无功补偿装置以后,在确定补偿装置装设地点以前的总计算负荷时,应扣除无功补偿的容量,即总的无功计算负荷

$$Q'_{30} = Q_{30} - Q_{\mathrm{C}} \tag{2.22}$$

补偿后总的视在计算负荷

图 2.10　功率因数的提高与无功功率和视在功率的变化

$$S'_{30} = \sqrt{P_{30}^2 + (Q_{30} - Q_{\mathrm{C}})^2} \tag{2.23}$$

由式(2.23)可以看出,在变电所低压侧装设了无功补偿装置以后,由于低压侧总的视在计算负荷减小,从而可使变电所主变压器的容量选得小一些。这不仅降低了变电所的初投资,而且可减少工厂的电费开支。由于我国电业部门对工业用户是实行的"两部电费制":一部分称为基本电费,是按所装用的主变压器容量来计费;另一部分称为电度电费,是按每月实际耗用的电能(kW·h)计算,并且要根据月平均功率因数的高低乘一个调整系数。凡月平均功率因数高于规定值的,可按一定比率减收电费;而低于规定值时,则要按一定比率加收电费。由此可见,提高功率因数不仅对整个电力系统大有好处,对企业本身也具有一定的经济意义。

2.6　尖峰电流的计算

尖峰电流是指持续时间为 1~2 s 的短时最大负荷电流,主要用来选择熔断器和低压断路器,整定继电保护装置及检验电动机自启动条件等。

2.6.1　单台用电设备尖峰电流的计算

单台用电设备尖峰电流是指其启动电流,因此尖峰电流为:

$$I_{\mathrm{pk}} = I_{\mathrm{st}} = K_{\mathrm{st}} I_{\mathrm{N}} \tag{2.24}$$

式中,I_{N}——用电设备的额定电流;

I_{st}——用电设备的启动电流;

K_{st}——用电设备的启动电流倍数,其中鼠笼电动机取 5~7,绕线式电动机取 2~3,直流电动机取 1.7,电焊变压器取 3 或稍大。

2.6.2 多台用电设备尖峰电流的计算

多台用电设备的线路上的尖峰电流按下式计算：

或

$$I_{pk} = K_\Sigma \sum_{i=1}^{n-1} I_{N,i} + I_{st,max} \qquad (2.25)$$

$$I_{pk} = I_{30} + (I_{st} - I_N)_{max}$$

式中，$I_{st,max}$，$(I_{st} - I_N)_{max}$——分别表示用电设备中启动电流与额定电流之差为最大的那台设备的启动电流及其启动电流与额定电流之差；

$\sum_{i=1}^{n-1} I_{N,i}$——将启动电流与额定电流之差最大的那台设备除外的其他 $n-1$ 台设备的额定电流之和；

K_Σ——上述 $n-1$ 台用电设备的同时系数，按台数多少选取，一般为 0.7 ~ 1；

I_{30}——全部投入运行时线路的计算电流。

例 2.4　有一 380 V 三相线路，供电给表 2.3 所示的 4 台电动机，试计算该线路的尖峰电流。

表 2.3　例 2.4 的负荷资料

名称 参数　型号	电动机			
	M_1	M_2	M_3	M_4
额定电流 I_N/A	5.8	5	35.8	27.6
启动电流 I_{st}/A	40.6	35	197	193.2

解：由表 2.3 可知，电动机 M_4 的 $I_{st} - I_N = 193.2\ A - 27.6\ A = 165.6\ A$ 为最大，取 $K_\Sigma = 0.9$。因此该线路的尖峰电流为：

$$I_{pk} = 0.9 \times (5.8\ A + 5\ A + 35.8\ A) + 193.2\ A = 235\ A$$

习　题

1. 有一个大批生产的机械加工车间，拥有金属切削机床电动机容量共 800 kW，通风机容量共 56 kW，线路电压为 380 V，试分别确定各组和车间的计算负荷 P_{30}，Q_{30}，S_{30} 和 I_{30}。

2. 有一机修车间，拥有冷加工机床 52 台，共 200 kW；行车 1 台，5.01 kW（$\varepsilon = 15\%$）；通风机 4 台，共 5 kW；点焊机 3 台，共 10.5 kW（$\varepsilon = 65\%$）。车间采用 220/380 V 三相四线（TN—C 系统）供电。试确定车间的计算负荷 P_{30}，Q_{30}，S_{30} 和 I_{30}。

3. 有一 380 V 的三相线路，供电给 35 台小批生产的冷加工机床电动机，总容量为 85 kW，其中较大容量的电动机有：7.5 kW 1 台，4 kW 3 台，3 kW 12 台。分别用需要系数法和二项式系数法确定 P_{30}，Q_{30}，S_{30} 和 I_{30}。

4. 某实验室拟安装 5 台单相加热器，其中 1 kW 的 3 台，3 kW 的 2 台。试合理分配上列各加热器于 220/380 V 线路上，并求其计算负荷 P_{30}，Q_{30}，S_{30} 和 I_{30}。

5. 某 220/380 V 线路上，接有如表 2.4 所列的用电设备。试确定该线路的计算负荷 P_{30}，Q_{30}，S_{30}和 I_{30}。

表 2.4　习题 5 的计算负荷资料

设备名称	单头手动弧焊机(380 V) $\cos\varphi=0.8$			电热箱(220 V)		
接入相序	AB	BC	CA	A	B	C
设备台数	1	1	2	2	1	1
单台设备容量	21 kV · A ($\varepsilon=65\%$)	17 kV · A ($\varepsilon=100\%$)	10.3 kV · A ($\varepsilon=50\%$)	3 kW	6 kW	4.5 kW

6. 有一条高压线路供电给 2 台并列运行的电力变压器。高压线路采用 LJ—70 铝绞线，等距离架设，线距为 1 m，$L=2$ km。2 台电力变压器均为 S9—800/10 型，总计算负荷为 900 kW，$\cos\varphi=0.8$，$T_{max}=4\ 500$ h。试分别计算此高压线路和电力变压器的功率损耗。

7. 某变电所有 1 台 S9—630/6 型电力变压器，其二次侧(380 V)的有功计算负荷为 420 kW，无功计算负荷为 350 kvar。试求此变电所一次侧的计算负荷及其功率因数。如果功率因数未达到 0.90，此变电所低压母线上应装设多大并联电容器才能达到要求？

8. 某厂的有功计算负荷为 2 400 kW，功率因数为 0.65。现拟在工厂变电所 10 kV 母线上装设 BW 型并联电容器，使功率因数提高到 0.90，试确定所需电容器的总容量。如采用 BW10.5—30—1 型电容器，问需装设多少个？装设电容器以后该厂的视在计算负荷为多少？比未装设电容器时的视在计算负荷减少了多少？

9. 某车间有一条 380 V 线路供电给表 2.5 所列的 5 台交流电动机。试计算该线路的计算电流和尖峰电流。

表 2.5　习题 9 的负荷资料

参数 \ 名称 / 型号	电动机				
	M_1	M_2	M_3	M_4	M_5
额定电流 I_N/A	10.2	32.4	30	6.1	20
启动电流 I_{st}/A	66.3	227	165	34	140

3

短路电流及其计算

本章讨论和计算供配电系统在短路故障情况下的电流,即短路电流,并用短路电流来校验其产生的效应等。

3.1 基本概念

3.1.1 短路的原因、类型及后果

供配电系统要求保证持续、安全、可靠地运行,但由于各种原因,供配电系统也难免出现短路这样的故障,使系统的正常工作遭致破坏。短路是指系统中各类型不正常的相与相之间或相与地之间的故障。系统发生短路的主要原因有:

(1)电气设备、元件之间绝缘的损坏

这可能是由于设备长期运行,绝缘自然老化;设备的绝缘本身不合格,被正常电压击穿;设备绝缘正常,被过电压击穿;设备绝缘受到外力损伤造成短路等。

(2)操作不当造成短路

例如,工作人员违反操作规程,带负荷拉闸,造成弧光短路;违反电力安全工作规程,带接地刀闸合闸,造成短路;人为疏忽接错线造成短路;运行管理不善使小动物进入带电设备内造成短路等等。

在三相系统中,可能发生的短路故障有:三相短路 $I_k^{(3)}$、相间短路 $I_k^{(2)}$、两相接地后短路 $I_k^{(1,1)}$ 和单相短路 $I_k^{(1)}$,各种短路的类型见图 3.1。

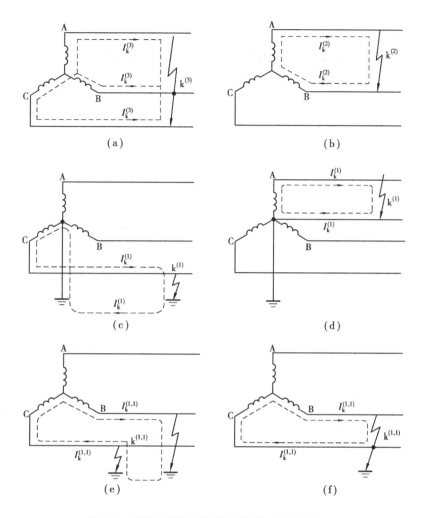

图 3.1　短路的类型（虚线表示短路电流的路径）

其中,三相短路为对称短路,其他为非对称短路。各种短路故障发生的几率和系统运行情况表明:单相短路的次数最多,两相短路次之,三相短路的概率最小。但三相短路的电流最大,因此造成的危害也最大。可以通过对称分量法,将各种非对称短路最后都归结为对称的短路计算。三相短路的分析是不对称短路计算的基础,应加以足够重视。

供配电系统发生短路后,电路阻抗比正常运行时的阻抗小很多,短路电流一般是正常负荷电流的几十倍、以至数百倍以上,它将对供配电系统造成严重的危害:

①短路电流要产生很大的电动力和很高的温度,可能破坏和烧毁电气设备,使事故进一步扩大。

②短路时系统电压骤降,严重影响电气设备的正常运行。

③短路发生后,保护装置要跳闸停电,给国民经济造成损失,尤其是重要负荷,其影响十分严重。

④严重的短路将影响电力系统的稳定性,甚至使系统内并列运行的发电机失去同步,使电力系统解列。

⑤若发生不对称短路,其零序分量电流将产生较强的零序磁通,对附近的通讯线路、电子

设备等产生干扰,影响其正常工作。

3.1.2 无限大容量电力系统三相短路的物理过程和物理量

（1）三相短路的过渡过程

供配电系统发生三相短路,短路电流从短路的初始时刻到短路故障被切除时止是一个逐渐变化的过程。为研究其变化的规律,可将供配电系统予以简化,即将其视为具有"无限大容量电源"(即指其容量相对于用户供配电系统容量大得多,而其内部阻抗又很小)的供配电系统。当用户供配电系统的负荷变动甚至发生短路,该"电源"母线上的电压基本维持不变。

图 3.2a 是一个"无限大容量电源"供配电系统发生三相短路的电路图。图中 R_{WL} 和 X_{WL} 为线路的电阻和电抗。R_L 和 X_L 为负荷的电阻和电抗。由于三相对称,因此三相短路的电路图可用图 3.2b 的单相电路图来讨论。

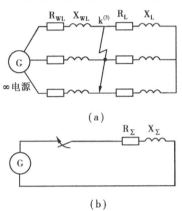

图3.2 无限大容量电力系统中
发生三相短路
（a）三相电路图;（b）等效单相电路图

设电源相电压 $u_p = U_{pm}\sin\omega t$,正常负荷电流 $i = I_m \sin(\omega t - \varphi)$（因一般电路呈感性,电流滞后电压一个 φ 角）。$t = 0$ 时刻发生短路（等效为开关突然闭合）,则图 3.2b 所示等效电路的电压方程为:

$$R_\Sigma i_k + L_\Sigma \left(\frac{di_k}{dt}\right) = U_{pm}\sin\omega t \qquad (3.1)$$

式中,R_Σ, L_Σ ——短路电路的总电阻和总电抗;

i_k——短路电流瞬时值。

解式(3.1)得:

$$i_k = I_{km}\sin(\omega t - \varphi_k) + ce^{-\frac{t}{\tau}} \qquad (3.2)$$

式中,i_{km}——短路电流周期分量幅值,$i_{km} = \dfrac{U_{pm}}{|Z_{k\Sigma}|}$,$|Z_{k\Sigma}|$ 是短路电路总阻抗的模,$|Z_{k\Sigma}| = \sqrt{R_{k\Sigma}^2 + X_{k\Sigma}^2}$;

φ_k——短路电路的阻抗角,$\varphi_k = \arctan\left(\dfrac{X_{k\Sigma}}{R_{k\Sigma}}\right)$;

τ——短路电路的时间常数,$\tau = \dfrac{L_{k\Sigma}}{R_{k\Sigma}}$;

c——积分常数,由电路的初始条件所确定。

当 $t = 0$ 时,由于短路电路存在电感,因此电流不会突变,即 $i_0 = i_{k0}$,故正常负荷电流 $i = I_m\sin(\omega t - \varphi)$ 与式(3.2)所示的 i_k 相等,并代入 $t = 0$,可求得积分常数,即

$$c = I_{km}\sin\varphi_k - I_m\sin\varphi$$

将上式代入式(3.2)即得短路电流:

$$
\begin{aligned}
i_k &= I_{km}\sin(\omega t - \varphi_k) + (I_{km}\sin\varphi_k - I_m\sin\varphi)e^{-\frac{t}{\tau}} \\
&= i_p + i_{np}
\end{aligned}
$$

$$\qquad (3.3)$$

式中,i_p——短路电流周期分量;

i_{np}——短路电流非周期分量。

由式(3.3)可知,当$t \rightarrow \infty$(实际上$t = 3\tau \sim 4\tau$)时,$i_{np} \rightarrow 0$,此时

$$i_k = i_k(\infty) = \sqrt{2}I_{\infty}\sin(\omega t - \varphi)$$

式中,I_{∞}——短路稳态电流。

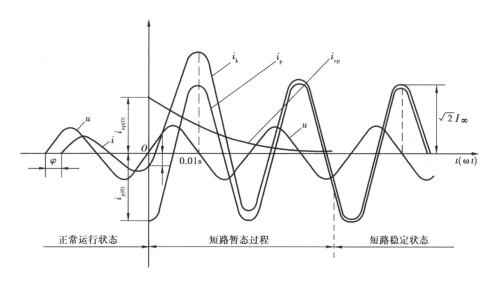

图3.3 无限大容量系统发生三相短路时的电压、电流曲线

由公式(3.2)可作出"无限大容量电源"供配电系统发生三相短路后电压电流与时间的关系曲线,见图3.3。从波形图上可知:短路电流是一个随时间变化的非周期性函数。短路电流中包含2个分量:短路电流周期分量和非周期分量。其中短路电流周期分量在"无限大容量电源"供电情况下幅值恒定;短路电流非周期分量将随时间按指数规律衰减,经$3\tau \sim 4\tau$时间就基本衰减为零。当短路全电流中的非周期分量衰减完毕后,短路的过渡过程结束,短路进入稳定状态。稳态短路电流实际上是短路电流的周期分量。

(2)三相短路的物理量

①短路电流周期分量i_p。为讨论问题方便起见,设$u_p = 0$时发生三相短路,如图3.3所示。

由前述讨论可知:

$$i_p = I_{km}\sin(\omega t - \varphi_k)$$

由于短路电流的电抗远大于电阻,即$X_{k\Sigma} >> R_{k\Sigma}$,$\varphi_k \approx 90°$,因此短路初瞬间($t = 0$时)的短路电流周期分量为:

$$i_{p(0)} = -I_{km} = -\sqrt{2}I'' \tag{3.4}$$

式中,I''——短路次暂态电流有效值,它是短路后第一个周期的短路电流周期分量i_p的有效值。

在"无限大容量电源"供电系统中,由于系统母线电压恒定不变,所以其短路电流周期分量有效值I_k,在短路全过程中也保持不变,即$I_k = I_{\infty} = I''$。

②短路电流非周期分量。短路电流非周期分量是由于短路电路中存在电感储能元件,致使电感电流不能突变,而由电感引起的自感电动势产生一个反向电流,即短路电流非周期分量

i_{np} 为:如图 3.3 所示。

$$i_{np} = (I_{km}\sin\varphi_k - I_m\sin\varphi)e^{-\frac{t}{\tau}}$$

由于 $\varphi_k \approx 90°$, $I_m\sin\varphi \ll I_{km}$, 所以:

$$i_{np} \approx I_{km}e^{-\frac{t}{\tau}} = \sqrt{2}I''e^{-\frac{t}{\tau}} \quad (3.5)$$

式中, τ——短路电路的时间常数, $\tau = \dfrac{L_{k\Sigma}}{R_{k\Sigma}} = \dfrac{X_{k\Sigma}}{314R_{k\Sigma}}$。

由于电路中总是存在着电阻,所以短路电流的非周期分量总是随时间衰减的,而且 $R_{k\Sigma}$ 越大, τ 越小, i_{np} 的衰减就越快。

③短路全电流。短路全电流为短路电流的周期分量与非周期分量之和为:

$$i_k = i_p + i_{np}$$

某一瞬时的短路全电流有效值 $I_k(t)$ 是在以时刻 t 为中心的一个周期内的 i_p 有效值与 i_{np} 在 t 时刻的瞬时值的方均根值为:

$$I_k(t) = \sqrt{I_p^2(t) + i_{np}^2}$$

④ 短路冲击电流。短路冲击电流为短路全电流中的最大瞬时值,即是短路后经半个周期(0.01 s), i_k 达到最大值:

$$\begin{aligned}I_{sh} = i_k \mid_{t=0.01 s} &= i_p(0.01) + i_{np}(0.01) \\ &= \sqrt{2}I''(1 + e^{-\frac{t}{\tau}}) \\ &= \sqrt{2}I''K_{sh}\end{aligned} \quad (3.6)$$

式中, K_{sh}—— 短路电流冲击系数。$K_{sh} = 1 + e^{-\frac{0.01}{\tau}} = 1 + e^{-0.01\frac{R_\Sigma}{L_\Sigma}}$。当 $L_\Sigma \to 0$ 时, $K_{sh} \to 1$; $R_\Sigma \to 0$ 时, $K_{sh} \to 2$。因此, $1 < K_{sh} < 2$。短路全电流 i_k 的最大有效值是短路冲击电流的有效值,用 I_{sh} 表示。

$$\begin{aligned}I_{sh} = I_k(t)\mid_{t=0.01} &= \sqrt{I_p^2(0.01) + I_{np}^2(0.01)} \\ &= \sqrt{I''^2 + (\sqrt{2}I''e^{-\frac{0.01}{\tau}})^2} \\ &= \sqrt{1 + 2(K_{sh}-1)^2}I''\end{aligned}$$

一般情况下,高压电路发生三相短路时, $K_{sh} = 1.8$,则

$$i_{sh} = 2.55I''$$
$$I_{sh} = 1.51I''$$

低压电路发生三相短路时, $K_{sh} = 1.3$,则

$$i_{sh} = 1.84I''$$
$$I_{sh} = 1.09I''$$

⑤短路稳态电流。短路稳态电流是短路电流非周期分量衰减完毕后的短路全电流有效值,用 I_∞ 表示:

$$I_\infty = I'' = I_{0.2} = I_k \quad (3.7)$$

式中, $I_{0.2}$——$t = 0.2$ s 时的短路全电流有效值。

3.2　三相短路电流的计算

3.2.1　准备工作

①在做短路计算时,首先要绘出短路计算电路图,如图 3.4 所示 。在计算电路图上,将计算所要涉及到的各元件依次编号,并标出短路计算点编号。短路计算点要选择能使有最大可能的短路电流通过短路校验的电气元件的节点。

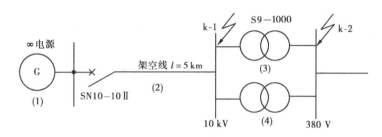

图 3.4　短路计算电路图

②在短路计算中,所用短路电压为短路点的短路计算电压(或称为平均额定电压)。这是由于线路首端短路时其短路最为严重,因此应按线路首端电压考虑,短路计算电压取为比线路额定电压 U_N 高 5%,按我国电压等级标准,U_C 有 0.4,0.69,3.15,6.3,10.5 kV 等。

③当短路计算电路图中含有电力变压器时,则电路内各元件阻抗都应统一换算到短路计算点一侧。阻抗等效换算的条件是各元件的功率损耗不变,由 $\Delta P = \dfrac{U^2}{R}$ 及 $\Delta Q = \dfrac{U^2}{X}$ 可知,元件的阻抗值与电压的平方成正比。因此,阻抗换算公式为:

$$R' = R\left(\frac{U'_C}{U_C}\right)^2$$

$$X' = X\left(\frac{U'_C}{U_C}\right)^2$$

式中,R,X,U_C——换算前的电阻、电抗和所在处的短路计算电压;

$\quad R',X',U'_C$——换算后的电阻、电抗和所在处的短路计算电压。

④短路计算中有关物理量一般采用以下单位:电流为 kA(千安);电压单位为 kV(千伏);短路容量或断流容量为 MV·A(兆伏安);设备容量为 kW(千瓦)或 kV·A(千伏安);用欧姆法做短路计算时,阻抗单位为 Ω(欧[姆])。

3.2.2　用欧姆法做短路计算

所谓欧姆法,就是在短路计算中的阻抗都采用有名单位"欧[姆]"。

在无限大容量系统中发生三相短路时,其三相短路电流周期分量有效值可按下式计算:

$$I_k^{(3)} = \frac{U'_C}{(\sqrt{3}\,|Z_{K\Sigma}|)} = \frac{U'_C}{(\sqrt{3}\,\sqrt{R_{K\Sigma}^2 + X_{K\Sigma}^2})} \tag{3.8}$$

式中,U'_C——短路计算点侧的短路计算电压;

$\quad |Z_{K\Sigma}|,R_{K\Sigma},X_{K\Sigma}$——短路电路的总阻抗模、总电阻、总电抗。在高压电路的短路计算中,一般总电抗远大于总电阻,所以可只计算电抗。

如果不计电阻,则三相短路电流周期分量有效值:

$$I_k^{(3)} = \frac{U'_C}{\sqrt{3}X_{K\Sigma}}$$

三相短路容量为:

$$S_k^{(3)} = \sqrt{3}\,U'_C I_k^{(3)}$$

从以上公式可知,计算三相短路,关键是要计算系统(如电力系统、电力变压器、电力线路)中各主要元件的电抗。至于供电系统中的母线、线圈型电流互感器的一次绕组、低压断路器的过流脱扣器线圈及开关的触头等的电抗,相对而言较小,通常可忽略不计。在略去上述阻抗后,计算所得的短路电流稍有偏大,但用略有偏大的短路电流来校验电气设备若能满足要求,则这些设备在运行中的安全性就更有保证。

(1)电力系统的电抗

电力系统的电阻相对于电抗来说很小,可不予考虑。电力系统的电抗可由电力系统变电所高压馈电线出口断路器的断流容量 S_{OC} 来估算,而 S_{OC} 就被看作是电力系统的极限短路容量 S_k。因此电力系统的电抗为:

$$X_S = \frac{U_C^2}{S_{OC}} = \frac{U_C^2}{S_k}$$

折算值: $\qquad X'_S = \frac{U_C^2}{S_{OC}}\left(\frac{U'_C}{U_C}\right)^2 = \frac{U'^2_C}{S_{OC}}$

即将上式中的 U_C^2 用 U'^2_C 来代替,为换算后的电抗,从而免去了阻抗换算的麻烦。

(2)电力变压器的电抗

可由变压器的短路电压百分数 η_{U_K} 近似计算,因为

$$\eta_{U_K} \approx \sqrt{3}\frac{I_N X_T}{U_C} \times 100\% = \frac{S_N X_T}{U_C^2} \times 100\% \qquad (3.9)$$

所以, $\qquad X_T \approx \frac{\eta_{U_K} U_C^2}{100 S_N}$

折算值: $\qquad X'_T \approx \frac{\eta_{U_K} U_C^2}{100 S_N}\left(\frac{U'_C}{U_C}\right)^2 = \frac{\eta_{U_K} U'^2_C}{100 S_N}$

式中,η_{U_K}——变压器的短路电压百分数,查有关手册或产品样本;只要将 U'^2_C 代换 U_C^2 所得 X_T 即为换算值。

(3)电力线路的电抗

$$X'_{WL} = X_0 L\left(\frac{U'_C}{U_C}\right)^2 \qquad (3.10)$$

式中,X_0——导线或电缆单位长度的电抗,可查有关手册或产品样本;

$\quad L$——线路总长度。

当线路的结构数据不详时,X_0 可按表3.1取其电抗平均值。

表 3.1 电力线路每相的单位长度电抗平均值   Ω/km

线路结构 \ 线路电压	6～10 kV	220/380 V
架空线路	0.38	0.32
电缆线路	0.08	0.066

例 3.1 某供配电系统如图 3.5 所示。已知电力系统出口断路器的断流容量 $S_{\mathrm{OC}} = 500\ \mathrm{MV \cdot A}$。试求变电所高压 10 kV 母线上 k-1 点短路和 380 V 母线上 k-2 点短路的三相短路电流和短路容量。

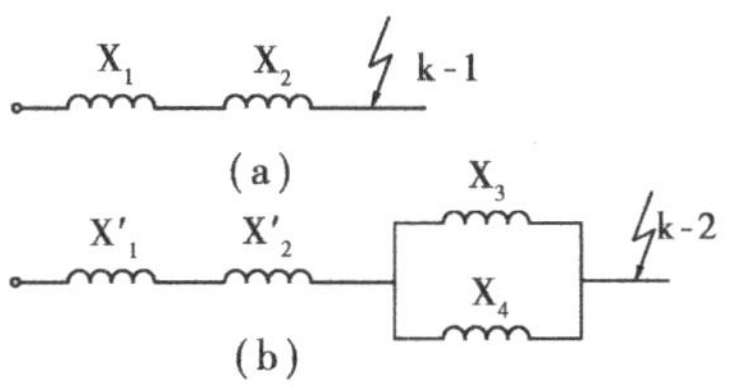

图 3.5 例 3.1 的短路等效电路图（欧姆法）

解: 1. 求 k-1 点的三相短路电流和短路容量

$$U_{\mathrm{C_1}} = 10.5\ \mathrm{kV}$$

(1)计算短路电路中各元件的电抗及总电抗

①电力系统的电抗:SN10—10Ⅱ型断路器的断流容量 $S_{\mathrm{OC}} = 500\ \mathrm{MV \cdot A}$,因此

$$X_1 = \frac{U_{\mathrm{C_1}}^2}{S_{\mathrm{OC}}} = \frac{(10.5\ \mathrm{kV})^2}{500\ \mathrm{MV \cdot A}} = 0.22\ \Omega$$

②架空线路的电抗:由表 3.1 得 $X_0 = 0.38\ \Omega/\mathrm{km}$,因此

$$X_2 = X_0 l = 0.38(\Omega/\mathrm{km}) \times 5\ \mathrm{km} = 1.9\ \Omega$$

③绘点短路的等效电路如图所示,并计算其总电抗如下:

$$X_{\Sigma(\text{k-1})} = X_1 + X_2 = (0.22 + 1.9)\Omega = 2.12\ \Omega$$

(2)计算三相短路电流和短路容量

①三相短路电流周期分量有效值:

$$I_{\text{k-1}}^{(3)} = \frac{U_{\mathrm{C_1}}}{\sqrt{3} X_{\Sigma(\text{k-1})}} = \frac{10.5\ \mathrm{kV}}{\sqrt{3} \times 2.12\ \Omega} = 2.86\ \mathrm{kA}$$

②三相短路次暂态电流和稳态电流:

$$I^{(3)} = I_{\mathrm{CO}}^{(3)} = I_{\text{k-1}}^{(3)} = 2.86\ \mathrm{kA}$$

③三相短路冲击电流及第一个周期短路全电流有效值:

$$i_{\mathrm{sh}}^{(3)} = 2.55 I^{(3)} = 2.55 \times 2.86\ \mathrm{kA} = 7.29\ \mathrm{kA}$$

$$I_{\mathrm{sh}}^{(3)} = 1.51 I^{(3)} = 1.51 \times 2.86\ \mathrm{kA} = 4.32\ \mathrm{kA}$$

④三相短路容量

$$S_{\text{k-1}}^{(3)} = \sqrt{3} U_{\mathrm{C_1}} I_{\text{k-1}}^{(3)} = \sqrt{3} \times 10.5\ \mathrm{kV} \times 2.86\ \mathrm{kA} = 52.0\ \mathrm{MV \cdot A}$$

2. 求 k-2 点的短路电流和短路容量($U_{\mathrm{C_2}} = 0.4\ \mathrm{kV}$)

(1)计算短路电路中各元件的电抗及总电抗

①电力系统的电抗:

$$X_1 = \frac{U_{\mathrm{C_2}}^2}{S_{\mathrm{OC}}} = \frac{(0.4\ \mathrm{kV})^2}{500\ \mathrm{MV \cdot A}} = 3.2 \times 10^{-4}\ \Omega$$

②架空线路的电抗:

$$X_2 = X_0 l \left(\frac{U_{C_2}}{U_{C_1}} \right)^2 = (0.38 \ \Omega/km) \times 5 \ km \times \left(\frac{0.4 \ kV}{10.5 \ kV} \right)^2$$

$$= 2.76 \times 10^{-3} \ \Omega$$

③电力变压器的电抗:得 $\eta_{U_K} = 4.5$,因此

$$X_3 = X_4 \approx \frac{\eta_{U_K}}{100} \frac{U_{C_2}^2}{S_N} = \frac{4.5}{100} \times \frac{(0.4 \ kV)^2}{1\ 000 \ kV \cdot A}$$

$$= 7.2 \times 10^{-6} \ k\Omega = 7.2 \times 10^{-3} \ \Omega$$

④绘 k-2 点短路的等效电路如图 3.5b 所示,并计算其电抗:

$$X_{\Sigma(k\text{-}2)} = X_1 + X_2 + X_{3,4}$$

$$= X_1 + X_2 + \frac{X_3 X_4}{X_3 + X_4}$$

$$= 3.2 \times 10^{-4} \ \Omega + 2.76 \times 10^{-3} \ \Omega + \frac{7.2 \times 10^{-3} \ \Omega}{2}$$

$$= 6.68 \times 10^{-3} \ \Omega$$

(2)计算三相短路电流和短路容量

①三相短路电流周期分量有效值:

$$I_{k\text{-}2}^{(3)} = \frac{U_{C_2}}{\sqrt{3} X_{\Sigma(k\text{-}2)}} = \frac{0.4 \ kV}{\sqrt{3} \times 6.68 \times 10^{-3} \ \Omega} = 34.57 \ kA$$

②三相短路次暂态电流和稳态电流:

$$I^{(3)} = I_{CO}^{(3)} = I_{k\text{-}2}^{(3)} = 34.57 \ kA$$

③三相电流冲击电流及第一个短路全电流的效值:

$$i_{sh}^{(3)} = 1.84 I^{(3)} = 1.84 \times 34.57 \ kA = 63.6 \ kA$$

$$I_{sh}^{(3)} = 1.09 I^{(3)} = 1.09 \times 34.57 \ kA = 37.7 \ kA$$

④三相短路容量:

$$S_{k\text{-}2}^{(3)} = \sqrt{3} U_{C_2} I_{k\text{-}2}^{(3)}$$

$$= \sqrt{3} \times 0.4 \ kV \times 34.57 \ kA = 23.95 \ MV \cdot A$$

在工程设计说明中,往往可列出短路计算表。

3.3 相间短路和单相短路电流计算

3.3.1 相间短路电流计算

在无限大容量系统中发生两相间短路时,见图 3.6,其短路电流可由下式求得:

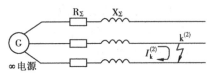

图 3.6 无限大容量系统中发生两相短路

$$I_k^{(2)} = \frac{U'_C}{2 \mid Z_\Sigma \mid}$$

由于只计算电抗,则

$$I_k^{(2)} = \frac{U_C}{2X_\Sigma}$$

其他相间短路量 $I''^{(2)}$，$I_k^{(2)}$，$I_{sh}^{(2)}$ 等，都可按三相短路的对应短路量公式计算。

关于相间短路电流与三相短路电流的关系，可由 $I_k^{(2)} = \dfrac{U_C}{2\mid Z_\Sigma \mid}$，$I_k^{(3)} = \dfrac{U_C}{\sqrt{3}\mid Z_\Sigma \mid}$ 求得，

即
$$\frac{I_k^{(2)}}{I_k^{(3)}} = \frac{\sqrt{3}}{2} = 0.867$$

因此
$$I_k^{(2)} = 0.867 I_k^{(3)}$$

上式说明，无限大容量系统中，同一点的相间短路电流是三相短路电流的 0.87 倍。因此，无限大容量系统的相间短路电流，可在求出三相短路电流后直接求出。

3.3.2 单相短路电流计算

在 220/380 V 中性点直接接地系统中发生单相短路时，根据对称分量法可求得其单相短路电流为：

$$I_k^{(1)} = \frac{3U_\varphi}{Z_{1\Sigma} + Z_{2\Sigma} + Z_{0\Sigma}}$$

式中，U_φ——相电压；

$Z_{1\Sigma}$，$Z_{2\Sigma}$，$Z_{0\Sigma}$ ——短路回路的正序、负序和零序阻抗。

在工程设计中，还可利用下式计算单相短路电流，即

$$I_k^{(1)} = \frac{U_\varphi}{\mid Z_{\varphi\text{-}0} \mid}$$

$\mid Z_{\varphi\text{-}0} \mid$——单相短路的阻抗模，按下式计算

$$\mid Z_{\varphi\text{-}0} \mid = \sqrt{(R_T + R_{\varphi\text{-}0})^2 + (X_T + X_{\varphi\text{-}0})^2} \tag{3.11}$$

式中，R_T，X_T——分别为变压器单相等效电阻和电抗；

$R_{\varphi\text{-}0}$，$X_{\varphi\text{-}0}$——分别为相线与 N 线或 PEN 或 PE 线的短路回路的电阻、电抗，包括短路回路中低压断路器过流脱扣线圈的阻抗、开关触头的接触电阻及电流互感器一次绕组的阻抗等，可查有关手册或产品样本。

单相短路电流与三相短路电流的关系讨论如下：

在远离发电机的用户变压器低压侧发生单相短路时，$Z_{1\Sigma} \approx Z_{2\Sigma}$，因此单相短路电流

$$I_k^{(1)} = \frac{3U_\varphi}{2Z_{1\Sigma} + Z_{0\Sigma}}$$

而三相短路时，三相短路电流为：

$$I_k^{(3)} = \frac{U_\varphi}{Z_{1\Sigma}}$$

因此

$$\frac{I_k^{(1)}}{I_k^{(3)}} = \frac{3}{2 + \dfrac{Z_{0\Sigma}}{Z_{1\Sigma}}}$$

由于远离发电机发生短路时，

$$Z_{0\Sigma} > Z_{1\Sigma}$$

所以 $$I_k^{(1)} < I_k^{(3)}$$

通过讨论可知,在无限大容量系统中或远离发电机处短路时,两相短路电流和单相短路电流都较三相短路电流小。因此,用于选择电气设备和导体的短路稳定度校验的短路电流,应采用三相短路电流。两相短路、单相短路电流主要用于短路保护的灵敏度校验。

3.4 短路的效应

3.4.1 短路的电动力效应

电流通过导线、开关时,导体相互之间会产生电动力的作用。在正常工作情况下,载流设备通过的电流很小(相对短路电流而言),电动力也不大。但在短路时,短路电流很大,从而产生的电动力也很大,尤其是在短路发生后的第一个周期(在 $t=0.01$ s 时刻)通过冲击电流瞬间,它所产生的电动力可能导致导体的变形和电气设备的严重损坏。所以,有必要对短路电流产生的电动力加以讨论,以便在选择电气设备时,保证有足够的承受电动力的能力(即动稳定度),使其能可靠地工作。

1)短路电流产生的最大电动力

这里以两平行导体为例来讨论。如图 3.7 所示,两平行导体的长度为 l,轴线距离为 a,导体截面尺寸与距离 a 相比可以忽略不计,且长度 l 比距离 a 大得多。

当两导体分别流过电流 i_1,i_2 时,均会受到电动力的作用。导体 1 中流过电流 i_1 时,对导体 2 产生的磁感应强度为:

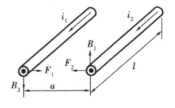

$$B_1 = \mu_0\mu_r i_1 \frac{1}{2\pi a} = 2i_1\frac{1}{a} \times 10^{-7}\text{T} \qquad (3.12)$$

式中,μ_0——空气相对磁导率,$\mu_0 \approx 1$;

μ_r——真空磁导率,$\mu_r = 4\pi \times 10^{-7}\text{H/m}$。

图 3.7 两平行载流导体间的电动力

导体 2 与磁感应强度 B_1 垂直。由于导体 2 中有电流 i_2 通过,该导体受到的电动力为:

$$F_2 = B_1 i_2 l\sin 90° = 2i_1 i_2 \frac{l}{a} \times 10^{-7}$$

同理,得:

$$F_1 = B_2 i_1 l\sin 90° = 2i_1 i_2 \frac{l}{a} \times 10^{-7}$$

因此,两导体受到的电动力大小相等,且受力方向取决于两导体中电流的方向,当两导体电流同向时,两力相吸;反之,两力相斥。

如果三相系统中发生三相短路,则三相短路冲击电流 $i_{sh}^{(3)}$ 在中间相产生的电动力最大,其值为:

$$F^{(3)} = \sqrt{3}i_{sh}^{(3)2}\frac{l}{a} \times 10^{-7} \qquad (3.13)$$

如果三相系统中发生相间短路,则相间短路冲击电流 $i_{sh}^{(2)}$ 在中间相产生的电动力最大,其值为:

$$F^{(2)} = 2i_{sh}^{(2)2} \frac{l}{a} \times 10^{-7} \tag{3.14}$$

又由于三相短路冲击电流与相间短路冲击电流之间有下列关系:

$$\frac{i_{sh}^{(3)}}{i_{sh}^{(2)}} = \frac{2}{\sqrt{3}} = 1.15$$

因此,三相短路与相间短路产生的最大电动力比值亦为:

$$\frac{F^{(3)}}{F^{(2)}} = \frac{2}{\sqrt{3}} = 1.15$$

由以上分析可知,三相线路发生三相短路时中间相导体所受的电动力比相间短路时导体所受的电动力大。因此校验电气设备和载流导体的动稳定度,一般应采用三相短路冲击电流 $i_{sh}^{(3)}$ 或短路冲击电流有效值 $I_{sh}^{(3)}$。

2)短路动稳定度的校验公式

电气设备和载流导体的动稳定度校验,按校验对象的不同而采用不同的公式。

(1)一般电气设备动稳定度校验公式

$$i_{max} \geqslant i_{sh}^{(3)} \quad 或 \quad I_{max} \geqslant I_{sh}^{(3)} \tag{3.15}$$

式中,i_{max}——电气设备的极限通过电流(动稳定电流)峰值;

I_{max}——电气设备的极限通过电流(动稳定电流)有效值。

(2)绝缘子的动稳定度校验公式

$$F_{al} \geqslant F_{C}^{(3)} \tag{3.16}$$

式中,F_{al}——绝缘子的最大允许载荷,可由有关手册或产品样本查得,如果手册或产品样本给出的是绝缘子的抗弯破坏载荷值,则应将抗弯破坏载荷值乘以 0.6 作为 F_{al};

$F_{C}^{(3)}$——短路时作用于绝缘子上的计算力,如果母线在绝缘子上平放,$F_{C}^{(3)} = F^{(3)}$;如果母线竖放,则 $F_{C}^{(3)} = 1.4 F^{(3)}$。

(3)硬母线的动稳定度校验公式

$$\sigma_{al} \geqslant \sigma_{C} \tag{3.17}$$

式中,σ_{al}——母线材料的最大允许应力,硬铜母线(TMY)$\sigma_{al} = 140$ MPa,硬铝母线(LMY)$\sigma_{al} = 70$ MPa;

σ_{C}——$i_{sh}^{(3)}$ 通过母线时受到的最大计算应力,其值为:

$$\sigma_{C} = \frac{T}{W} \tag{3.18}$$

式中,T——$i_{sh}^{(3)}$ 通过母线时受到的弯曲力矩。当母线的档数为 1～2 时,$T = \frac{F^{(3)}L}{8}$;当档数大于 2 时,$T = \frac{F^{(3)}L}{10}$,L 为母线的档距(两绝缘子之间的距离)。

W——母线的断面系数,$W = \frac{b^2 h}{6}$。

（4）短路计算点附近交流电动机反馈冲击电流对最大电动力的影响

当短路点附近所接交流电动机反馈电流之和超过系统短路电流的1%时，按《低压配电设计规范》(GB 50054—95)，应计入电动机反馈电流对最大电动力的影响。因为，短路时的电动机端电压骤降，致使电动机因定子电动势高于外施电压而向短路电反馈电流，从而使短路计算点的短路冲击电流增大，见图3.8。

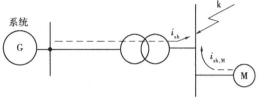

图3.8　大容量电动机对短路点反馈冲击电流

当交流电动机进线端附近发生三相短路时，电动机反馈的最大短路电流瞬时值（即电动机反馈冲击电流）可按下式计算：

$$i_{\rm sh,T} = CK_{\rm sh,T}I_{\rm N,T} \qquad (3.19)$$

式中，C——电动机反馈冲击倍数，见表3.2；

$K_{\rm sh,T}$——电动机短路电流冲击系数，对3～10 kV电动机可取1.4～1.7；对380 V电动机可取1；

$I_{\rm N,T}$——电动机额定电流。

表3.2　电动机的$E''^{*}_{\rm T}$，$X''^{*}_{\rm T}$和C

电动机类型	$E''^{*}_{\rm T}$	$X''^{*}_{\rm T}$	C	电动机类型	$E''^{*}_{\rm T}$	$X''^{*}_{\rm T}$	C
感应电动机	0.9	0.2	6.5	同步补偿机	1.2	0.16	10.6
同步电动机	1.1	0.2	7.8	综合性符合	0.8	0.35	3.2

由于交流电动机在外电路短路后很快受到制动，产生的反馈电流衰减极快，因此只考虑它对短路冲击值的影响。

例3.2　设例3.1所示工厂变电所母线上接有$P = 250$ kW的380 V感应电动机，平均$\cos\varphi = 0.7$，效率$\eta = 0.75$。该母线采用的LMY—100 × 10硬铝母线，水平放置，档距l为900 mm，档次大于2，相邻两相母线的轴线距离a为160 mm。试求该母线三相短路时所受的最大电动力，并校验其动稳定度。

解：1.计算母线短路时所受的最大电动力

由例3.1知，380 V母线的短路电流，而接于380 V母线的感应电动机额定电流为：

$$I_{\rm N,T} = \frac{250 \text{ kW}}{\sqrt{3} \times 380 \text{ V} \times 0.7 \times 0.75} = 0.724 \text{ kA}$$

故需计入感应电动机反馈电流的影响，该电动机的反馈电流冲击值为：

$$i_{\rm sh,T} = 6.5 \times 1 \times 0.724 \text{ kA} = 4.7 \text{ kA}$$

因此，母线在三相短路时所受的最大电动力为：

$$F^{(3)} = \sqrt{3}(i_{\rm sh} + i_{\rm sh,T})^2 \frac{l}{a} \times 10^{-7}$$

$$= \sqrt{3}(63.6 \times 10^3 \text{A} + 4.7 \times 10^3 \text{A})^2 \times \frac{0.9 \text{ mm}}{0.16 \text{ mm}} \times 10^{-7} \text{ N/A}^2$$

$$= 4\ 545 \text{ N}$$

2.校验母线短路时的动稳定度

母线受到的弯曲力矩为：

$$T = \frac{F^{(3)}l}{10} = \frac{4\ 545\ \text{N} \times 0.9\ \text{m}}{10} = 409\ \text{N} \cdot \text{m}$$

母线的截面系数为：

$$W = \frac{b^2 h}{6} = \frac{(0.1\ \text{m})^2 \times 0.01\ \text{m}}{6} = 1.667 \times 10^{-5}\ \text{m}^3$$

故母线在三相短路时所受到的计算应力为：

$$\partial_\text{c} = \frac{T}{W} = \frac{409\ \text{N} \cdot \text{m}}{1.667 \times 10^{-5}\ \text{m}^3} = 24.5 \times 10^6\ \text{Pa} = 24.5\ \text{MPa}$$

而硬铝母线的允许应力为：

$$\partial_\text{al} = 70\ \text{MPa} > \partial_\text{c}$$

由此可见，该母线满足短路动稳定度的要求。

3.4.2 短路的热效应

导体通过正常负荷电流时，由于导体具有电阻，因此要产生电能损耗，由此转换为热能，一方面使导体温度升高，另一方面向周围介质散热。当导体内产生的热量与导体向周围介质散失的热量相等时，导体就维持在一定的温度值，这种状态称为热平衡，或热稳定。

在线路发生短路时，极大的短路电流将使导体温度迅速升高。由于短路后线路的保护装置很快动作，切除短路故障，所以短路电流通过导体的时间不长，通常不会超过 $2 \sim 3$ s。因此在短路过程中，可不考虑导体向周围介质的散热，即近似地认为导体在短路时间内是与周围介质绝热的，短路电流在导体中产生的热量，全部用来使导体的温度升高。

图 3.9 表示短路前后导体的温度变化情况，导体在短路前正常负荷时的温度为 θ_L。设在 t_1 时发生短路，导体温度按指数规律迅速升高，而在 t_2 时线路的保护装置动作，切除了短路故障，这时导体的温度已达到 θ_k。短路被切除后，线路断电，导体不再产生热量，而只按指数规律向周围介质散热，直到导体温度等于周围介质温度 θ_0 为止。

按照导体的允许发热条件，导体在正常负荷和短路时的最高允许温度如附录表 15 所示。如果导体和电器在短路时的发热温度不超过允许温度，则认为其短路热稳定度是满足要求的。

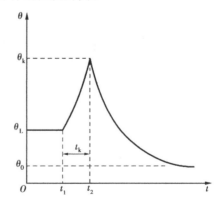

图 3.9 短路前后导体的温度变化

要确定导体短路后实际达到的最高温度，应先求出短路期间实际的短路全电流 i_k 或 $I_\text{k}(t)$ 在导体中产生的热量 Q_k。但这些值都是变动的，因此一般是用一个恒定的短路稳态电流 I_∞ 来等效计算实际短路电流所产生的热量。由于通过导体的短路电流实际上不是 I_∞，因此假定一个时间内，导体通过 I_∞ 所产生的热量 Q_k，恰好与实际短路电流 i_k 或 $I_\text{k}(t)$ 在实际短路时间 t_k 内所产生的热量相等。这一假定的时间，称为短路发热的假想时间或热效时间用 t_ima 表示，如图 3.10 所示。

短路发热假想时间可用下式近似计算：

$$t_{ima} = t_k + 0.05 \left(\frac{I}{I_\infty}\right)^2 s$$

在无限大容量系统中发生短路时，$I = I_\infty$，因此

$$t_{ima} = t_k + 0.05 s$$

当 $t_k > 1 s$ 时，可认为 $t_{ima} = t_k$。

短路时间，为短路保护装置实际最长的动作时间与断路器（开关）的断路时间 t_{op} 之和，即断路器的固有分闸时间与其电弧延燃时间 t_{oc} 之和：

$$t_k = t_{op} + t_{oc}$$

对于一般高压断路器（如油断路器），可取 $t_{oc} = 0.25 s$；对于高速断路器（如真空断路器），可取

$$t_{oc} = 0.1 \sim 0.15 s$$

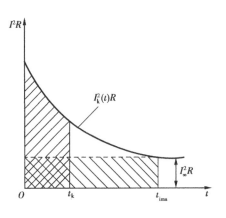

图 3.10　短路发热假想时间

因此，实际短路电流通过导体在短路时间内产生的热量为：

$$Q_k = \int_0^k I_k^2(t) R dt = I_\infty^2 R t_{ima}$$

根据这一热量 Q_k 可计算出导体在短路后所达到的最高温度 θ_k。但是这种计算，不仅相当繁杂，而且涉及到一些难于准确确定的系数，包括导体的电导率（它在短路过程中不是一个常数），因此最后计算的结果往往与实际出入很大，这里就不做介绍了。

在工程设计中，一般是利用图 3.11 所示曲线来确定 Q_k。该曲线的横坐标用导体加热系数 K 来表示，纵坐标表示导体温度 θ_0。

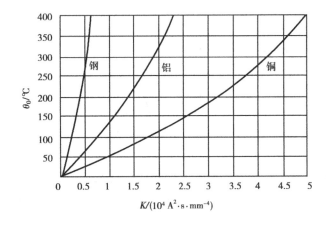

图 3.11　用来确定 Q_k 的曲线

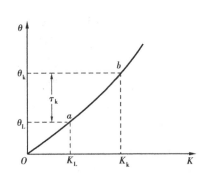

图 3.12　由 θ_L 查 θ_k 的步骤说明

1) 由 θ_L 查 θ_k 的步骤（参看图 3.12）

①先从纵坐标轴上找出导体在正常负荷时的温度值 θ_L；如果实际负荷温度不详，可采用附录表 15 所列的额定负荷时的最高允许温度作为 θ_L。

②由 θ_L 向右查得相应曲线上的 a 点。

③由 a 点向下查得横坐标轴上的 K_L。

④用下式计算 K_k：

$$K_k = K_L + \left(\frac{I_\infty}{A}\right)^2 t_{ima} \tag{3.20}$$

式中,A——导体的截面积,mm^2;

I_∞——三相短路稳态电流,A;

t_{ima}——短路发热假想时间,s;

K_L, K_k——负荷时和短路时的导体加热系数,$A^2 \cdot s/mm^4$。

⑤从横坐标轴上找出 K_k 值。

⑥由 K_k 向上查得相应曲线上的 b 点。

⑦由 b 点向左查得纵坐标轴上的 θ_k 值。

2)短路热稳定的校验条件

电器和导体的热稳定度的校验,要按照校验对象的不同而采取不同的校验条件。

(1)一般电器的热稳度校验条件

$$I_t^2 t \geqslant I_\infty^{(3)2} t_{ima} \tag{3.21}$$

式中,I_t——电器的热稳定电流;

t——电器的热稳度时间。

以上可由有关手册或产品样本查得。

(2)母线、绝缘导线和电缆等导体的热稳度校验条件

$$\theta_{k,max} \geqslant \theta_k \tag{3.22}$$

式中,θ_k——导体在短路时的最高允许温度,如附录表 15 所列。

如前所述,要确定 θ_k 比较麻烦,因此也可根据短路热稳定度的要求来确定其最小允许截面。由下式可得最小允许截面积:

$$A_{min} = I_\infty^{(3)} \sqrt{\frac{t_{ima}}{K_k - K_L}} = I_\infty^{(3)} \frac{\sqrt{t_{ima}}}{C} \tag{3.23}$$

式中,$I_\infty^{(3)}$——三相短路稳态电流,A;

C——导体的热稳定系数,$A \cdot s^{(\frac{1}{2})}/mm^2$,可查附录表 5。

例 3.3 试校验例 3.2 所示变电所 380 V 侧母线的短路热稳定度。已知此母线的短路保护实际动作时间为 0.6 s,低压断路器的断路时间为 0.1 s。该母线正常运行时最高温度为 55 ℃。

解:用 $\theta_L = 55$ ℃查图 3.11 的铝导体曲线,对应的 $K_L \approx 0.5 \times 10^4$ $A^2 \cdot s/mm^4$。

而 $t_{ima} = t_k + 0.05$ s $= t_{op} + t_{oc} + 0.05$ s $= 0.6$ s $+ 0.1$ s $+ 0.05$ s $= 0.75$ s

又 $I_\infty^{(3)} = 34.57 \times 10^3$ A,$A = 100 \times 10$ mm^2

因此,由式(3.23)得:

$$K_k = 0.5 \times 10^4 \, A^2 \cdot s/mm^4 + \left(\frac{34.57 \times 10^3 \, A}{100 \times 10 \, mm^2}\right)^2 \times 0.75 \, s$$

$$= 0.59 \times 10^4 \, A^2 \cdot s/mm^4$$

用 K_k 去查图 3.11 的铝体导体曲线,可得:

$$\theta_k \approx 100 \text{ ℃}$$

而由附录表5知铝母线的$\theta_{k,max}=200\,℃>\theta_k$,因此该母线满足短路稳定度要求。

另解:求母线满足短路热稳定度的最小允许截面积A_{min}。

查附录表15得:

$$C=87\ \text{A}\cdot\text{s}^{(\frac{1}{2})}/\text{mm}^2$$

故最小允许截面为:

$$A_{min}=I_\infty^{(3)}\frac{\sqrt{t_{ima}}}{C}=34.57\times10^3\ \text{A}\times\frac{\sqrt{0.75\text{s}}}{87\ \text{A}\cdot\text{s}^{(\frac{1}{2})}/\text{mm}^2}$$

$$=344\ \text{mm}^2$$

由于母线实际截面$A=100\times10\ \text{mm}^2$,因此该母线满足短路热稳定度要求。

习 题

1.有一地区变电所通过一条长4 km的6 kV电缆线路,供电给某厂一个装有2台并列运行的S9—800型主变压器的变电所,地区变电站出口断路器的断流容量为300 MV·A。试用欧姆法计算变电所6 kV高压侧和380 V低压侧的短路电流$I_k^{(3)}$,$I_k^{(2)}$,$I_\infty^{(3)}$,$i_{sh}^{(3)}$,$I_{sh}^{(3)}$及短路容量$S_k^{(3)}$,并列出短路计算表。

2.假设习题1所述变电所380 V侧母线采用$80\times10\ \text{mm}^2$铝母线,水平放置,两相邻母线轴线间距为200 mm,档距为0.9 m,档数大于2。该母线上装有1台500 kW的同步电动机,$\cos\varphi=0.8,\eta=94\%$。试校验此母线的动稳定度。

3.设习题1所述380 V母线的短路保护动作时间为0.5 s,低压断路器的断路时间为0.05 s。试校验母线的热稳定度。

4.设习题1所述高压配电所母线引至车间变压器的2条电缆均采用铝芯截面为50 mm^2的三芯聚氯乙烯绝缘电缆。已知电缆线路首端装有高压少油断路器,其继电保护的动作时间为0.9 s,试校验这2条电缆的热稳定度。

4

变配电所及供配电系统

本章主要介绍用户常用变配电所的任务及类型,组成供配电系统常用的高低压电气设备,由 10 kV 供电的供配电系统的典型电路,用户类变电所的位置、布置、结构及平剖图,变配电所的运行维护等基础知识。

4.1 常用变配电所的任务及类型

变配电所是供配电系统的中间枢纽,为建筑内用电设备提供和分配电能,是建筑供配电系统的重要组成部分。变配电所担负着从电力系统受电、变电、配电的任务;配电所担负着从电力系统受电、配电的任务。

在用户中,常见变电所有如下的类型:

(1)独立变电所

整个变电所设在与其他建筑物有一定距离的单独建筑物内。该类型变电所,建筑费用较高,一般用于负荷分散、存在易燃易爆和腐蚀性物质的场所。

(2)地下式变电所

整个变电所设置在地下。这种变电所内湿度大,对通风散热要求高,费用也较高,但安全,且不影响建筑物的美观。在国内,高层建筑的供配电系统一般采用这种类型。

(3)楼上变电所

整个变电所设置在楼上。适用于 30 层以上或高层建筑的重要负荷位置在楼上的情况。其最大特点是可以深入负荷中心,但这种变电所要求结构尽可能轻型、安全,所以设备均采用无油的干式电气设备,也可以采用成套变电所。

（4）成套变电所（箱式变电站）

由厂家将高压设备、变压器、低压设备按一定接线方案成套制造，并整个设置在一个集装箱式的铁柜子里。其特点是，可以深入负荷中心，省去土建和设备安装。常用于高层建筑和小区的供配电及施工现场临时用电。

（5）附设式变电所

变配电室的一面或几面墙与非变配电用建筑物的墙共用，变压器室的大门朝外开。附设式变电所有内附式、外附式等。这种变电所一般适用于机械类工厂。

4.2 开关设备中的电弧问题

4.2.1 电弧的特点及其危害

电弧是开关设备运行中经常发生的一种物理现象，其特点是光亮强、温度高。电弧是电流的延续，因此电弧的危害是：延长了电路开断时间，特别是当开关在分断短路电流时，开关触头间产生的电弧就延长了短路电流通过电路的时间，使短路电流危害的时间延长；电弧的高温可能烧坏开关的触头；电弧还可能使电路发生弧光短路，甚至引起火灾、爆炸事故等。总之，电弧的产生对供电系统的安全运行有很大的影响。所以在讨论开关设备之前，有必要简介电弧的产生和熄灭的有关问题。

1）电弧的产生

（1）产生电弧的原因

开关触头本身及周围存在大量的可被游离的介质，这样在通断的触头之间存在足够大的外施电压时，就有可能强烈电离而产生电弧。

（2）产生电弧的离子游离方式

①热电子发射：当开关触头开断电流时，在阴极表面由于大电流逐渐收缩集中而出现炽热的光斑，温度很高，使触头表面分子中的外层电子吸收足够的热能而发射到触头间隙中去，形成自由电子。

②高电场发射：开关触头分断之初，由于触头间距最小，而在外施电压一定时电场强度很大。在高电场的作用下，触头表面的电子被强拉出来，进入触头间隙，形成自由电子。

③碰撞游离：当触头之间存在足够的外施电压时，其中的自由电子以相当大的速度向阳极移动，在移动过程中碰撞到中性介质，由于动能的作用可能使中性介质发生电离，从而形成带正电的正离子和带负电的自由电子。这些游离出来的带电质点在外施电压的作用下，继续参与碰撞游离，使触头间介质中的离子数按 2^n 的速度发展，形成"雪崩"现象。当离子浓度足够大时，介质击穿产生电弧。

④热游离：电弧产生以后，由于电弧的温度很高，其表面温度为 $3\,000 \sim 4\,000\ ℃$，弧心温度高达 $10\,000\ ℃$。在高温下，触头间的中性介质又被游离为正离子和负电子，从而进一步加强了电弧中的游离，维持了电弧的发展。

由于上述几种离子游离方式的综合作用，使得开关触头在带负荷通断时产生电弧并得以维持。

2)电弧的熄灭

从上述分析可知:一方面阴极在高温和强电场作用下发射电子,发射的电子在触头间外施电压作用下产生碰撞游离而形成电弧,在电弧高温作用下,使触头间隙中的中性介质又产生热游离,使电弧得以维持和发展;另一方面自由电子和正离子要相互吸引发生中和,这种现象叫去游离,即在电弧中发生游离的过程的同时进行着使带电粒子减少的去游离过程。在稳定燃烧的电弧中,这2个过程处于动态平衡。如果游离率大于去游离率,电弧将继续燃烧;反之,电弧便会愈来愈小,直到熄灭。

在去游离方式中,又有正负带电质点的"复合"和"扩散"。所谓复合,就是正负带电质点重新结合为中性质点。复合的强弱,与电弧中的电场强度、温度及电弧截面等有关。电弧中的电场强度越弱,温度越低,截面越小,带电质点的复合越强,反之就弱。所谓扩散,就是电弧中带电质点向周围介质扩散开去,使电弧区域的带电质点减少。扩散的强弱和电弧与周围介质的温度差、离子浓度差,以及电弧截面等有关。温度差越大,离子的浓度差越大,电弧截面越小,离子扩散就越强,就越利于电弧的熄灭。

由于交流电流每半个周期要过零一次,当电流过零时电弧将暂时熄灭,所以,交流电弧在电流过零时,是熄灭电弧的有利时机。因此,交流电弧特别是低压开关的交流电弧是比较容易熄灭的。具有较完善灭弧机构的高压断路器,交流电弧的熄灭一般也只需几个周期。真空断路器的灭弧一般只需半个周期。

3)开关电器中常用的灭弧方法

(1)冷却灭弧

降低电弧温度可使电弧中的热游离减弱,正负离子的复合增强,有利于电弧快速熄灭。

(2)真空灭弧

在真空中,由于不存在大量的可被游离的介质,所以具有较高的绝缘强度,有利于电弧的熄灭。若将开关触头装在真空容器内,则当电流过零时就能立即熄灭电弧,而不致复燃。在工程中,真空断路器就是利用真空熄灭电弧。

(3)粗弧分成细弧的灭弧

将粗弧分成若干平行的细弧,加大电弧与周围介质的接触面,改善电弧的散热条件,使电弧中离子的复合和扩散加强,有利于电弧的熄灭。

(4)狭沟灭弧

使电弧在固体介质所形成的狭沟中燃烧,一方面电弧与固体介质表面冷壁接触,电弧的冷却条件改善,使电弧的去游离率增强;另一方面在狭沟内正负带电离子的复合也比较强烈,使电弧加速熄灭。在实际工程中,在熔断器的熔管中填充石英砂,就是利用狭沟灭弧原理。有一种耐热的绝缘材料(石棉水泥或陶土材料)制成的灭弧栅,也是利用狭沟灭弧原理。

(5)长弧切短

由于电弧的电压降主要降落在阴极和阳极上,而弧柱上的压降很小,如果利用金属片将长弧切成短弧,则电弧上的电压降将近似地增大若干倍。当外施电压小于电弧上的电压降时,则电弧就不能维持而迅速熄灭。在低压刀开关上装设的灭弧罩,就是将长弧切成短弧的例证。

（6）速拉灭弧

迅速拉长电弧，使弧隙的电场强度骤降，带电离子的复合迅速增强，加速电弧的熄灭。高压开关中装设的断路弹簧，就是要加快触头的分断速度，迅速拉长电弧。

（7）吹弧灭弧

利用外力（如电磁力，油流，气流）来吹长、冷却电弧，使电弧中带电离子的复合和扩散加强，从而加速电弧的熄灭。图 4.1 为吹弧灭弧示意图。

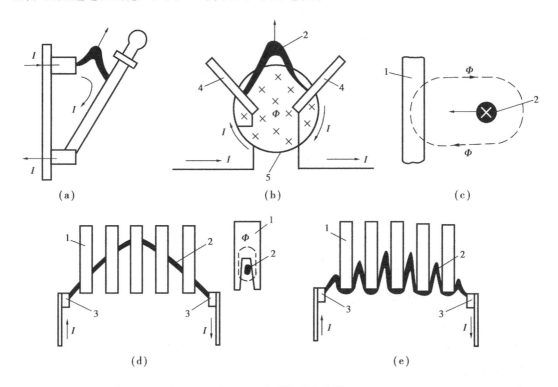

图 4.1　吹弧灭弧示意图

1—绝缘栅片；2—电弧；3—触头；4—灭弧触头；5—磁吹线圈

（a）电动力吹弧（刀开关断开时）；（b）磁力吹弧；（c）铁磁吸弧；

（d）钢灭弧栅对电弧的作用；（e）绝缘灭弧栅对电弧的作用

4.2.2　对电气触头的基本要求

电气触头是开关电器中极其重要的部件。开关电器工作的可靠程度，与触头的结构和状况有着密切的关系。为了更好地理解高、低压开关电器的结构原理，先了解电气触头的基本要求。

（1）满足正常负荷的发热要求

正常负荷电流（包括过负荷电流）长期通过触头时，触头的发热温度不应超过允许值。为此，触头必须接触紧密良好，尽量减少或消除触头表面的氧化层，尽量降低接触电阻。

（2）具有足够的机械强度

能经受规定的通断次数而不致发生机械故障或损坏。

（3）具有足够的动稳定度和热稳定度

在可能发生的最大的短路冲击电流通过时,触头不致因电动力作用而损坏,并在可能最长的短路时间内通过短路电流时所产生的热量,不致使触头过度烧损或熔焊。

（4）具有足够的断流能力

在开断所规定的最大负荷电流或短路电流时,触头不应被电弧过度烧损,更不应发生熔焊现象。为了保证触头在闭合时尽量减少触头电阻,而在通断时触头能经受电弧的高温,因此有些开关的触头分为工作触头和灭弧触头2部分。工作触头采用导电性能良好的铜(或镀银)触头,灭弧触头则采用耐高温的铜钨等合金触头。

4.3　高、低压一次设备

4.3.1　基本概念

在变配电所中承担输送和分配电能任务的电路,称为一次电路(也称一次回路或主接线)。一次电路中所有的电气设备,称为一次设备。凡用来控制、指示、监测、保护一次设备运行的电路,称为二次电路(也称二次回路或二次接线)。二次电路通常接在互感器的二次侧。二次电路中的所有电气设备称为二次设备。

一次电路的特点是电压高,电流大,属于强电电路。二次电路的特点是电压低,电流小,属于弱电电路。这一节仅介绍一次电路中常用的高低压设备。

4.3.2　高压一次设备

1）高压隔离开关（QS）

高压隔离开关的结构特点是:断开后有明显的断开间隙,并且断开间隙的绝缘都足够可靠,能充分保证人身和设备安全;没有专设的灭弧装置,不能带负荷操作,但可用来通断电流不超过2 A的空载变压器、电容电流不超过5 A的空载线路以及电压互感器、避雷器电路等。所以高压隔离开关的功能主要是隔离电源,以便安全检修电气设备。

高压隔离开关户内常采用 GN6,GN8 系列;户外有 GW10 系列等。图 4.2 是 GN10 型户内高压隔离开关的外形。

2）高压熔断器（FU）

高压熔断器是一种当所在电路的电流超过规定值并经一定时间后,使其熔体熔化而分断电流、断开电路的一种保护电器。熔断器功能主要是对电路及电路设备进行短路保护,有的也具有过负荷保护的功能。由于它简单、便宜、使用方便,所以适于保护线路、电力变压器、高压电动机等。

在 10 kV 供配电系统中,室内常采用 RN1,RN2 型高压管式熔断器;室外常采用 RW4,RW10(F)等跌落式熔断器。

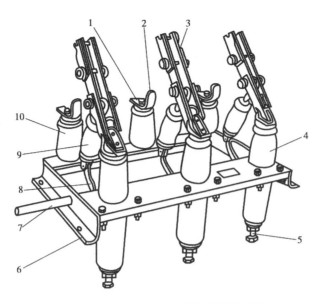

图 4.2　GN8—10/600 型高压隔离开关

1—上接线端子;2—静触头;3—闸刀;4—套管绝缘子;5—下接线端子;

6—框架;7—转轴;8—拐臂;9—升降绝缘子;10—支柱绝缘子

(1)RN 型户内高压熔断器

RN 型户内高压熔断器又分为 RN1,RN2 型。二者在结构上基本相同,都是瓷质熔管内填充石英砂填料的密闭管式熔断器。只是 RN1 型结构尺寸较大,熔体额定电流较大,最大可达100 A,因此可用作高压线路和变压器的保护;而 RN2 型结构尺寸小,熔体额定电流为0.5 A,仅用作高压互感器一次侧的短路保护。

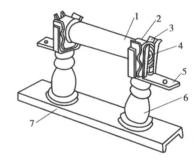

图 4.3　RN1,RN2 型户内高压熔断器

1—瓷熔管;2—金属管帽;3—弹性固定触座;

4—熔断指示器;5—接线端子;

6—瓷质支柱绝缘子;7—底座

由图 4.3 可知,其铜熔体上焊有小锡球。由于铜的熔点高,锡的熔点低,铜锡合金使得熔体的总熔点降低(即所谓的"冶金效应"),所以该熔断器能在过负荷电流或较小短路电流时动作,提高了保护的灵敏度。由图 4.4 可知,该种熔断器采用多根熔丝并联,具有粗弧分成细弧的灭弧能力;且熔管内充有石英砂填料,具有狭沟灭弧、冷却灭弧的能力,因此其灭弧能力很强。

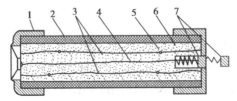

图 4.4　RN1,RN2 型户内高压熔断器熔管剖面示意图

1—管帽;2—瓷管;3—工作熔体(铜丝);4—熔断指示熔体(铜丝);

5—锡球(焊在铜丝上);6—石英砂填料;7—熔断指示器(曲线表示其弹出状态)

（2）RW 型户外高压跌落式熔断器（QDF）

跌落式熔断器是用于正常环境的室外场所。其功能是作 6～10 kV 线路和变压器的保护，当其触头带上灭弧罩后，还可通断正常负荷；又由于在断开后有一个明显的断点，所以又可以隔离电源、安全检修电气设备。

图 4.5 是 RW 型跌落式熔断器的基本结构。正常运行时，熔断器使电路接通，当线路或变压器发生短路故障时，短路电流使熔丝熔断，产生电弧。由于熔管是由产气材料做成，在电弧的高温作用下，熔管产生大量气体并沿管道形成强烈的气流纵向吹弧，使电弧熄灭。熔丝熔断后，熔管的上动触头因失去张力而下跌，使锁紧机构释放熔管，在触头弹力及熔管自重作用下，回转跌开，造成明显可见的断开间隙。

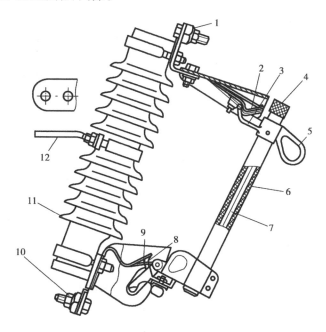

图 4.5　RW4—10（G）型跌落式熔断器

1—上接线端子；2—上静触头；3—上动触头；4—管帽（带薄膜）；5—操作环；
6—熔管（外层为酚醛纸管或环氧玻璃布管，内套纤维质消弧管）；7—铜熔丝；
8—下动触头；9—下静触头；10—下接线端子；11—绝缘瓷瓶；12—固定安装板

3）高压负荷开关（QL）

高压负荷开关的结构特点是：断开后有明显可见的断开间隙，其断开间隙的绝缘和相间绝缘能充分保证人身和设备安全；具有简单的灭弧装置，能通断一定的正常负荷电流和过负荷电流，但不能断开短路电流，它必须与高压熔断器串联搭配，用熔断器来切除短路电流。

负荷开关的功能是：隔离电源，安全检修电气设备，并能通断正常负荷电流。

常用 FN3—10RT 型等户内高压负荷开关，一般配用 CS2 或 CS3 型手动操作机构来进行操作，如图 4.6 所示。

4）高压断路器（QF）

高压断路器有专门的灭弧机构，具有很强的灭弧能力，不仅能通断正常负荷电流，而且能开断正常负荷电流,并能在保护装置作用下自动跳闸,切除短路故障。高压断路器按其采用的灭弧介质可分为:油断路器、空气断路器、六氟化硫断路器、真空断路器等。其中使用最广的是油断路器,高层建筑内则多采用真空断路器。

常用的高压断路器有 SN10—10 型、LN2—10 型、ZN3—10 型等。

(1)油断路器

油断路器按油量和油的作用又分为多油断路器和少油断路器。多油断路器油量多,其油的作用有 3 个:一是作为灭弧介质;二是作为动、静触头的绝缘介质;三是作为带电导体对地的绝缘介质,可用于频繁通断的场合。但多油断路器体积大,维护麻烦,一般不使用。

少油断路器油量少,油仅作为灭弧介质和动、静触头之间的绝缘介质用。其对地绝缘是靠空气、绝缘套管及其他绝缘材料来实现,故不适用于频繁操作。

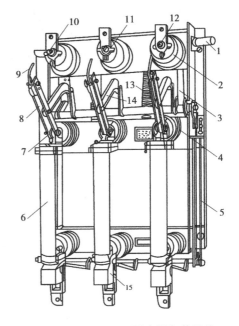

图 4.6　FN3—10RT 型高压负荷开关
1—主轴;2—上绝缘子兼气缸;3—连杆;4—下绝缘子;
5—框架;6—RN1 型高压熔断器;7—下触座;8—闸刀;
9—弧动触头;10—绝缘喷嘴(内有弧静触头);
11—主静触头;12—上触座;13—断路弹簧;
14—绝缘拉杆;15—热脱扣器

一般少油断路器的灭弧方式有:冷却灭弧、气体灭弧、油横吹灭弧、速拉灭弧等,因此它具有较大的断流容量。少油断路器因其油量少,体积小,价格便宜,维护方便,受到广大用户欢迎。

图 4.7 为 SN10—10 型高压少油式断路器的外形图。

(2)六氟化硫断路器

六氟化硫断路器是利用 SF$_6$ 气体作灭弧和绝缘介质的一种断路器,是近年来开发的新产品。SF$_6$ 气体是一种无色、无味、无毒且不易燃的惰性气体,在 150 ℃ 以下时化学性能很稳定,但在电弧的高温作用下要分解为低氟化合物,大量吸收电弧能量,使电弧迅速冷却而熄灭。这种断路器动作快、断流容量大、寿命长、无火灾和爆炸危险、可频繁操作且体积小,但因密封性能要求严格、加工精度要求很高,所以价格昂贵,维护要求严格,一般在防火要求高的场合和全封闭的组合电器中使用。

SF$_6$ 断路器示意见图 4.8。

(3)真空断路器

真空断路器具有体积小、结构简单、重量轻、断流容量大、动作快、寿命长、无噪音、维修容易、无爆炸危险等优点,但价格较贵,主要适用于频繁操作的场所和防火要求高的场所。图4.9是真空断路器的灭弧室结构示意图。

5)高压开关柜

高压开关柜是按照一定的接线方案将有关一、二次设备(如开关设备、监察测量仪表、保

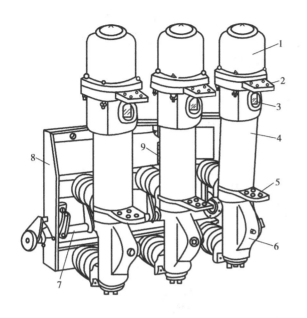

图 4.7　SN10—10 型高压少油断路器

1—铝帽;2—上接线端子;3—油标;

4—绝缘筒(内有灭弧室和触头);5—下接线端子;

6—基座;7—主轴;8—框架;9—断路弹簧

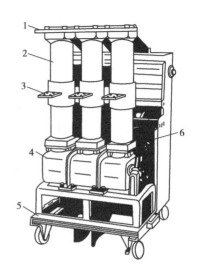

图 4.8　SF₆ 型断路器

1—上接线端子;2—绝缘筒(内有气缸和触头);

3—下接线端子;4—操动机构箱;

5—小车;6—断路弹簧

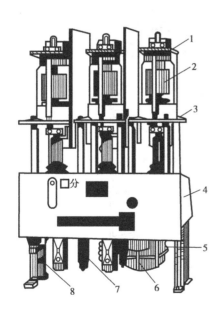

图 4.9　ZN3—10 型高压真空断路器

1—上接线端子(后面出线);2—真空灭弧室(内有触头);

3—下接线端子(后面出线);4—操动机构箱;5—合闸电磁铁;

6—分闸电磁铁;7—断路弹簧;8—底座

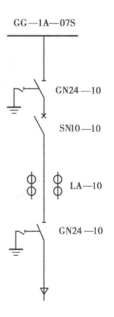

图 4.10　GG—1A—07 主接线

护电器及操作辅助设备)组装而成的一种高压成套配电装置,在变配电所中作为控制和保护发电机、电力变压器和电力线路之用,也可作为大型高压电动机的启动、控制和保护之用。柜中安装有高压开关设备、保护电器、检测仪表、母线和绝缘子等。

高压开关柜有固定式、手车式2大类型。固定式高压开关柜,所有电器都是固定安装、固定接线,具有较为简单、经济的特点,使用较为普遍。手车式高压开关柜,其主要设备,如高压断路器、电压互感器、避雷器等可拉出柜外检修,推入备用同类型手车后,即可继续供电,有安全、方便、缩短停电时间等优点,但价格较贵。

对高压开关柜要求达到"五防":防止误分、误合断路器;防止带负荷分、合隔离开关;防止带电挂接地线;防止带接地线合闸;防止人员误入带电间隔。

图4.10为GG—1A(FZ)固定式高压开关柜GG—1A—07的一次接线方案。

图4.11为GG—1A(FZ)固定式高压开关柜的外形构图。

图4.12为GC—10(F)手车式高压开关柜的外形构图。

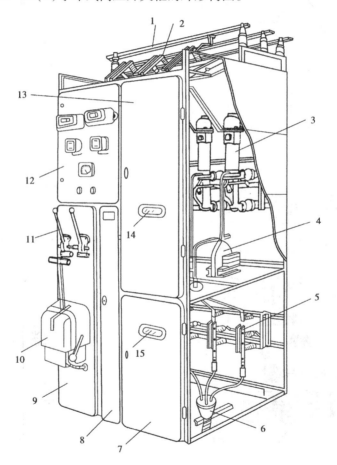

图4.11　高压开关柜结构

1—母线;2—母线隔离开关;3—少油断路器;4—电流互感器;5—线路隔离开关;
6—电缆头;7—下检修门;8—端子箱门;9—操作板;10—断路器的手动操作机构;
11—隔离开关操动机构手柄;12—仪表继电器屏;13—上检修门;14,15—观察窗口

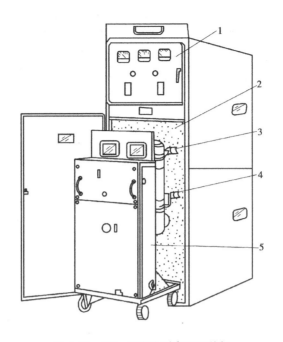

图 4.12　GC—10(F)型高压开关柜

1—仪表屏;2—手车室;3—上触头(兼起隔离开关作用);

4—下触头(兼起隔离开关作用);5—SN10—10 型断路器手车

近年来陆续推出了 KGN—10(F)等类型固定金属铠装开关柜,KYN—10(F)移式金属铠装开关柜、JYN—10(F)移开式金属封闭间隔型开关柜、HXGN—10 型环网柜等。各开关柜型号及箱内接线,可参见相关的设计手册。

高压开关柜的选择应满足变配电所一次电路的要求,并经几个方案的技术经济比较后,优选出开关柜的类型及其一次线路方案编号,同时确定其中所有一、二次设备的型号规格。向开关电器厂订购高压开关柜时,应向厂家提供一、二次电路图纸及有关技术要求等资料。

6) 高压一次设备的选择

在选择高压一次设备时,必须满足一次电路正常情况下和发生短路故障情况时的要求,同时设备应工作安全可靠、运行维护方便、经济合理。

按正常情况下选择电气设备,就是考虑电气装置的环境条件和电气要求。环境条件即指电气装置所处的位置(室内或室外),环境温度,海拔高度,有无防尘、防腐、防火、防爆等要求;电气要求即指电气装置对设备的电压、电流、频率等方面的要求,对断路器、熔断器、负荷开关等有通断作用的还应考虑其断流能力。电气设备还要按短路故障时的动稳定度和热稳定度进行校验,但对熔断器,电压互感器不必进行动稳定度和热稳定度的校验。高压一次设备的选择校验项目,见表 4.1。

表4.1　高压一次设备的选择校验项目和条件

电气设备名称	电压/kV	电流/A	断流能力/kA	短路电流校验	
				动稳定度	热稳定度
高压熔断器				—	—
高压隔离开关			—		
高压负荷开关					
高压断路器					
电流互感器			—		
电压互感器		—	—		
高压电容器			—		
母线	—				
电缆					
支柱绝缘子		—	—		
套管绝缘子			—		
选择校验的条件	设备的额定电压应不小于装设地点的额定电压	设备的额定电流应不小于通过设备的计算电流	设备的最大开断电流(或功率)应不小于它可能开断的最大电流(或功率)	按三相短路冲击电流校验	按三相短路稳态电流校验

注：①表中"—"表示不要校验,空白处表示必须校验。

　　②选择变电所高压侧的设备和导体时,其计算电流应取主变压器高压侧额定电流。

　　③对高压负荷开关,其最大开断电流应不小于它可能开断的最大过负荷电流;对高压断路器,其最大开断电流应不小于实际开断时间(继电保护实际动作时间加上断路器固有分闸时间)的短路电流周期分量;对熔断器断流能力的校验条件与熔断器的类型有关,详见6.2小节。

4.3.3　低压一次设备

低压一次设备系指供配电系统中1 000 V(或1 200 V)及其以下的电气设备。这里主要介绍几种常见的低压设备。

1)低压熔断器

低压熔断器是低压配电系统中用于保护电气设备免受短路电流、过载电流损害的一种保护电器。当电流超过规定值一定时间后,以它本身产生的热量,使熔体熔化。在低压配电系统中用作电气设备的过负荷和短路保护。

常用的低压熔断器有 RC,RL,RT,RM,RZ 型,以及引进技术生产的有填料管式 GF,GM 系列,高分断能力的 NT 型等。

（1）RM 型无填料密闭管式熔断器

这种熔断器由产气纤维熔管、变截面锌片等部分组成,如图 4.13 所示。

（2）RT0 型低压有填料密闭管式熔断器

这种熔断器主要由瓷熔管,栅状铜熔体等组成,如图 4.14 所示。

（3）自复式熔断器

一般密闭式和填料式熔断器都有一个共同的缺点,就是熔体熔断后,必须更换熔断器才能恢复供电,使停电时间延长,给供电系统和电力用户造成一定的停电损失。而自复式熔断器弥补了这一缺点,它既能切除故障电流,又能在故障消除后自动恢复供电,无需更换熔体。

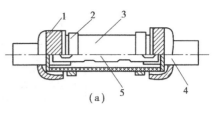

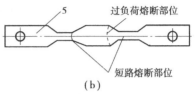

图 4.13　RM10 型低压熔断器
1—铜管帽;2—管夹;3—纤维熔管;
4—变截面锌片;5—触刀
(a)熔管;(b)熔片

图 4.15 为 RZ1 型自复式熔断器的结构示意图。该种熔断器采用金属钠作为熔体,在常温下,钠的电阻率很小,不影响正常电流通过;在故障电流作用下,钠受热严重而迅速气化,其电阻率迅速增大,从而限制故障电流,待故障消失后,温度下降,金属钠蒸汽冷却并凝结,自动恢复到原导电状态。自复式熔断器一般与低压断路器配合使用。利用自复式熔断器来切断短路电流;利用低压断路器作过负荷保护并通断正

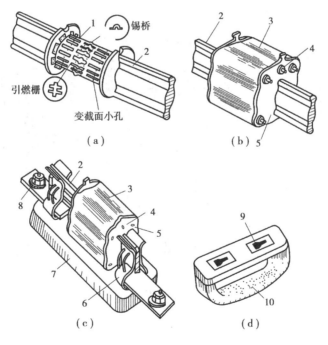

图 4.14　RT0 型低压熔断器
1—栅状铜熔体;2—触刀;3—瓷熔管(内装熔体,充填石英砂);4—盖板;5—熔断指示器;
6—弹性触座;7—瓷质底座;8—接线端子;9—扣眼;10—绝缘拉手手柄
(a)熔体;(b)熔管;(c)熔断器;(d)绝缘操作手柄

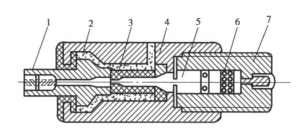

图 4.15 RZ1 型自复式熔断器

1—接线端子;2—云母玻璃;3—氧化铍瓷管;4—不锈钢外壳;

5—钠熔体;6—氩气;7—接线端子

常负荷电流。这样,既能有效地切除短路电流,又能减轻低压断路器的负担,并提高供电的可靠性。

2)低压隔离开关

低压隔离开关种类很多,按其操作方式分,有单投和双投;按其极数分,有单极、双极和三极;按其灭弧结构分,有不带灭弧罩和带灭弧罩。带灭弧装置的低压隔离开关与熔断器串联组合而成,外装封闭式铁壳或开启式胶盖的开关电器,具有带灭弧罩刀开关和熔断器的双重功能,既可带负荷操作,又能进行短路保护,可用作设备和线路的电源开关。

带灭弧罩的刀开关(见图 4.16)既具有隔离作用,又具有通断负荷电流的作用;而不带灭弧罩的刀开关只能起隔离作用,不能带负荷操作。

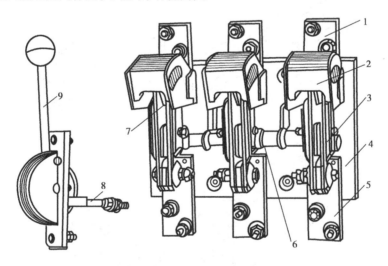

图 4.16 HD13 型低压刀开关

1—上接线端子;2—灭弧罩;3—开关;4—底座;5—下接线端子;

6—主轴;7—静触头;8—传动连杆;9—操作手柄

低压刀熔开关又称为熔断器式刀开关,是一种由低压刀开关与低压熔断器组合而成的开关电器。

低压隔离开关常用有低压刀开关(HD 型和 HK 型)、低压刀熔开关(HR)、低压负荷开关(HH 型和 HZ 型)等。

3)低压断路器

低压断路器又称自动空气开关,其功能与高压断路器相类似,即在正常情况下通断正常负荷;在过负荷、短路和欠电压(或失压)时自动跳闸。其原理结构和接线见图4.17所示。当线路短路时,过流脱扣器动作,开关跳闸;线路出现过负荷时,热脱扣器动作,开关跳闸;线路电压严重下降或电压消失时,欠压脱扣器动作,开关跳闸;当按下按钮6或7,使失压脱扣器失压或分励脱扣器通电,则可使开关远距离跳闸。因而自动开关被广泛用于低压配电系统中。

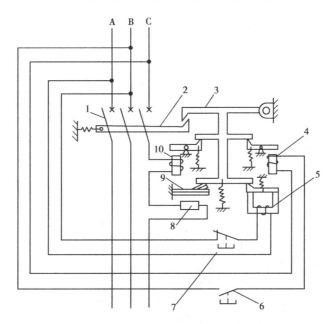

图 4.17 低压断路器的原理结构和接线

1—主触头;2—跳钩;3—锁扣;4—分励脱扣器;5—失压脱扣器;
6,7—脱扣按钮;8—加热电阻丝;9—热脱扣器;10—过流脱扣器

低压断路器按动作方式分,有非选择型和选择型。非选择型断路器一般为瞬时动作,只作短路保护;也有的为长延时保护,只作过负荷保护。选择型断路器有两段保护、三段保护和智能化保护。两段保护为瞬时或短延时与长延时特性2段。三段保护为瞬时、短延时与长延时特性3段。瞬时和短延时特性作短路保护,长延时特性作过负荷保护。图4.18表示低压断路器的3种保护特性曲线。

低压断路器按灭弧介质分,有空气断路器、真空断路器;按用途分,有配电用断路器、电动机保护用断路器、照明用断路器和漏电保护断路器等。

常用的自动空气开关分为塑料外壳式DZ系列,框架式(万能式)DW系列,小型自动空气开关C45,C45N系列,ME,AH系列等。

下面介绍几种常用低压断路器。

(1)万能式低压断路器

万能式低压断路器又称框架式低压断路器。它敞开地装设在金属框架上,分为一般式、多功能式、高性能式和智能式等几种结构形式;有固定式、抽屉式2种安装方式;有手动、电动、电磁铁、杠杆等几种操作方式。新型产品都具有多段式保护特性。万能式断路器额定容量较大,

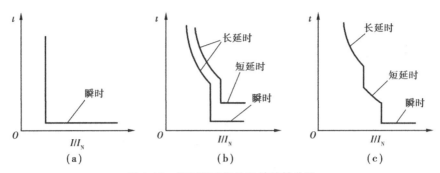

图 4.18　低压断路器的保护特性曲线

(a)瞬时动作式;(b)两段保护式;(c)三段保护式

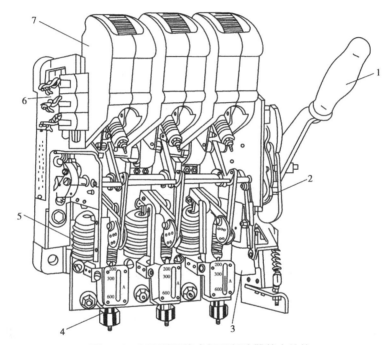

图 4.19　DW 型万能式低压断路器基本结构

1—操作手柄;2—自由脱扣机构;3—失压脱扣器;4—过流脱扣器电流调节螺母;
5—过流脱扣器线圈;6—辅助触点;7—灭弧罩

其外形结构如图 4.19 所示,主要用于配电系统的总开关和保护。

(2)塑料外壳式低压断路器

塑料外壳式低压断路器又称装置式自动空气开关。其全部机构和导电部分装设在一个塑料外壳内,仅在壳盖中央露出操作手柄,供手动操作用。该类型断路器常用于低压配电屏、柜、箱中,作配电线路,电动机,照明线路等设备的电源控制开关及保护。在正常情况下,断路器可分别作为线路的不频繁切换和电动机的不频繁启动之用。其外形结构如图 4.20 所示。

(3)智能化低压断路器

智能化低压断路器原理如图 4.21 所示,其结构有框架式和塑料外壳式 2 种。框架式智能化断路器主要用于智能化自动配电系统中的主断路器,塑料外壳式智能化断路器主要用在配电系统中作电能分配和电路及电源设备的控制与保护,也可用作电动机的控制。传统的断路器保护功能是利用了热磁系统原理、通过机械系统的动作来实现的。智能化断路器的特征是采用了以微处理器或单片机为核心的智能控制器(智能脱扣器)。它不仅具有普通断路器的各种保护功能,同时还具备瞬时显示电路中的各种电气参数(电压、电流、功率、功率因数等),对电路进行在线监视、自选调节、测量、试验、自诊断、可通信等功能;能够对各种保护功能的动作进行显示、设定、修改;保护电路动作时的故障参数,能够存储在非易失存储器中,以方便查询。

(4)漏电断路器

漏电断路器又称为漏电保护器或剩余电流动作保护器。原理如图4.22所示。

(5)模数化小型断路器

模数化小型断路器是终端电器的一大类,是组成终端组合电器的主要部件之一。终端电器系指装于线路末端的电器,其功能是对有关的线路和用电设备进行通断控制和保护。模数化小型断路器在结构上具有外形尺寸小、模数化(9 mm 的倍数)且安装导轨化的特点,安装拆卸方便。断路器由操作机构、电磁脱扣器、热脱扣器、触

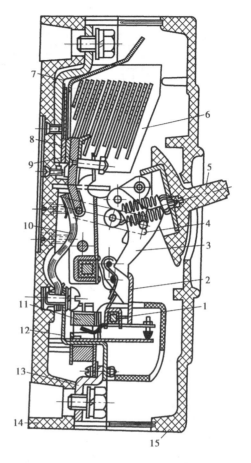

图 4.20　DZ 型塑料外壳式低压断路器基本结构

1—牵引杆;2—锁扣;3—跳钩;4—连杆;5—操作手柄;
6—灭弧室;7—引入线和接线端子;8—静触头;9—动触头;
10—可挠连接条;11—电磁脱扣器;12—热脱扣器;
13—引出线和接线端子;14—塑料底座;15—塑料盖

头系统、灭弧室等部件组成,所有部件都装在塑料外壳中。有的产品备有报警开关、辅助触头组、分励脱扣器、欠压脱扣器和漏电脱扣器等附件,供用户按需选用。该系列断路器广泛用于工业与民用低压配电系统的末端部分。其外形结构见图4.23所示。

4)低压配电屏

低压配电屏是一种低压成套配电装置。它按一定的接线方案将有关低压一、二次设备组装起来,适用于低压配电系统中动力、照明配电等使用。

(1)固定式配电屏

我国目前使用较多的是固定式配电屏,如 PGL 型、GGL 型和 GGD 型。其中 GGD 型为我国近年由能源部组织联合设计的一种新产品,其屏架为拼装式结合布局焊接,为封闭式结构,电器元件尽量采用新产品,如低压断路器采用 ME,DW15,DZ20 系列等,断流能力大,保护性能好。

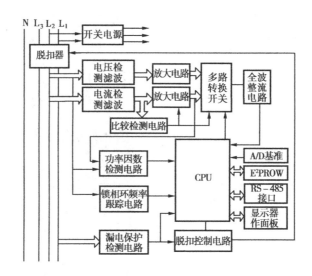

图 4.21　智能化断路器原理框图

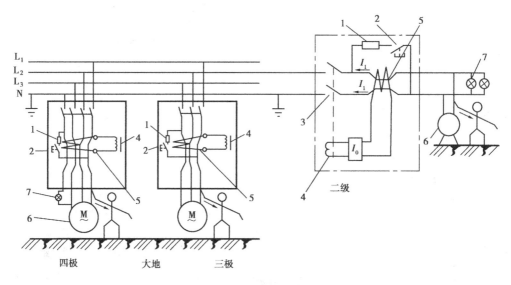

图 4.22　剩余电流动作保护装置原理图

1—试验电阻;2—试验按钮;3—断路器;4—漏电脱扣器;
5—零序电流互感器;6—电动机;7—电灯负载

（2）抽屉式配电屏

抽屉式配电屏中各回路电器元件分别安放在各个抽屉中,若某一回路发生故障,将该回路的抽屉抽出,再将备用的抽屉换入,能迅速恢复供电。该类型配电屏常有 GCL,GCK,GCS 型等,适用于低压配电系统作为负荷中心(PC)或控制中心(MPC)的配电或控制装置。

（3）组合式配电屏

组合式低压配电屏中电器元件的安装方式为混合安装式,有固定式结构和抽屉式结构。固定式结构按隔板高度分为若干间隔小室,各小室可按需要组合在同一屏内,抽屉装设的小室也可按要求任意组合。常用的组合式有 GHL 型、科必克(CUBIC)、多米诺(DOMINO)等类型。

屏中采用了 ME 系列断路器、CJ20 系列接触器、NT 系列熔断器等新型电器。它集动力配电与控制为一体,且兼有抽屉式配电屏的优越性。

各型低压配电屏型号参数及接线方案,见相关的设计手册。

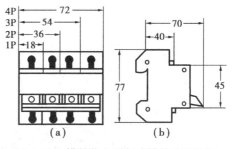

图 4.23 模数化小型断路器的外形结构
(a)正面;(b)侧面

5)低压一次设备的选择

低压一次设备的选择与高压一次设备的选择一样,必须满足在正常条件下和短路故障条件下工作的要求,同时设备应工作安全、可靠,运行经济,维护方便。

综上所述,变配电所采用的开关设备和器材应符合国家或地区的有关规定以及行业的产品技术标准,并应优先选用技术先进、经济适用和节能的成套设备和定型产品,不得选用淘汰产品。

4.4　电力变压器

电力变压器是变配电所中最关键的一次设备,其功能是将电力系统中的电压升高或降低,以利于电能的合理输送、分配和使用。

4.4.1　变压器的类型和容量

电力变压器按功能来分类,有升压变压器和降压变压器;按相数来分,有单相变压器和三相变压器;按调压方式来分,有有载调压变压器和无载调压变压器;按绕组导体介质分,有铜绕组变压器和铝绕组变压器;按绕组形式分,有双绕组变压器、三绕组变压器和自耦变压器;按绕组绝缘和冷却方式分,有油浸式变压器、干式变压器和充气式变压器,其中油浸式变压器又有油浸自冷式、风冷式、水冷式和强迫油循环冷却式等(独立式变电所一般采用油浸式变压器,对防火要求高的如高层建筑用变电所一般采用干式或充气式变压器);按用途分,有普通电力变压器、全封闭变压器、防雷变压器等;按容量系列分,有 R8,R10 容量系列等。

电力变压器的外形结构,如图 4.24 所示。

4.4.2　电力变压器的联接组别

电力变压器的联接组别是指变压器原、副边绕组因采用不同的联接方式使得变压器原、副边绕组对应线电压之间有不同的相位差。

6~10 kV 配电变压器有 Y,yn0(即 Y/Y₀-12)和 D,yn11(即 △/Y-11)2 种常见的联接组别。我国过去基本都采用 Y,yn0 联接的配电变压器,近年来 D,yn11 联接的配电变压器应用广泛,尤其常用于民用建筑的配电。

配电变压器采用 D,yn11 联接有以下特点:
①可以抑制电网中的三次和三的倍数次谐波电流。

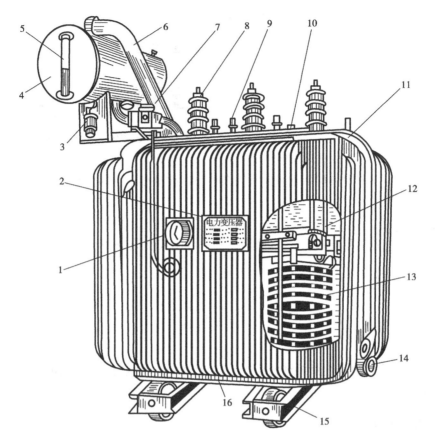

图 4.24　三相油浸式电力变压器

1—信号温度计;2—变压器铭牌;3—吸湿器;4—油枕(储油柜);5—油标;6—防爆管;
7—气体继电器;8—高压套管;9—低压套管;10—分接开关;11—油箱;12—铁芯;
13—绕组及绝缘;14—放油阀;15—小车;16—接地端子

②零序阻抗小,变压器低压侧单相短路电流大,有利于该类型故障的切除。

③在 220/380 V 低压系统中,D,yn11 联接变压器的中性线电流允许达到相线额定电流的 75%以上(Y,yn0 联接组变压器要求中性线电流不超过相线额定电流的25%),即其承受单相不平衡负荷的能力强,这在供电系统中单相负荷急剧增长的现代社会尤为重要。因此,GB 50052—95规定,低压为 TN 及 TT 系统时,宜选用 D,yn11 联接变压器。

④D,yn11 联接变压器一次绕组的绝缘强度要比 Y,yn0 联接变压器一次绕组的绝缘强度高$\sqrt{3}$倍,因而,其制造成本稍高于 Y,yn0 联接变压器。

4.4.3　变压器的选择

1)变压器台数的选择

选择变压器台数时应考虑以下原则:

①满足用电负荷对供电可靠性的要求。对供有大量一、二级负荷的变电所,宜选用 2 台变

压器,以便当一台变压器发生故障或停电检修时,另一台变压器能对一、二级负荷继续供电;对只有二级负荷的变电所,也可只采用 1 台变压器,但必须在低压侧敷设可靠的联络线作为备用。

②对季节性负荷或昼夜负荷变化较大而宜于采用经济运行方式的变电所,也可考虑采用 2 台变压器。

③负荷等级低但容量相当大的变电所,也须选用 2 台或 2 台以上变压器。

④除上述情况外,一般容量较小的三级负荷的变电所,宜选用 1 台变压器。

2)变压器容量的选择

(1)选用 1 台变压器时

变压器容量 $S_{N,T}$ 应满足全部用电设备总计算负荷 S_{30} 的需要,即

$$S_{N,T} \geq S_{30}$$

且单台变压器容量一般不大于 1 250 kV·A。当负荷集中并确有需要时,可采用 1 600 kV·A 或更大的变压器容量。

(2)选用 2 台变压器时

每台变压器的容量 $S_{N,T}$ 应同时满足的条件是:任意一台变压器单独运行时,宜满足总计算负荷 S_{30} 的 60% ~ 70% 的需要,即

$$S_{N,T} = (0.6 \sim 0.7)S_{30}$$

任意一台变压器单独运行时,应满足全部一、二级负荷 $S_{30(I+II)}$ 的需要,即

$$S_{N,T} \geq S_{30(I+II)}$$

无论是选用 1 台变压器或 2 台变压器,都应考虑今后电力负荷的增长,留有一定的余地。

3)电力变压器并列运行的条件

2 台或多台变压器并列运行时,必须满足以下基本条件:

①所有并列运行变压器的额定一次电压及二次电压必须对应相等,允许差值不得超过 ±5%。否则,并列运行变压器二次绕组的回路内将出现环流,即二次电压较高的绕组将向二次电压较低的绕组供给电流,引起无谓的电能损耗,导致绕组过热或烧毁。

②所有并列运行变压器的阻抗电压必须相等,允许差值不得超过 ±10%。否则可能导致阻抗电压较小的变压器发生过负荷现象。这是因为并列运行变压器的负荷是按其阻抗电压值成反比分配的。

③所有并列运行变压器的联接组别必须相同,也就是所有并列运行变压器的一次电压和二次电压的相序和相位都必须分别对应相同,否则就不能并列运行。如 2 台并列运行的变压器联接组别不同,一台为 D,yn11 联接,另一台为 Y,yn0 联接,则它们的二次电压将出现 30° 的相位差,即在 2 台变压器的二次绕组间将产生电位差,从而导致在变压器的二次侧产生一个很大的环流,可能使变压器绕组烧毁。

④并列运行变压器容量应尽量相同或相近,其最大容量与最小容量之比一般不超过 3:1。如果容量相差过大,不仅运行不方便,而且在变压器特性稍有差异时,变压器间的环流相当严重,容易造成容量小的变压器过负荷。

4.5　互感器(仪用变压器)

4.5.1　互感器的主要功能

①将一次电路中的大电流、高电压按比例变换为 5 A 的小电流或 100 V 的低电压,供二次仪表、继电器使用。

②避免主电路的高电压引至二次侧,即使仪表、继电器等二次设备与主电路绝缘,以大大降低二次设备的绝缘;还可防止一、二次回路故障的相互影响,提高二次回路的安全性和可靠性。

③使二次设备的规格统一,有利于设备的标准化、系列化生产等。

4.5.2　电流互感器

1)电流互感器的接线原理和变流原理

电流互感器又称为仪用变流器,文字符号为 TA。接线原理见图 4.25,其接线特点是:原边绕组匝数很少,有的利用穿过其铁芯的一次电路作为一次绕组(相当于 1 匝线圈),且一次绕组导体相当粗;而二次绕组匝数很多,导体较细。一次绕组与主电路相串联,二次绕组则与二次设备的电流线圈相串联而形成闭合回路。由于二次设备的电流线圈阻抗很小,因此,电流互感器二次侧的正常工作状态接近于短路状态。

电流互感器一次电流 I_1 与二次电流 I_2 之间关系为:

由

$$\frac{I_1}{I_2} \approx \frac{N_2}{N_1} \quad (N_2 > N_1)$$

得

$$I_2 \approx \frac{I_1}{K_i} \tag{4.1}$$

式中,K_i——电流互感器的电流变比,即 $\frac{N_2}{N_1} = K_i > 1$。

2)电流互感器的接线方式

电流互感器一般是单相的,可根据实际需要采用 1 个或多个电流互感器组成不同的接线方式。

(1)一相式接线

用一个电流互感器组成,见图 4.26a。这种接线只能测三相系统中一相的电流。通常用于三相负荷平衡的线路中,供测量电流或过负荷保护装置用。

(2)两相 V 形接线

由 2 个电流互感器和 3 个仪表组成,见图 4.26b,这种接线又称为两相三仪表接线或两相电流和接线。它可

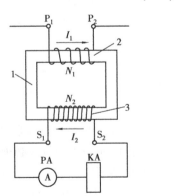

图 4.25　电流互感器原理结构

1—铁芯;2—一次绕组;3—二次绕组

注:端子极性标号按新国标《电流
互感器》(GB 1208—1997)规定

测三相电流,广泛用于 6～10 kV 高压系统中作测量、计度及起过电流继电保护用。

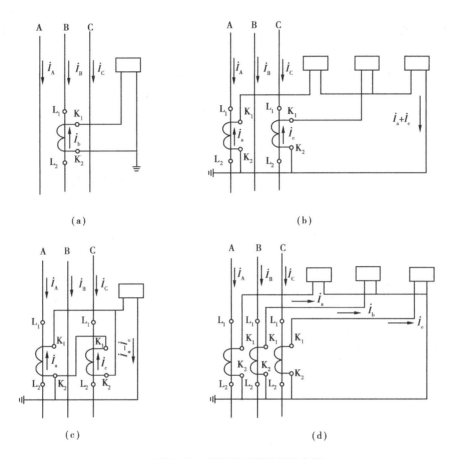

图 4.26 电流互感器的接线方案

(a)一相式;(b)两相 V 形;(c)两相电流差;(d)三相星形

(3)两相电流差接线

由 2 个电流互感器和 1 个仪表组成,见图 4.26c,这种接线又称两相一仪表接线。由电路分析的知识可知,二次侧流入仪表的电流为 $I_a - I_c$,其值为一相电流的 $\sqrt{3}$ 倍。这种接线适于 6～10 kV 系统作过电流保护用。

(4)三相星形接线

由 3 个电流互感器 3 个仪表组成,见图 4.26d,这种接线又称为三相三仪表接线。可测三相系统中的三相电流,广泛用于三相不平衡系统中,如 220/380 V 的 TN 系统,作测量、计度用。

3)电流互感器的类型和型号

电流互感器的类型很多,按一次绕组的匝数分有单匝式(如母线式、芯柱式、套管式)和多匝式(包括线圈式、线环式、串级式);按一次电压分,有高压和低压 2 类;按用途分,有测量和保护用 2 类;按准确度分,测量用电流互感器有 0.1,0.2,0.5 等级,保护用电流互感器有 1,3,5,10 等级。

高压电流互感器多制成不同准确度级的 2 个二次绕组,分别接测量仪表和继电器,以满足测量和保护的不同要求。电气测量对电流互感器的准确度要求较高,且要求在短路时仪表受的冲击小,因此测量用电流互感器的铁芯在一次电路短路时易饱和,以限制二次电流的增长倍数;而继电器用电流互感器的铁芯则在一次电路短路时不应饱和,使二次电流能与一次短路电流成比例地增长,以适应保护灵敏度的要求。

图4.27是高压LQJ—10型电流互感器的外形图,它有2个铁芯和2个二次绕组,其准确度分别为0.5级和3级,0.5级用于测量,3级用于继电保护。

图4.28是户内低压LMZJ1—0.5型的电流互感器外形图,它的一次绕组就是穿过铁芯的母线(相当于1匝绕组),用于500 V及其以下的配电装置中。

以上2种类型的电流互感器都是环氧树脂或不饱和树脂浇注绝缘的,其尺寸小、性能好、安全可靠,现在生产的高低压成套配电装置中大都采用这种类型的电流互感器。

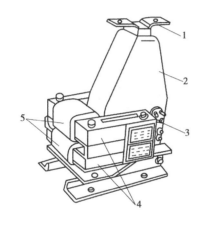

图4.27　LQJ—10型
1—一次接线端子;2—一次绕组,环氧树脂浇注;
3—二次接线端子;4—铁芯(2个);5—二次绕组(2个)

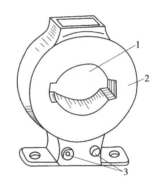

图4.28　LMZJ1—0.5型
1—一次母线穿孔;2—铁芯,外绕二次绕组,
环氧树脂浇注;3—二次接线端子

4)电流互感器使用注意事项

(1)电流互感器在工作时二次侧不得开路

由于电流互感器二次绕组匝数大大多于一次绕组的匝数,当二次绕组开路时,二次侧可感应出高电压,危及人身和设备安全。

(2)电流互感器二次侧一端必须接地

这是为了防止其一、二次绕组间绝缘击穿时,一次侧的高电压窜入二次侧,以避免危及人身和设备安全。

(3)电流互感器在连接时要注意端子的极性

按规定,我国互感器和变压器的绕组端子均采用"减极性"标号法,所以,电流互感器的一次绕组端子标以L_1,L_2,二次绕组端子标以K_1,K_2,L_1与K_1,L_2与K_2为同名端。即当一次电流I_1从L_1流向L_2,则二次电流I_2应从K_2流向K_1。在安装和使用电流互感器时,如不注意端子的极性,则二次仪表中流过的电流就不是预想的电流,甚至可能引起事故。

4.5.3 电压互感器

1)电压互感器的原理接线和变压原理

电压互感器又称为仪用变压器,文字符号为 TV,其原理接线如图 4.29 所示。其接线特点是:一次绕组匝数多,二次绕组匝数少,相当于降压变压器。工作时,一次绕组与一次电路并联,二次绕组与仪表的电压线圈并联。由于仪表电压线圈的阻抗很大,所以电压互感器二次绕组的正常工作状态接近开路状态。

电压互感器的一次电压 U_1 与二次电压 U_2 之间有下列关系:

由
$$\frac{U_1}{U_2} = \frac{N_1}{N_2} \quad (N_1 > N_2)$$

得
$$U_2 = \frac{U_1}{\left(\frac{N_1}{N_2}\right)} = \frac{U_1}{K_u} \tag{4.2}$$

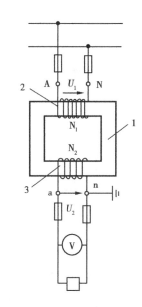

图 4.29 电压互感器原理结构
1—铁芯;2—一次绕组;
3—二次绕组

式中,K_u——电压互感器的电压变比,且大于 1。

2)电压互感器的接线方式

电压互感器一般是单相三线圈式的,可根据实际需要用 1 个或多个电压互感器组成不同用途的接线方式。

(1)1 个单相电压互感器的接线

用 1 个电压互感器两线圈组成,见图 4.30a,供仪表、继电器接于 1 个线电压。

(2)2 个电压互感器接成 V/V 形

用 2 个电压互感器各两线圈组成,见图 4.30b。广泛用于用户类变配电所 6 ~ 10 kV 高压配电装置中,供仪表、继电器接于各个线电压。

(3)3 个电压互感器接成 Y_0/Y_0 形

用 3 个电压互感器各两个线圈组成,见图 4.30c。可用于 6 ~ 10 kV 系统,供电给接各个线电压的仪表、继电器,并供电给接各个相电压的绝缘监察电压表,用以监察 6 ~ 10 kV 中性点不接地系统的单相接地故障。

(4)3 个单相三绕组电压互感器接成 $Y_0/Y_0/\triangle$(开口三角)形

该接线方式除了具有与 Y_0/Y_0 形接线方式相同的功能、用途外,还可对 6 ~ 10 kV 中性点不接地系统单相接地故障发报警信号,见图 4.30d。这是因为接成开口三角形的辅助二次绕组和所接电压继电器的缘故。当一次系统正常工作时,由于 3 个相电压对称,所以开口三角形两端的电压约为零。当一次系统中某一相接地时,开口三角形两端将有零序电压出现,约为 100 V,使电压继电器动作,发报警信号。

3)电压互感器的类型和型号

电压互感器的类型,一般是单相三绕组、干式绝缘的,常用型号是 JDZJ—10 型,用户可根

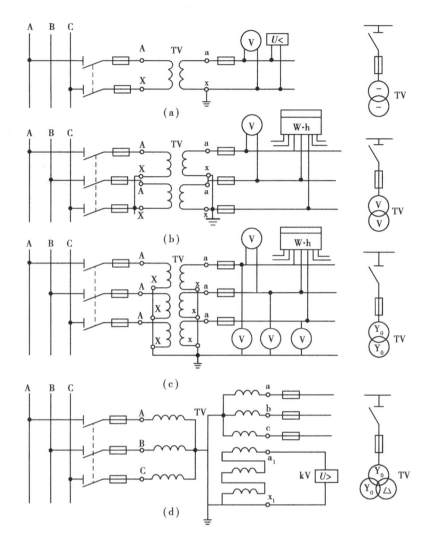

图 4.30 电压互感器的接线方式

（a）1 个单相电压互感器；（b）两相单相接成 V/V 形；（c）3 个单相接成 Y_0/Y_0 形；

（d）3 个单相三绕组或 1 个三相五芯柱三绕组电压互感器接成 $Y_0/Y_0/\triangle$（开口三角）形

据所需，由 1～3 个电压互感器接成不同的接线方式，见图 4.31。

4）电压互感器的使用注意事项

（1）电压互感器正常工作时二次侧不得短路

由前面分析可知，电压互感器二次侧电压低、电流大，但由于其正常工作状态接近于开路，所以二次侧正常工作时电流约为零。如二次侧发生短路，必然产生很大的电流，有可能烧毁电压互感器，甚至影响一次系统的安全运行。因此，在电压互感器的一、二次侧都必须装设熔断器作短路保护。

(2)电压互感器的二次侧一端必须接地

与电流互感器二次侧接地的作用相同,也是为了防止一、二次绕组的绝缘击穿时,一次侧的高电压窜入二次侧,危及人身和设备安全。

(3)电压互感器在接线时要注意端子的极性

我国规定,单相电压互感器的一次端子标以 A,X;二次绕组端子标以 a,x;端子 A 与 a,X 与 x 各为对应的"同名端"或"同极性端"。3 个单相电压互感器接在同 1 个接线图中时,按照相序 3 个一次端子分别标以 A,X;B,Y;C,Z;二次绕组端子分别标以 a,x;b,y;c,z;端子 A 与 a,B 与 b,C 与 c,X 与 x,Y 与 y,Z 与 z 各为对应的"同名端"或"同极性端"。

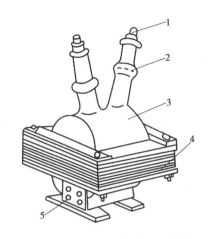

图 4.31 JDZJ—10 型电压互感器
1——一次接线端子;2——高压绝缘套管;
3——一、二次绕组,环氧浇注;
4—铁芯;5—二次接线端子

4.6 变配电所系统图

4.6.1 变配电所工程图概述

电气工程图,又称为电气施工图,它是设计单位提供给施工单位进行电气安装所依据的技术图纸,也是运行单位进行竣工验收以及运行维护和检修试验的重要依据。

绘制电气工程图,必须遵循有关国家标准的规定。例如,图形符号必须按照《电气图用图形符号》(GB 4728),文字符号必须按照《电气技术中的文字符号制定通则》(GB 7159),绘制方法必须按照《电气制图》(GB 6988)执行。

变配电所工程图包括变配电所系统图(主接线图)、平剖面图、二次回路图、非标准设备安装大样图、变配电所照明布置图、变配电所防雷及接地图等。

1)主接线图

(1)主接线图

用规定的图形符号、文字符号来表示电气主回路中各种开关电器、设备或成套装置的基本组成和连接关系,而不考虑其实际位置的一种简图。主接线图的作用是接受电能和分配电能。主接线图又称主电路图,或一次电路图、一次接线图、主接线等。

(2)主接线图的基本要求

①安全:应符合国家标准有关技术规范的要求,能充分保证人身和设备安全。

②可靠:应符合电力负荷尤其是一、二级负荷对供电可靠性的要求。

③灵活:能适应各种不同的运行方式、操作方便、检修方便,且适应符合的发展。

④经济:在满足上列要求的前提下,尽量使主接线图简单、投资少、运行费用低,并节约电

能和有色金属消耗量。

（3）按照《10 kV 及以下变电所设计规范》（GB 50053—94）实施

①变配电所的高压及低压母线宜采用单母线或分段单母线接线。当供电连续性要求很高时,高压母线可采用分段单母线带旁路或双母线的接线方式。

②配电所专用电源线的进线开关宜采用断路器或带熔断器的负荷开关。当无继电保护和自动装置要求,其出线回路少、不需要带负荷操作时,可采用隔离开关或隔离触头。

③从总配电所放射式向分配电所供电时,该分配电所的电源进线开关宜采用隔离开关或隔离触头。当分配电所需要带负荷操作或装有继电保护、自动装置等时,应采用断路器。

④配电所的 10 kV 或 6 kV 非专用电源的进线侧,应装带保护的开关设备。

⑤10 kV 或 6 kV 母线的分段处宜装设断路器,当不需要带负荷操作且无继电保护和自动装置要求时可装设隔离开关或隔离触头。

⑥配电所之间的联络线,应在供电侧的配电所装断路器,另一侧设隔离开关或负荷开关。当两侧的供电可能性相同时,应在两侧均装设断路器。

⑦配电所的引出线宜装设断路器。当满足继电保护和操作要求时,可装设带熔断器的负荷开关。

⑧向频繁操作的高压用电设备供电的出线开关兼作操作开关时,应采用具有频繁操作性能的断路器。

⑨10 kV 或 6 kV 固定式配电装置的出线侧,在架空出线或有反馈可能的电缆出线回路中,应装设线路隔离开关。

⑩采用 10 kV 或 6 kV 熔断器负荷开关固定式配电装置时,应在电源侧装设隔离开关。

⑪接在母线上的避雷器和电压互感器,宜合用一组隔离开关。配电所、变电所架空进线、出线上的避雷器回路中,可不装隔离开关。

⑫由地区电网供电的配电所电源进线处,宜装设计费用的专用电压、电流互感器。

变配电所主电路图通常绘成单线图,如图 4.34 所示。图上所有一次设备和线路均应进行编号,并注明其型号规格。

2）变配电所二次回路图

包括二次回路原理图和接线图,如图 7.4 和图 7.3 所示。

3）变配电所平、剖面图

用适当比例（例如 1∶50）绘制,具体表示出变配电所的总体布置和一次设备的安装位置,如图 4.39 所示。设计时应依据有关设计规范,并参照有关标准图集、图样。

4）无标准图样的构件安装大样图

有标准图样的构件,应采用标准图样,提出其图样代号即可。无标准图样的构件,则应按设计要求绘制其安装大样图,图上注明比例、尺寸及有关材料和技术要求,以便按图制作和安装。

4.6.2　常见变配电系统的接线方案

1)只有1台变压器的变配电所主接线方案

只有1台变压器的变电所,其变压器的容量一般不大于1 250 kV·A,它是将10 kV的高压降为一般用电设备所需的220/380 V低压,其主接线比较简单,如图4.32所示。

图4.32a中,高压侧装有隔离开关和高压熔断器,隔离开关用在检修变压器时切断变压器与高压电源的联系,高压熔断器能在变压器故障时熔断而切断电源。低压侧装有自动空气开关。因隔离开关仅能切断315 kV·A及其以下变压器的空载电流,故此类变电所的变压器容量不大于315 kV·A。

图4.32b高压侧选用负荷开关和高压熔断器,负荷开关作为正常运行时操作变压器之用,熔断器作为短路时保护变压器之用。低压侧装自动空气开关,此类变电所的变压器容量可达500~1 000 kV·A。

图4.32c高压侧选用隔离开关和高压断路器作为正常运行时接通或断开变压器之用,故障时切除变压器。隔离开关在变压器检修时作隔离电源之用,故要装在断路器之前。

图4.32d高压侧采用两路电源进线,2只隔离开关、1只高压断路器、1台变压器的主电路。

上述几种接线方式简单,高压侧无母线、投资少,运行操作方便,但供电可靠性差,当高压侧和低压侧引线上的某一元件发生故障,或电源进线停电时,整个变电所都要停电,故只能用于三级负荷供电。

2)2台变压器的变电所主接线

对供电可靠性要求较高,用电量较大的一、二级负荷的电力用户,可采用双回路供电和2台变压器的主接线方案,如图4.33所示。高压侧无母线,当任一变压器停电检修或发生故障时,变电所可通过闭合低压母线联络开关,迅速恢复对整个变电所的供电。需要强调的是,对一级负荷的供电,双回路电源进线应是2个独立的电源。

对于变配电所有2台或多台变压器,或高压进出线有2条以上时,可采用高压侧单母线的接线方式。这样供电可靠性高,任意一台变压器检修或发生故障时,通过切换操作,能较快恢复整个变电所的供电,但在高压母线及电源进线检修或发生故障时,整个变电所都要停电。如有与其他变电所相联的低压或高压联络线,则供电可靠性大为提高,可供一、二级负荷。无联络线时,一般可供二、三级负荷。

4.6.3　主接线实例分析

图4.34是变配电所典型配电系统图,高压配电所及其附设式车间变电所系统图。

1)高压配电所主接线分析

下面按电源进线、母线、高压配电出线的顺序对该图进行分析。

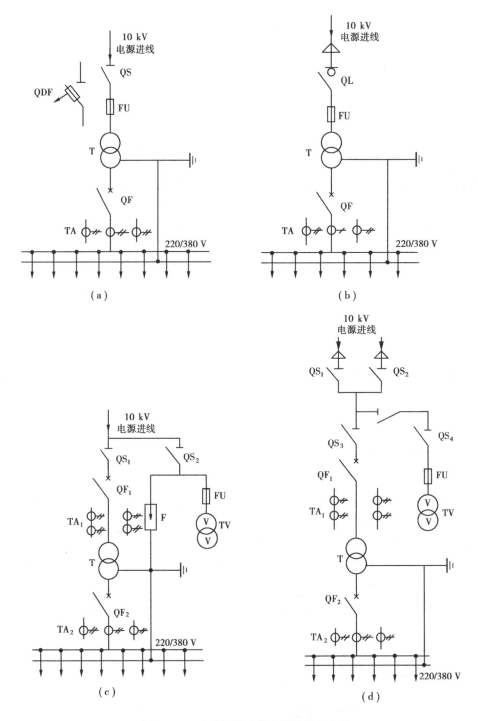

图 4.32 1 台变压器变配电所的接线方案
(a)高压侧采用隔离开关-熔断器或跌开式熔断器的变电所主电路图;
(b)高压侧采用负荷开关-熔断器的变电所主电路图;
(c)高压侧采用隔离开关-断路器的变电所主电路图;
(d)高压双回路进线的 1 台主变压器主电路图

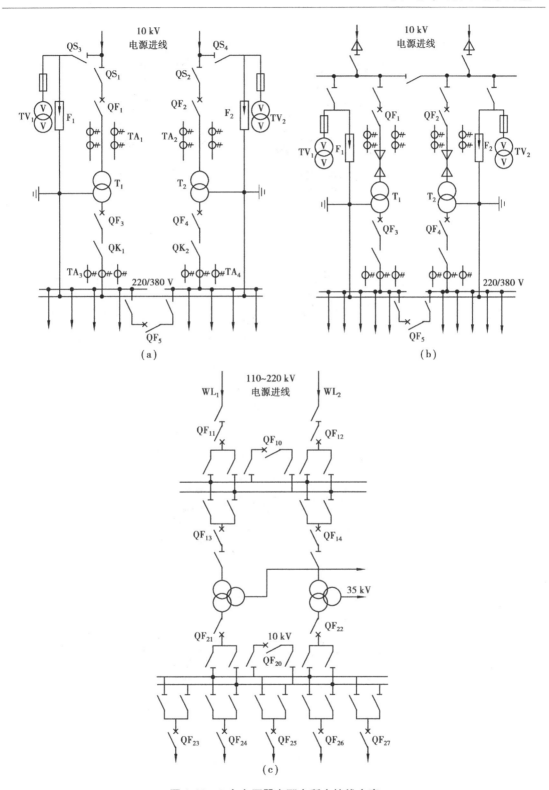

图 4.33　2 台变压器变配电所主接线方案

(a)高压侧无母线、低压侧单母线分段的变电所主电路图;

(b)高低压侧均为单母线分段的变电所主电路图;(c)一、二次侧均采用双母线的总降压变电所主电路图

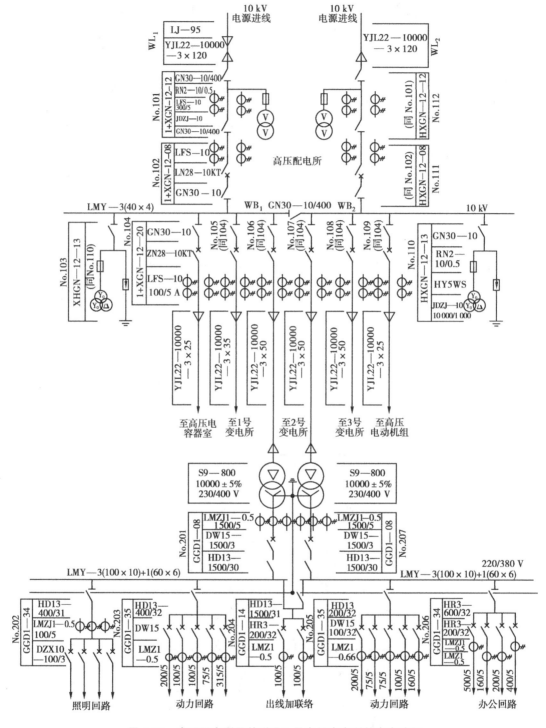

图 4.34　高压配电所及其附设 2 号车间变电所的主电路图

(1)电源进线

该高压配电所采用 2 条 10 kV 电源进线,WL_1 路采用 LJ—95 铝绞线架空引入,入户经电缆进入室内;WL_2 路采用电缆 YJL 引入。2 路电源进线首先经过计量柜 No.101,No.111 进行电能计费,再经过控制保护柜 No. 102,No. 112 以作进线侧的控制和故障保护。由于高压采用高压真空断路器控制,所以切换操作灵活方便,如配以自动装置可使供电可靠性大大提高。

(2)母线

母线又称汇流排,其文字符号为 W 或 WB,是主接线中接受电能、分配电能的电气节点。它将 1 个电气节点延伸成 1 条线,以便于多个进出线回路的联接。在供配电系统中通常采用矩形截面的铜导体(铜排)或铝导体(铝排)制成。

用户类高压配电所的母线,通常采用单母线制。如果是 2 路或多于 2 路的进线则采用以高压隔离开关或高压断路器分断的,以提高供电的可靠性和运行的灵活性。母线采用隔离开关分段时,分段开关可安装在墙上,也可采用专门的分段柜(也称联络柜)。

图 4.34 接线采用单母线分段形式,2 段母线 WB_1,WB_2 采用隔离开关 GN30—10/400 作分段隔离。双电源进线的单母线分段的高压配电所可以有多种运行方式,通常采用一路电源工作,一路电源备用的运行方式,母线分段开关通常是闭合的状态。当工作电源进线发生故障或检修时,切除故障电源,投入备用电源,使整个配电所恢复供电。如果采用备用电源自动投入装置(简称 APD),则供电可靠性可进一步得以提高,但进线断路器的操作机构必须是电动式或弹簧储能式。

为了测量、绝缘监察等的需要,每段母线上都要装设 $Y_0/Y_0/\triangle$ 的电压互感器,同时为防雷电波入侵配电所,击穿电气设备的绝缘,各段母线都装设了避雷器。一般避雷器与电压互感器装在同一个高压柜内,共用同一组高压隔离开关。图 4.34 采用 2 个 HXGN—12—13 高压柜供测量、绝缘监测和避雷保护用。

并联高压电容器组用以提高整个高压配电所的功率因数。图 4.34 高压配电所设置高压电容器室以满足补偿容量及防火要求,由 No. 104 高压柜控制。

(3)高压配电出线

图 4.34 高压配电所共有 4 个高压出线。左段母线 WB_1 上,经 No. 105 高压开关柜为 1 号变电所配电;右段母线 WB_2 与前所述相同,也是经 No. 107 高压开关柜为 3 号变电所配电;2 号变电所电源同时取用左段母线 WB_1 和右段母线 WB_2 两路电源,以保证其对供电可靠性的要求。1,3 号变电所属于三级负荷,采用 1 个回路配电可以满足对供电的要求,如果要求提高供电的可靠性,可以从 2 号变电所的低压侧取一低压联络线,为备用电源。

(4)2 号车间变电所

2 号车间变电所属于附设式变电所,与高压配电所合建在一块,以达到高压深入负荷中心的目的,且进出线方便。2 号车间变电所采用 2 台变压器,变压器采用 S9—800 kV·A 型低损耗变压器。变压器低压侧设置 2 台配电屏 No. 201,No. 202 作总控制及保护用,低压母线采用单母线分段形式,低压出线采用 5 面 GGD1 系列低压配电屏。

上述主接线绘制属于系统式接线。另外,变配电所主接线图还可绘制成装置式接线,见图 4.35。该接线系统采用一路高压电缆进线,变压器高压侧设置高压母线,母线型号 LMY—60×6,高压侧配置 3 台 HXGN—10 环网柜;变压器采用 1 台 SC9—1000 kV·A 干式变压器,变压器绕组采用 $\triangle$/Y-11 联接方式;变压器低压侧配置 3 面 GGD 低压配电屏,低压母线型号为 TMY—3(100×10)+80×6。

随着我国建设的发展,用电负荷密度的迅速增加,环式配电系统将是今后 10 kV 配电系统发展的方向。环式配电能使配电线路简化,减少线路走廊,系统改造和发展灵活,管理方便,以

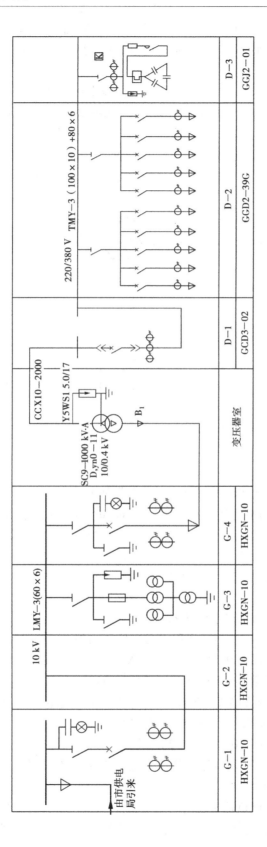

图 4.35 变配电所装置式主接线

及所使用的环网柜具有体积小、性能优越、可靠性高、接线简化、操作方便等。《民用建筑电气设计规范》(JGJ/T 16—92)规定:10 kV 配电系统应有较大的适应性。根据负荷等级、负荷容量、负荷分布及线路走廊等情况,配电系统宜以环式为主(见图4.36 和图4.37)。

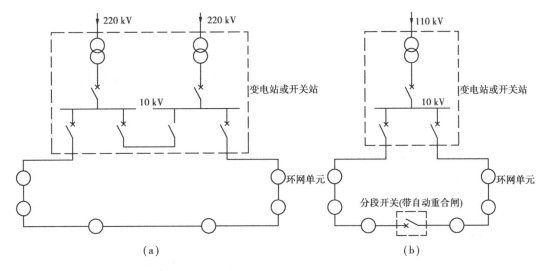

图 4.36　单线单环配电系统

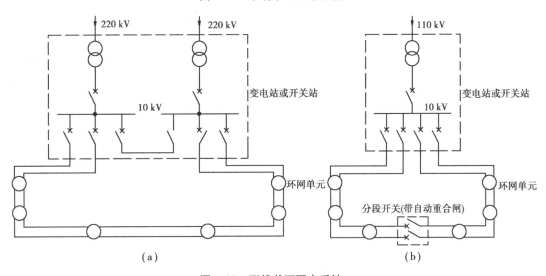

图 4.37　双线单环配电系统

4.7　变配电所的所址、布置、结构及安装图

4.7.1　变配电所的所址选择

1)变配电所所址选择的一般原则

变配电所所址的选择,应根据(GB 50053—94)《10 kV 及以下变电所设计规范》规定,要

求进行技术、经济比较后确定,一般原则:

①尽量接近负荷中心,以降低配电系统的电能损耗、电压损耗和有色金属消耗量。

②进出线方便。

③接近电源侧。

④设备运输方便。

⑤不应设在有剧烈振动或高温场所。

⑥不宜设在多尘或有腐蚀性气体的场所;当无法远离时,不应设在污染源盛行风向的下风侧。

⑦不应设在厕所、浴室或其他经常积水场所的正下方,且不宜与上述场所相邻。

⑧不应设在有爆炸危险环境的正上方或正下方,且不宜设在有火灾危险环境的正上方或正下方。当与有爆炸或火灾危险环境的建筑物毗邻时,应符合现行国家标准《爆炸和火灾危险环境电力装置设计规范》(GB 50058—92)的规定。

⑨不应设在地势低洼或可能积水的场所。

4.7.2 变配电所的总体布置

变配电所平、剖面图是具体表示变配电所的总体布置和一次设备安装位置的图纸,是根据《建筑制图标准》(GB 6988)的规定,按三维视图原理并按照一定比例绘制的,属位置图。变配电所平剖面图是设计单位提供给施工单位进行电气设备安装所依据的主要技术图纸。

1)变配电所总体布置要求

变配电所的布置必须遵循安全、可靠、适用、经济等原则,并应便于安装、操作、搬运、检修、试验和检测。变配电所的设备布置,应符合国家相关规范规定标准:《10 kV 及以下变电所设计规范》(GB 50053—94)、《低压配电设计规范》(GB 50054—95)、《民用建筑电气设计规范》(JGJ/T 16—92)等。

6～10 kV 室内变电所,主要由高压配电室、变压器室和低压配电室 3 部分组成。此外,有的还设有静电电容器室(提高功率因数)及值班室(需有人值班时)。

对变配电所总体布置的要求有:

(1)便于运行及维护

①有人值班的变配电所,宜设单独的值班室。当低压配电室兼作值班室时,低压配电室面积应适当增大,低压配电装置的正面或一个侧面到墙的距离不应小于 3 m。值班室应有直通向户外或通向走道的门。值班室与高低压配电室应有直通门,或经过通道相通。

②主变压器室应靠近交通运输方便的公路侧。

③昼夜值班的变配电所,宜设休息室。有人值班的独立变配电所,宜设有厕所和给排水设施。

(2)保证运行安全

①值班室内不得有高压配电装置。

②值班室的门应朝外开,高低压配电室和电容器室的门应朝值班室开,或双向开启。

③户内变电所的每台油量为 100 kg 及其以上的三相变压器,应设在单独的变压器室内。

④带可燃性油的高压配电装置,宜装设在单独的高压配电室内。当高压开关柜数量为 6

台及其以下时,可与低压配电屏设置在同一房间内。

⑤不带可燃性油的高压配电装置和非油浸的电力变压器,可设置在同一房间内。

⑥户内高压电容器装置宜设置在单独房间内;当电容器组容量较小时,可设置在高压配电室内,但与高压配电装置的距离不应小于 1.5 m。低压电容器装置可设置在低压配电室内;当电容器总容量较大时,宜设置在单独的房间内。

⑦高压配电装置的柜顶为裸母线分段时,2 段母线分段处宜装设绝缘板,其高度不应小于 0.3 m。

⑧所有带电部分离墙和离地的间距尺寸及各室的维护操作的宽度等,均应符合现行有关规范的要求。

(3)便于进出线

①高压配电室一般位于高压进线侧,特别在采用高压架空进线时。

②低压配电室宜靠近变压器室,位置应便于低压出线。

③高压电容器室宜靠近高压配电室,低压电容器室宜靠近低压配电室,以便于高低压配电室向对应的电容器室配线。

(4)节约土地和土建费用

①在保证安全运行的前提下,尽量选用节约土地和建筑费用的布置方案。

②高压配电所应尽量与邻近的车间变电所合建在一起。

③值班室可与低压配电室合并,但低压配电室面积应适当增大,以满足值班工作的要求。

④高低压电容器容量较小、电容器柜不多时,可分别与高、低压配电装置设置在同一房间内。

⑤为节约土地面积,宜优先选用不带可燃油的高低压配电装置和非油浸电力变压器,还可将它们设置在同一房间内,或采用成套变电所。

⑥周围环境正常、满足安全可靠要求的情况下,宜优先选用露天或半露天变电所;变压器容量为 315 kV·A 及其以下时,还可考虑选用杆上或高台式变电所。

(5)留有发展余地

①变压器室应考虑到扩建时有更换大一级容量变压器的可能。

②高低压配电室内应留有适当数量开关柜(屏)的备用位置。

③既要考虑到变配电所留有扩建的余地,又不妨碍今后 5~10 年的发展。

2)变配电所总体布置的方案

变配电所总体布置的方案应因地制宜,合理设计。布置方案最后的确定,应通过几个方案的技术经济比较。变配电所具体布置方案很多,可参见图 4.38。

变配电所的整体布置也做成成套设备,即成套变配电所或箱式变电站。它具有安装方便快捷、便于搬迁等优点。成套变电所(箱式变电站)ZBW 型等见相应手册。

变配电所对建筑结构的具体要求,见规范 GB 50053—94。

变配电所有关布置和结构尺寸的要求,见规范 GB 50053—94。

3)变配电所平、剖图分析

图 4.39 是图 4.34 所示高压配电所及其附设 2 号车间变电所的平面图和剖面图。高压配

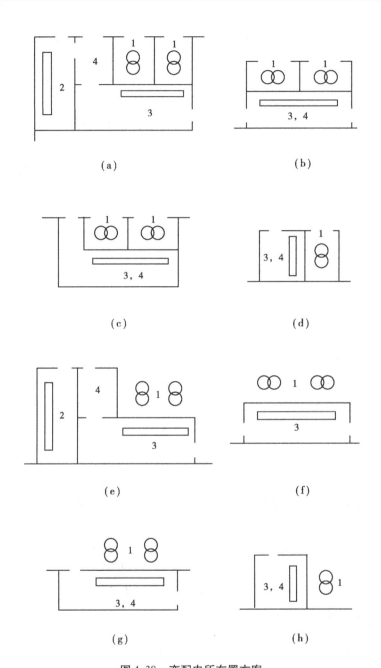

图 4.38　变配电所布置方案

1—变压器室;1′—露天或半露天变压器安置;

2—高压配电室;3—低压配电室;4—值班室

电室中的开关柜为双列布置时,按《3~110 kV 高压配电装置设计规范》(GB 50060—92)规定,操作通道的最小宽度为 2 m,这里取为 2.5 m,运行维护更为安全方便。这里变压器室的尺寸,按所装设变压器容量增大一级来考虑,以适应变电所在负荷增长时改换大一级容量变压器的要求。高低压配电室也都留有一定的余地,供将来添设高低压开关柜(屏)之用。

由图 4.39 所示变电所平面布置方案可以看出:

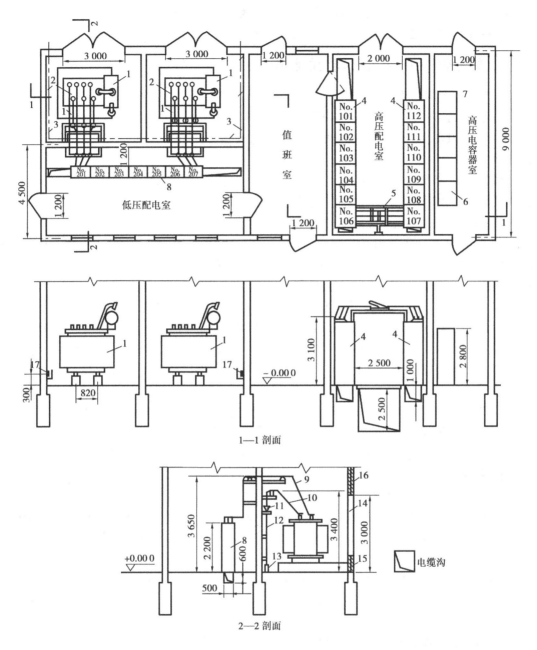

图 4.39　图 4.34 所示高压配电所及其附设 2 号车间变电所的平面图和剖面图

1— S9—800/10 型变压器;2—PEN 线;3—接地线;4— GG—1A(F)型高压开关柜;5— GN6 型高压隔离开关;

6— GR—1 型高压电容器柜;7— GR—1 型高压电容器的放电互感器柜;8— PGL2 型低压配电屏;

9—低压母线及支架;10—高压母线及支架;11—电缆头;12—电缆;13—电缆保护管;

14—大门;15—进风口(百叶窗);16—出风口(百叶窗);17—接地线及其固定钩

①值班室紧靠高、低压配电室,而且有门直通,因此运行维护方便。

②高、低压配电室和变压器室的进出线都较为方便。

③所有大门都按要求开设,保证运行安全。

④高压电容器室与高压配电室相邻,既安全又配线方便。

⑤各室都留有一定的余地,以适应发展的要求。

4.7.3 变压器室和室外变压器台的结构

(1)变压器室的结构

变压器室的结构型式,取决于变压器的型式、容量、放置方式、主接线方案,以及进出线的方式和方向等因素,并应考虑运行维护的安全及通风、防火等问题。考虑到发展,变压器室宜有更换大一级容量变压器的可能性。

为保证变压器安全运行及防止变压器失火时故障蔓延,依据《10 kV 及以下变电所设计规范》(GB 50053—94)规定,可燃油油浸电力变压器室的耐火等级应为一级,非燃或难燃介质的电力变压器室的耐火等级不应低于二级。可燃油油浸变压器室若位于容易沉积可燃粉尘、可燃纤维的场所,或变压器室附近有粮、棉及其他易燃物大量集中的露天场所,以及变压器室下面的地下室时,变压器应设置容量为 100% 变压器油量的挡油设施,或设置容量为 20% 变压器油量挡油池并设置能将油排到安全处所的设施。

变压器室的门要向外开,室内只设通风窗,不设采光窗。进风窗设在变压器室前门的下方;出风窗设在变压器室的上方,并设有防止雨、雪和蛇、鼠类小动物从门、窗及电缆沟等进入室内的设施。通风窗的面积,根据变压器的容量、进风温度及变压器中心标高至出风窗中心标高的距离等因素确定。变压器室一般采用自然通风,夏季的排风温度不宜高于 45 ℃,进风和排风的温差不宜大于 15 ℃。通风窗采用非燃烧材料。

变压器室的布置方式,按变压器推进方向,分为宽面推进式和窄面推进式 2 种。

变压器室的地坪,按通风要求,分为地面抬高和不抬高 2 种型式。变压器室的地坪抬高时,通风散热更好,但建筑费用较高。现在变压器容量在 630 kV·A 及其以下的变压器室地坪,一般不抬高。

(2)室外变压器台的结构

露天或半露天的变压器四周应设不低于 1.7 m 高的固定围栏(墙)。变压器外廓与围栏(墙)的净距不应小于 0.8 m,变压器底部距地面不应小于 0.3 m,相邻变压器外廓之间的净距不应小于 1.5 m。

当露天或半露天变压器供给一级负荷用电时,相邻的可燃油油浸变压器的防火净距不应小于 5 m;若小于 5 m 时,应设置防火墙。防火墙应高出油枕顶部,且墙两端应大于挡油设施各 0.5 m。

当变压器容量在 315 kV·A 及以下、环境条件正常且符合供电可靠性要求时,可考虑采用杆上变压器。设计时,可参考我国建设部批准的《全国通用建筑标准设计·电气装置标准图集》中的《杆上变压器台》(86D265)。

4.7.4 高低压配电室、电容器室和值班室的结构

(1)高低压配电室的结构

高低压配电室的结构类型,主要决定于高低压开关柜(屏)的类型、尺寸和数量,同时要充分考虑运行维护的安全和方便,留有足够的操作维护通道,并且要照顾到今后的发展,留有适当数量的备用开关柜(屏)的位置,但占地面积不宜过大,建筑费用不宜过高。

高压配电室内各种通道的最小宽度,按 GB 50053—94 规定选取。

为了布线和检修的需要,高压开关柜下面应设电缆沟。

低压配电室内成列布置的配电屏,其屏前、屏后的通道最小宽度,按 GB 50053—94 规定选取。

低压配电室的高度,应与变压器室综合考虑,以便变压器低压出线。当配电室与抬高地坪的变压器室相邻时,配电室高度不应小于 4 m;与不抬高地坪的变压器室相邻时,配电室高度不应小于 3.5 m。为了布线需要,低压配电屏下面也应设电缆沟。

高压配电室的耐火等级不应低于二级;低压配电室的耐火等级不应低于三级。

高压配电室宜设不能开启的自然采光窗,窗台距室外地坪不宜低于 1.8 m;低压配电室可设能开启的自然采光窗。配电室临街的一面不宜开窗。

高低压配电室的门应向外开。相邻配电室之间有门时,其门应能双向开启。

配电室也应设置防止雨、雪和蛇、鼠类小动物从采光窗、通风窗、门、电缆沟等进入室内的设施。

配电室的顶棚、墙面及地面的建筑装修应少积灰和不起灰,顶棚不应抹灰。

长度大于 7 m 的配电室应设 2 个出口,并宜布置在配电室的两端。长度大于 60 m 时,宜增加 1 个出口。

(2)高低压电容器室内的结构

高低压电容器采用的电容器柜,通常都是成套型的。按 GB 50053—94 规定,成套电容器柜单列布置时,柜正面与墙面距离不应小于 1.5 m;当双列布置时,柜面之间距离不应小于2.0 m。

高压电容器室的耐火等级不应低于二级,低压电容器室的耐火等级不应低于三级。

电容器室应有良好的自然通风,通风量应根据电容器允许温度,按夏季排风温度不超过电容器所允许的最高环境温度计算。当自然通风不能满足排热要求时,可增设机械排风。电容器室应设温度指示装置。电容器室的门也应向外开,应设置防止雨、雪和蛇、鼠类小动物从采光窗、通风窗、门、电缆沟等进入室内的设施。

(3)值班室的结构

值班室的结构形式,要结合变配电所的总体布置和值班制度全盘考虑,以利于运行维护。值班室要有良好的自然采光,采光窗宜朝南。在采暖地区,值班室应采暖,采暖计算温度为18 ℃,采暖装置采用排管焊接。在蚊子和其他昆虫较多的地区,值班室应装纱窗、纱门。值班室通过外边的门(除通往高低压配电室等门外),应向外开。

4.8 变配电所工程图实例分析

4.8.1 工程概况

某工程为一小型建筑变配电所工程。该企业位于某市郊区,交通方便。变配电所为独立变配电所。供电电源经与供电部门协商,上级主管部门批准,从区域变电站引入一条 10 kV 高压电缆。该企业负荷等级为三级负荷。

图 4.40 为该企业的变配电所的系统图。该接线高压侧无母线,投资少,运行操作方便,但供电可靠性较差。

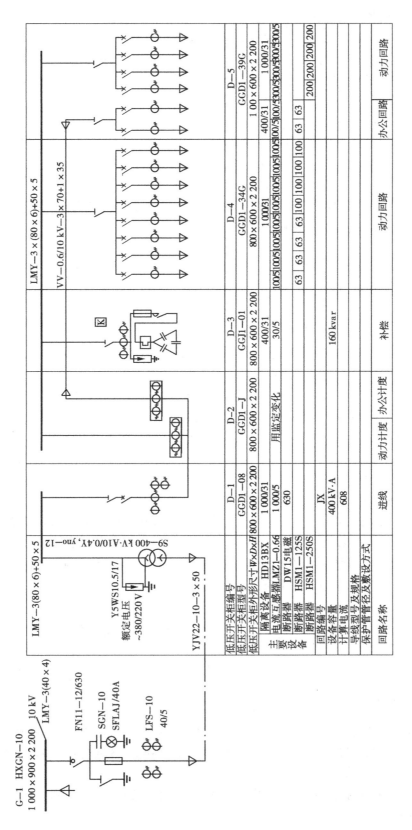

图4.40 某变配电所主接线图

4.8.2　变配电所系统图的识读

阅读变配电所系统图,是对该配电系统的全盘了解,是非常重要的一项内容。该系统图属于装置式主接线,可从左到右进行阅读分析。

(1)电源进线

该变配电所电源由市供电部门提供,由电缆分支箱提供一路10 kV电缆进线,采用1台高压环网柜编号为G—1柜进行控制,柜型HXGN—10,高压柜尺寸1 000 mm×900 mm×2 200 mm,高压柜内控制开关采用负荷开关FN11—12/630型,进线短路保护采用熔断器保护。进线电缆型号YJV22—10—3×50,电缆穿钢管埋地进入配电室。

(2)变压器

变压器采用室内新型节能变压器S9—400 kV·A型,变压器容量400 kV·A,变比10/0.4 kV,变压器绕组采用Y,yn12连接。变压器单独安装在变压器室内。

(3)低压侧

变压器低压侧总控制采用编号为D—1屏,型号GGD1—08型低压配电屏,屏内断路器采用万能式自动空气开关DW15—630型;该配电系统计量设在变压器低压侧,总计量屏采用编号为D—2屏,型号GGD1—J计量屏,对该企业动力用电和办公用电分开计费(多部电价制)。从D—2屏到办公回路采用一段电缆VV—0.6/10 kV—3×70+1×35供电;该低压配电系统采用LMY—3(80×6)+50×5低压母线。低压出线由2台低压屏组成,编号为D—4,D—5屏,型号GGD1—39G,GGD1—34,屏内采用HSM1—125S,HSM1—250S型自动空气开关,共14回低压配电出线回路,每回出线负荷电流大小、导线型号规格、电流互感器变比等详见图中表格参数。

(4)无功功率补偿

为满足电力用电对功率因数的要求,该接线考虑低压成组补偿。采用1台GGJ1—01低压补偿屏,编号为D—3,补偿容量160 kvar。

4.8.3　变配电所平剖面图

图4.41为上述变电所的平、剖面图。

(1)变配电所平面布置图

从图4.41电气布置平面图可知,该变配电所由高、低压配电室、变压器室组成,属于无人值班变电所。

因该系统高压配电设备只有1台高压柜,故高压室与低压配电室合建在一起,设置在配电室的最左端,比较方便进线。高压柜与低压屏间距离1.5 m,满足规范要求。高压柜、低压屏单列布置,双面维护,正面维护通道大于3 m。

变压器安装为室内变压器,变压器室中变压器的放置方式为窄面推进方式,地坪不抬高,变压器油枕靠内,变压器高压侧在大门右边,低压侧在大门左边。高压电缆从配电室高压柜下电缆沟进入变压器室到右侧墙边通过穿墙管引出,电缆用支架固定后再往上走,然后再用支架固定后分开成3根相线至变压器的3个高压套管绝缘子。变压器低压侧出来的4根低压线路从变压器室左边墙上穿过进入配电房低压配电屏的上方。

低压配电装置有5台低压配电屏,离墙安装,可双面维护。所有低压配电出线回路通过屏下电缆沟引出。

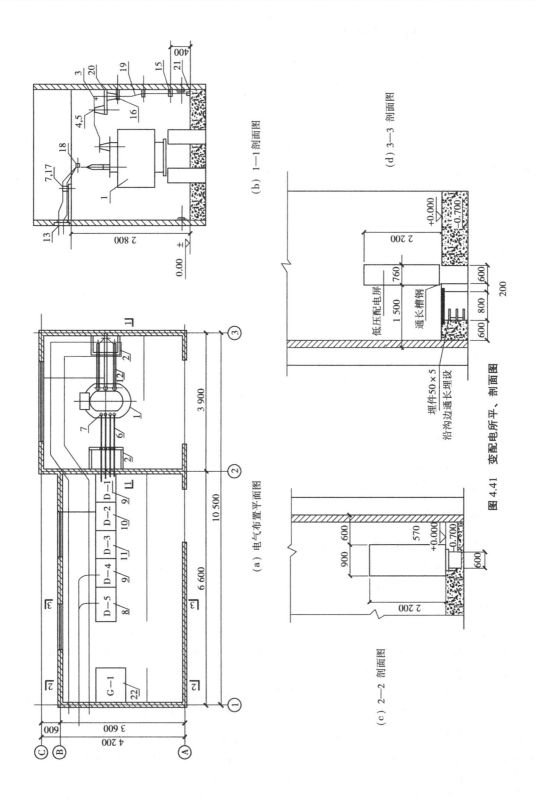

(a) 电气布置平面图

(b) 1—1 剖面图

(c) 2—2 剖面图

(d) 3—3 剖面图

图 4.41　变配电所平、剖面图

值班室、休息室设在低压配电室外面,所有房间的门都朝外开。

(2)变配电所剖面图

结合变配电所的平面布置图,再参看图 4.41 变压器的剖面,即可全面了解该变电所的结构及其具体安装尺寸要求。由 1—1 剖面图可看出,高压进线由右侧进入变压器室内,利用支架等固定高压电缆、高压电缆头,高压母线夹具支架距地 2.8 m。变压器采用窄面推进,地坪抬高式,左侧低压出线,低压母线支架距地 2.5 m,低压母线穿墙进入配电室。

2—2 剖面图为高压配电柜的剖面图,从图中可见高压柜安装高度距地 2.2 m,柜宽 0.9 m,柜后距墙距离 0.6 m,柜下电缆沟宽 0.6 m。

3—3 剖面图为低压配电屏的剖面图,从图中可见低压配电屏安装高度距地 2.21 m,柜宽 0.76 m,屏后距墙距离 1.5 m,屏下电缆沟宽 0.8 m。

4.8.4 设备材料表

表 4.2 为上述变配电所主要一次设备材料表。

表 4.2　该变电所主要一次设备的名称、规格型号及数量

材料表					
设备序号	设备名称	型号规格	单位	数量	备　注
1	变压器	S9—400 10/0.4Y,yn012	台	1	
2	母线支架	∠50×5	kg		
3	高压电缆芯端接头		个	1	
4	高压绝缘子		个	3	户内式
5	高压母线夹具		套	3	
6	低压铝排	LMY—80×6	m	12	
7	低压绝缘子	WX—01	个	4	
8	出线柜	GGD1—34G,39G	面	2	
9	进线柜	GGD1—08	面	1	
10	计量柜	GGD1—J	面	1	
11	补偿柜	GGDJ—01	面	1	
12	高压铝母线	LMY—50×5	m	12	
13	绝缘板		块	1	
14	低压电缆	VV—0.6/10 kV—3×70+1×35	m	9	
15	电缆支架		副	2	
16	电缆头支架		副	1	
17	低压母线夹具		套	1	
18	低压母线夹板		副	1	
19	高压电缆	YJV22—10—3×35	m	20	
20	电缆头		个	1	
21	电缆保护管		m	1	
22	高压柜	HXGN—10	面	1	

4.8.5 变配电所的照明图

变配电所内照明配置,见图4.42。变配电所的照明电源来自配电房低压出线屏,采用一个照明配电箱控制。配电箱安装高度距地 1.5 m。

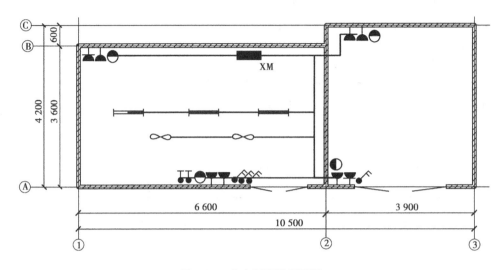

图 4.42 变电所照明平面图

4.8.6 变配电所接地图

图 4.43 为变配电所的接地平面图。

接地说明:

①配电房所有设备不带电的金属部分均应可靠接地,因此在设备安装前必须在设备就近处预留出外露地面长 1 m 的接地连接线。

②接地干线采用扁钢 40 mm × 5 mm 敷设于室外,25 mm × 4 mm 扁钢敷设于室内,接地极尺寸为 63 mm × 6 mm,长 2.5 m 打入室外地下深 0.8 m 处,接地电阻不应大于 4 Ω。

③接地装置应保证可靠的电气连接,电焊时,扁钢搭接长度为其宽度的 2 倍以上。

④室内通过地坪一段接地应暗埋,外墙面的接地连接线暗埋于抹灰墙层内,室内设临时接地点,供检修或它用。

通过以上图纸的阅读,对该变电所工程概况、系统组成及其连接关系都已清楚,下一步的工作可依据图纸编制施工方案的工程造价书,进行设备安装。

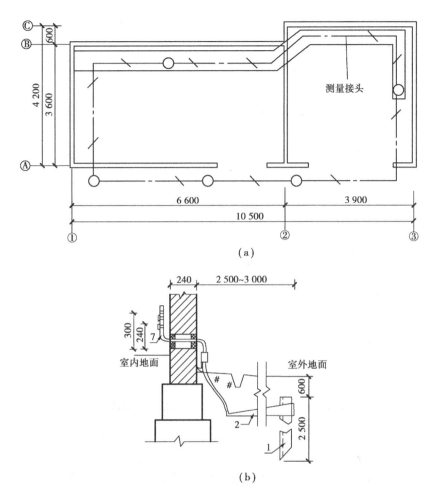

图 4.43 变配电所接地平面

(a)变配电所接地装置平面图；(b)变配电所接地构件安装剖面

4.9 柴油发电机组

1)概述

自备电源通常作为建筑内一些重要的负荷的备用电源。当正常供电电源(即由公共电网供电的电源)因故停电时,自备电源投入运行,以保证对重要负荷的供电。常采用自备柴油发电机组。

(1)柴油发电机组的优缺点

启动迅速,而且能自动启动,甚至可自动退出运行。当公共电网停电时,自动启动型和全自动化型柴油发电机组均能在 10 s 左右时间自动启动,并向重要负荷供电。

柴油发电机效率高、功率范围大、体积小、重量轻、搬运方便,而且操作简单、运行可靠、便于维修,但柴油发电机的噪音较大、过载能力较小。

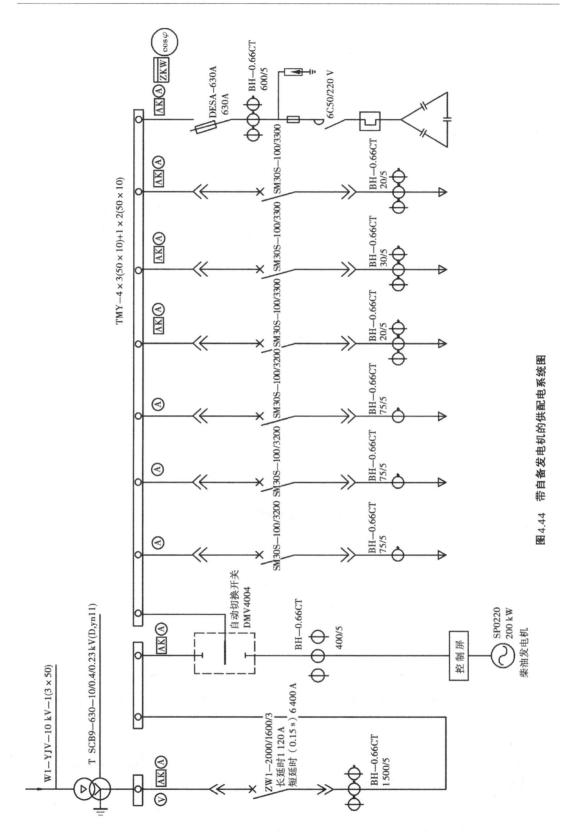

图 4.44　带自备发电机的供配电系统图

（2）自备发电机组的配置原则

①根据有关规范的规定。

②根据建筑物的重要性。

③根据城市电网的可靠性。

（3）自备发电机容量选择

机组的容量应根据应急负荷的大小、投入的顺序、最大单台电动机或机组电动机容量等因素综合考虑确定。在方案或初步设计阶段可按供电变压器容量的 10% ~ 20% 估算自备发电机组容量。

（4）自备发电机机组选型

要选机组外形尺寸小、结构紧凑、重量轻且辅助设备少的产品，以减少机房的面积和高度；发电机启动装置应保证在市电中断后 15 s 内启动且供电，并具有三次自启动功能，其总计时间不大于 30 s；自启动方式电启动直流电压为 24 V；发电机冷却方式为封闭式水循环风冷的整体机组；发电机宜选用无刷自动励磁方式；柴油机应选用耗油量少的产品；作为应急电源用的柴油发电机宜采用单台机组，单台额定容量不宜超过 1 500 kV·A。

发电机组作为建筑工程的自备应急电源，其配电系统应在正常电源故障停电后，能够快速、可靠地启动，使重要负荷迅速恢复供电。

带自备发电机的供配电系统，见图 4.44。

2）对发电机房的要求

（1）选址

①考虑到发电机组的进风、排风、排烟的要求，机房宜设在首层。如机房设在地下一层时，至少要有 1 面靠外墙，且最好是在建筑物的背面，以便于设备的进出口、通风口和排烟。

②自备发电机应靠近建筑物的低压配电室且尽量远离高压配电室，以便于接线，减少线路损耗，同时也便于运行管理。

③便于设备的运输、吊装和检修。

④避开主要出入口及主要通道。

⑤不要设在厕所、浴室等潮湿场所的下方或相邻，以免渗水影响机组的运行。

（2）通风散热

柴油机、发电机、排烟管在运行时均发出热量，使室温升高，必须采取措施保证机组的冷却。通常的做法是选用整体式风冷柴油发电机组，将热风通道与机组上的散热器相连。出风口面积应为散热器面积的 1.5 倍。当热风通道直接导出室外有困难时，可设置竖井导出。机房要有足够的新风补充，进风口的面积应为散热器面积的 1.8 倍。若空气的进、出风口的面积不能满足以上要求时，可采用机械通风并进行风量计算。

（3）排烟消声

排烟管路应单独引出，尽量短而直，如必须弯曲时，其弯曲半径要大于排烟管内径的 1.5 倍；管子穿墙时应加套管；引排烟口温度在 600 ℃ 左右，故排烟管要采取隔热措施，以减少散热和降低噪音。

（4）燃油及日用油箱

燃油一般采用"0#"轻柴油。日用油箱的大小按规范需满足 3 ~ 8 h 机组运行的燃油量。

（5）消防

自备发电机房应设感烟探测器、差温探测器，并纳入主体建筑的火灾自动报警系统。在主机房和储油间应设有固体式灭火系统，如机组容量小，征得主管部门同意也可以设置移动式灭火装置。

（6）接地

应按主体建筑的变配电室接地系统设计。

（7）机房的布置

①应保证机组的安全可靠地运行，布置紧凑，便于运行维护。

②机房应优良好的采光和通风，便于废气的排除。

③机房宜靠近重要负荷或变配电所，不宜设在大型建筑的主体内。

④机房包括其控制室不宜设在厕所、浴室附近及低洼积水场所。

⑤机房设在地下室时，应解决好防潮、通风、排烟、消音及设备吊装、搬运等问题。

习　题

某厂的有功计算负荷为 3 000 kW，功率因数经补偿后达到 0.92。该厂 10 kV 进线上拟安装 1 台 SN10—10 型高压断路器，其主保护动用时间为 0.9 s，断路器断路时间为 0.2 s。该厂高压配电所 10 kV 母线上的 $I_k^{(3)} = 20$ kA。试选择该高压断路器的规格。

5

供配电线路

5.1 供配电线路及其接线方式

电力线路是电力系统的重要组成部分,担负着输送和分配电能的重要任务。

电力线路按电压分,有高压(1 kV 以上)线路和低压(1 kV 及其以下)线路。

5.1.1 高压线路的接线方式

供配电系统的高压线路有放射式、树干式和环形等基本接线方式。

(1)放射式接线

图5.1是高压放射式线路的电路图。放射式线路之间互不影响,因此供电可靠性较高,而且便于装设自动装置;但是高压开关设备用得较多,且每台高压断路器须装设一个高压开关柜,从而使投资增加。这种放射式线路发生故障或检修时,该线路所供电的负荷都要停电。要提高其供电可靠性,可在各变电所高压侧之间或低压侧之间敷设联络线。要进一步提高其供电可靠性,还可采用来自2个电源的2路高压进线,然后经分段母线,由2段母线用双回路对用户交叉供电。

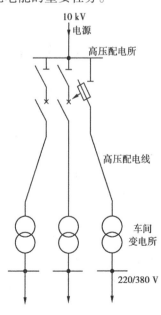

图 5.1 高压放射式线路

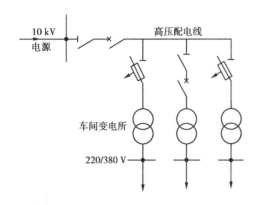

图5.2　高压树干式线路

(2)树干式接线

图5.2是高压树干式线路的电路图。树干式接线与放射式接线相比,具有以下优点:多数情况下,能减少线路的有色金属消耗量;采用的高压开关数量较少,投资较省。但有下列缺点:供电可靠性较低,当高压配电干线发生故障或检修时,接于干线的所有变电所都要停电;且在实现自动化方面,适应性较差。要提高供电可靠性,可采用双干线供电或两端供电的接线方式,如图5.3所示。

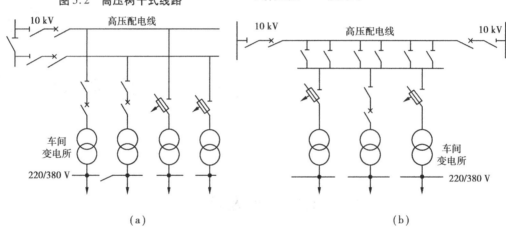

(a)　　　　　　　　　　　　　　(b)

图5.3　双干线供电和两端供电的接线方式

(a)双干线供电;(b)两端供电

(3)环形接线

图5.4是环形接线的电路图。环形接线实质上是两端供电的树干式接线。这种接线在现代化城市电网中应用很广。为了避免环形线路上发生故障时影响整个电网,也为了便于实现线路保护的选择性,大多数环形线路采取"开环"运行方式,即环形线路中有一处开关是断开的。

实际上,高压配电系统往往是几种接线方式的组合,视具体情况而定。不过一般高压配电系统宜优先考虑采用放射式,因为放射式的供电可靠性较高,且便于运行管理。但放射式采用的高压开关设备较多,投资较大,因此对于供电可靠性要求不高的辅助生产区和生活住宅区,可考虑采用树干式或环形供电,这样比较经济。

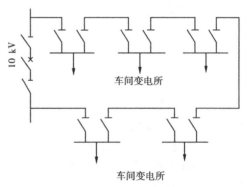

图5.4　高压环形接线

5.1.2 低压线路的接线方式

低压配电线路也有放射式、树干式和环形等基本接线方式。

（1）放射式接线

图5.5是低压放射式接线。放射式接线的特点是：其引出线发生故障时互不影响，供电可靠性较高，但是一般情况下，其有色金属消耗量较多，采用的开关设备也较多。放射式接线多用于设备容量大或对供电可靠性要求高的设备配电。

（2）树干式接线

图5.6a,b是2种常见的低压树干式接线。树干式接线的特点正好与放射式接线相反，一般情况下，树干式采用的开关设备较少，有色金属消耗量也较少，但干线发生故障时，影响范围大，因此供电可靠性较低。树干式接线在机械加工车间、工具车间和机修车间等应用比较普遍，而且多采用成套的封闭型母线，灵活方便，也比较安全，适于供电给容量较小而分布较均匀的用电设备如机床、小型加热炉等。图5.6b所示"变压器-干线组"接线，

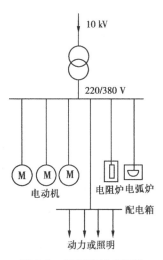

图5.5 低压放射式接线

省去了变电所低压侧整套低压配电装置，从而使变电所结构大为简化，投资大为降低。

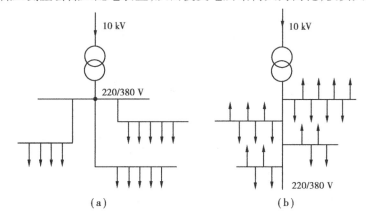

图5.6 低压树干式接线

（a）低压母线放射式配电的树干式;（b）低压"变压器-干线组"的树干式

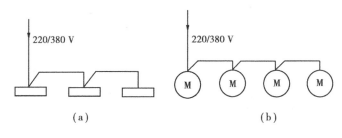

图5.7 低压链式接线

（a）连接配电箱;（b）连接电动机

图5.7a,b是一种变形的树干式接线，通常称为链式接线。链式接线的特点与树干式基本相同，适用于用电设备彼此相距很近、而容量均较小的次要用电设备。链式相连的设备一般不宜超过5台,链式相连的配电箱不宜超过3台,且总容量不宜超过10 kW。

（3）环形接线

图 5.8 是由 1 台变压器供电的低压环形接线。

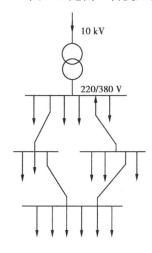

10 kV

220/380 V

图 5.8　低压环形接线

一些配电变电所低压侧，也可以通过低压联络线相互连接成为环形。

环形接线供电可靠性较高，任意一段线路发生故障或检修时，都不致造成供电中断，或只短时停电，一旦切换电源的操作完成，即能恢复供电。环形接线可使电能损耗和电压损耗减少，但是环形系统的保护装置及其整定配合比较复杂，如配合不当，容易发生误动作，反而扩大故障停电范围。实际上，低压环形线路也多采用"开环"方式运行。在低压配电系统中，往往是采用几种接线方式的组合，视具体情况而定。

总之，电力线路（包括高压和低压线路）的接线应力求简单。运行经验证明，供电系统如果接线复杂，层次过多，不仅浪费投资，维护不便，而且由于电路串联的元件过多，因操作错误或元件故障而产生的事故也随之增多，事故处理和恢复供电的操作也比较麻烦，从而延长了停电时间。同时由于配电级数多，继电保护级数也相应增多，动作时间也相应延长，对供电系统的故障保护十分不利。因此《供配电系统设计规范》（GB 50052—95）规定："供电系统应简单可靠，同一电压供电和系统的变配电级数不宜多于两级。"此外，高低压配电线路都应尽可能深入负荷中心，以减少线路的电能损耗和有色金属消耗量，提高电压水平。

5.2　供配电线路的结构和敷设

建筑供配电系统中的电力线路有架空线路、电缆线路、室内配电线路等。

5.2.1　架空线路的结构和敷设

由于架空线路与电缆线路相比有较多优点，如成本低、投资少、安装容易、维护和检修方便，易于发现和排除故障等，所以架空线路应用广泛。

架空线路由导线、电杆、绝缘子和线路金具等主要元件组成，见图 5.9。为了防雷，有的架空线路上还装设有避雷线（架空地线）。为了加强电杆的稳固性，有的电杆还安装有拉线或扳桩。

1）架空线路的导线

导线是线路的主体，担负着输送电能的功能。它架设在电杆上边，要经常承受自身重力和各种外力的作用，并要承受大气中各种有害物质的侵蚀。因此，导线必须具有良好的导电性，同时要具有一定的机械强度和耐腐蚀性，尽可能质轻而价廉。

导线材质有铜、铝和钢。铜的导电性最好（电导率为 53 MS/m），机械强度也相当高（抗拉强度约为 380 MPa），铜是贵重金属，应尽量节约；铝的机械强度较差（抗拉强度约为 160 MPa），但其导电性较好（电导率为 32 MS/m），且具有质轻、价廉的优点。根据我国资源情况，能以铝代铜的场合，尽量采用铝导线。钢的机械强度很高（多股钢绞线的抗拉强度达 1 200

MPa),而且价廉,但其导电性差(电导率为 7.52 MS/m),功率损耗大(对交流电流还有铁磁损耗),并且容易锈蚀,因此在架空线路上一般不用钢线。

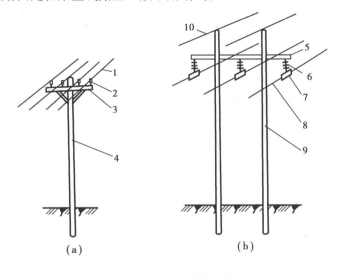

图 5.9 架空线路的结构
1—低压导线;2—针式绝缘子;3—横担;4—低压电杆;5—横担;
6—高压悬式绝缘子串;7—线夹;8—高压导线;9—高压电杆;10—避雷线

架空线路一般采用裸导线。裸导线按其结构分,有单股线和多股绞线。供电系统一般采用多股绞线。在机械强度要求较高和 35 kV 及其以上的架空线路上,则多采用钢芯铝绞线。其横截面结构,如图 5.10 所示。这种导线的钢芯,用以增强导线的抗拉强度,弥补铝线机械强度较差的缺点,而其外围用铝线,取其导电性较好的优点。由于交流电流在导线中的集肤效应,交流电流实际上只从铝线通过,从而克服了钢线导电性差的缺点。钢芯铝线型号中表示的截面积就是其导电的铝线部分的截面积。例如 LGJ-120,120 表示钢芯铝线中铝线的截面积,mm^2。

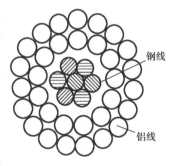

图 5.10 钢芯铝线截面

2)电杆、横担和拉线

电杆是支持导线的支柱,是架空线路的重要组成部分。对电杆的要求主要是要有足够的机械强度,同时尽可能经久耐用、价廉、便于搬运和安装。

电杆按其采用的材料分,有木杆、水泥杆和铁塔等。其中,水泥杆应用最为普遍,因为它可节约大量的木材和钢材,而且经久耐用,维护简单,也比较经济。

电杆按其在架空线路中的功能和地位分,有直线杆、分段杆、转角杆、终端杆、跨越杆和分支杆等。图 5.11 是上述各种杆型在低压架空线路上应用的示意图。

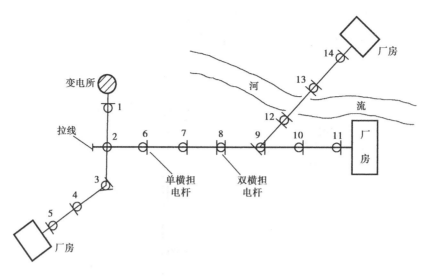

图 5.11　各种杆型在低压架空线路上的应用
1,5,11,14—终端杆;2,9—分支杆;3—转角杆;
4,6,7,10—直线杆(中间杆);8—分段杆(耐张杆);12,13—跨越杆

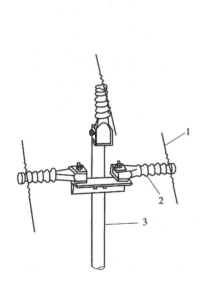

图 5.12　高压电杆上安装的瓷横担
1—高压导线;2—瓷横担;3—电杆

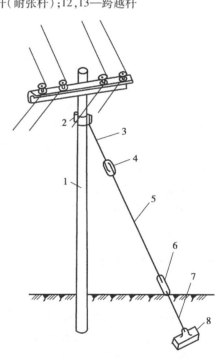

图 5.13　拉线的结构
1—电杆;2—拉线的抱箍;3—上把;4—拉线绝缘子;
5—腰把;6—花篮螺钉;7—底把;8—拉线底盘

　　横担是安装在电杆的上部,用来安装绝缘子以架设导线。常用的横担有木横担、铁横担和瓷横担。现在普遍采用的是铁横担和瓷横担。瓷横担是我国独创的产品,具有良好的电气绝缘性能,兼有绝缘子和横担的双重功能,能节约大量的木材和钢材,有效地利用杆塔高度,降低线路造价。瓷横担在断线时能够转动,以避免因断线而扩大事故,同时由于它表面光滑便于雨

水冲洗,可减少线路维护工作。另外由于它结构简单,安装方便,可加快施工进度,是绝缘子和横担方面的发展方向之一。但瓷横担比较脆,安装和使用中必须注意。图 5.12 是高压电杆上安装的瓷横担。

拉线是为了平衡电杆各方面的作用力,并抵抗风压、防止电杆倾倒而使用的,如终端杆、转角杆、分段杆等往往都装有拉线。拉线的结构,如图 5.13 所示。

3)线路绝缘子和金具

绝缘子又称瓷瓶,用来将导线固定在电杆上,并使导线与电杆绝缘。因此对绝缘子既要求具有一定的电气绝缘强度,又要求具有足够的机械强度。线路绝缘子按电压高低分低压绝缘子和高压绝缘子 2 大类。图 5.14 是高压线路绝缘子的外形结构。

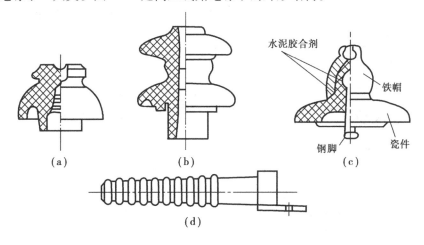

图 5.14 高压线路绝缘子
(a)针式;(b)蝴蝶式;(c)悬式;(d)瓷横担

线路金具是用来连接导线、安装横担和绝缘子等的金属附件,如图 5.15 所示。它包括安装针式绝缘子的直脚和弯脚,安装蝴蝶式绝缘子的穿芯螺钉,将横担或拉线固定在电杆上的 U 型抱箍,调节拉线松紧的花篮螺钉,以及悬式绝缘子串的挂环、挂板、线夹等。

4)架空线路的敷设

(1)敷设的要求和路径的选择

敷设架空线路,要严格遵守有关技术规程的规定。整个施工过程中,要重视安全教育,采取有效的安全措施,特别是立杆、组装和架线时,更要注意人身安全,防止发生事故,竣工以后,要按照规定的手续和要求进行检查和验收,确保工程质量。

选择架空线路的路径时,应考虑以下原则:

①路径短,转角少。

②交通运输方便,便于施工架设和维护。

③尽量避开河洼和雨水冲刷地带及易撞、易燃、易爆和危险的场所。

④不应引起机耕、交通和行人困难。

⑤应与建筑物保持一定的安全距离。

⑥应与工厂和城镇的建设规划协调配合,并适当考虑今后的发展。

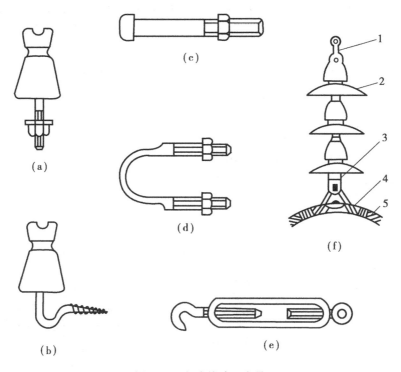

图 5.15　架空线路用金具

(a)直脚及绝缘子;(b)弯脚及绝缘子;(c)穿芯螺钉;

(d)U 形抱箍;(e)花篮螺钉;(f)悬式绝缘子串及金具

1—球头挂环;2—绝缘子;3—碗头挂板;4—悬垂线夹;5—架空导线

(2)导线在电杆上的排列方式

三相四线制低压架空线路的导线,一般都采用水平排列,如图 5.16a 所示。由于中性线的电位在三相对称时为零,而且其截面也较小,机械强度较差,所以中性线一般架设在靠近电杆的位置。

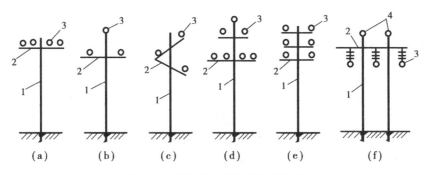

图 5.16　导线在电杆上的排列方式

1—电杆;2—横担;3—导线;4—避雷线

三相三线制架空线路的导线,可三角形排列,如图 5.16d 所示;也可水平排列,如图 5.16f 所示。

多回路导线同杆架设时,可三角、水平混合排列,如图 5.16d 所示,也可全部垂直排列,如图 5.16e 所示。电压不同的线路同杆架设时,电压较高的线路应架设在上面,电压较低的线路则架设在下面。

（3）架空线路的档距、弧垂及其他距离

架空线路的档距（又称跨距），是指同一线路上相邻 2 根电杆之间的水平距离，如图 5.17 所示。

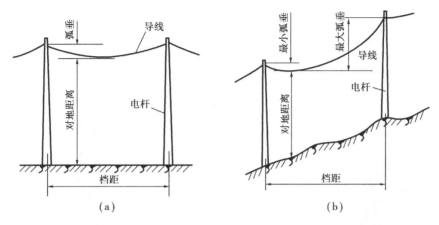

图 5.17 架空线路的档距和弧垂

(a)平地；(b)坡地

导线的弧垂（又称弛垂），是架空线路 1 个档距内导线最低点与两端电杆上导线悬挂点间的距离，是由于导线存在着荷重所形成的。弧垂不宜过大，也不宜过小，过大则在导线摆动时容易引起相间短距，而且可造成导线对地或对其他物体的安全距离不够；过小则使导线内应力增大，在天冷时可能收缩绷断。

架空线路的线路距离、导线对地面和水面的最小距离、架空线路与各种设施接近和交叉的最小距离等，在有关技术规程中均有规定，设计和安装时必须遵循。

5.2.2 电缆线路的结构和敷设

电缆线路与架空线路相比，具有成本高、投资大、维修不便等缺点，但是它具有运行可靠、不易受外界影响、不需架设电杆、不占地面、不碍观瞻等优点，特别是在有腐蚀性气体和易燃、易爆场所，不宜架设架空线路时，只有敷设电缆线路。在现代化建筑供配电系统中，电缆线路得到了越来越广泛的应用。

1）电缆和电缆头

电缆是一种特殊的导线，在几根（或单根）铰绕的绝缘导电芯线外面，统包有绝缘层和保护层。保护层又分内护层和外护层。内护层用以直接保护绝缘层，外护层用以防止内护层受机械损伤和腐蚀。外护层通常为钢带构成的钢铠，外覆麻被、沥青或塑料护套。

电缆的类型很多。供电系统中常用的电力电缆，按其缆芯材质分铜芯和铝芯 2 大类。按线芯数分单芯、2 芯、3 芯、4 芯、5 芯电力电缆。按其采用的绝缘介质分油浸纸绝缘、塑料绝缘、橡皮绝缘电缆等。油浸纸绝缘电力电缆具有耐压强度高、耐热性能好和使用年限较长等优点，因此应用相当普遍，如图 5.18 所示。但是工作时，其中的浸渍油会流动，因此它的两端安装高度差有一定的限制，否则电缆低的一端可能因油压过大而使端头胀裂漏油，而高的一端则可能因油流失而使绝缘干枯,耐压强度下降,甚至击穿损坏。塑料绝缘电缆是后来发展起来的,具有结构简单、制造加工方便、质量较轻、敷设安装方便、不受敷设高度限制以及能防酸碱腐蚀等优点,因此它在供电系统中已逐步取代粘性油浸纸绝缘电缆。目前我国生产的聚氯乙烯绝缘及护套电缆,已生产至 10 kV 电压等级。交联聚乙烯绝缘电力电缆,如图 5.19 所示,其电气性能更优越,现已生产至 110 kV 电压等级。有低毒难燃性防火要求的场所,可采用交联聚乙烯、聚乙烯、乙丙橡胶等不含卤素的电缆。60 ℃ 以上的高温场所,应按经受高温及其持续时间和绝缘要求,选用耐热聚氯乙烯、交联聚乙烯、辐照式交联聚乙烯或乙丙橡胶绝缘等适合的耐热型电缆。100 ℃ 以上高温,宜采用矿物绝缘电缆。

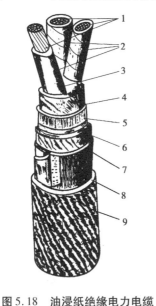

图 5.18　油浸纸绝缘电力电缆

1—缆芯(铜芯或铝芯);2—油浸纸绝缘层;
3—麻筋(填料);4—油浸纸(统包绝缘);
5—铅包;6—涂沥青的纸带(内护层);
7—浸沥青的麻被(内护层);
8—钢铠(外护层);9—麻被(外护层)

图 5.19　交联聚乙烯绝缘电力电缆

1—缆芯(铜芯或铝芯);2—交联聚乙烯绝缘层;
3—聚氯乙烯护套(内护层);4—钢铠或铝铠(外护层);
5—聚氯乙烯外套(外护层)

电力电缆型号的含义及其选择条件(环境条件和敷设方式要求等),详见有关设计手册。必须注意:在考虑电缆线芯材质时,一般情况下应按"节约用铜"原则,尽量选用铝芯电缆。但用于下列情况的电力电缆应采用铜芯:

①振动剧烈、有爆炸危险或对铝有腐蚀等严酷的工作环境。

②安全性、可靠性要求高的重要回路。

③耐火电缆及紧靠高温设备的电缆等。

电缆头包括电缆中间接头和电缆终端头。运行经验表明,电缆头是电缆线路中的薄弱环节,电缆线路的大部分故障都发生在电缆接头处。由于电缆头本身的缺陷或者安装质量上的问题,往往造成短路故障,引起电缆头爆炸,破坏了电缆线路的正常运行。因此,电缆头的安装质量十分重要,密封要好,其耐压强度不应低于电缆本身的耐压强度,要有足够的机械强度,且体积尽可能小,结构简单,安装方便。

2）电缆的敷设

（1）电缆的敷设方式

常见的电缆敷设方式有直接埋地敷设（见图5.20）、利用电缆沟（见图5.21）和电缆桥架敷设（见图5.22）、电缆隧道、电缆排管等。

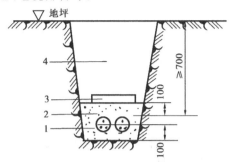

图5.20　电缆直接埋地敷设

1—电力电缆;2—砂;3—保护盖板;4—填土

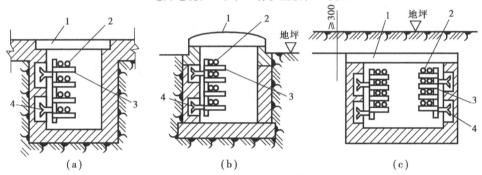

图5.21　电缆在电缆沟内敷设

（a）户内电缆沟;（b）户外电缆沟;（c）厂区电缆沟

1—盖板;2—电缆;3—电缆支架;4—预埋铁件

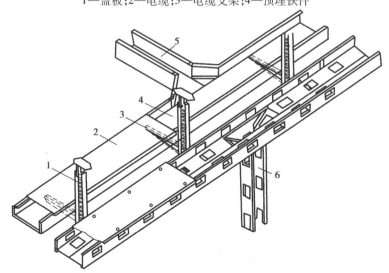

图5.22　电缆桥架

1—支架;2—盖板;3—支臂;4—线槽;5—水平分支线槽;6—垂直分支线槽

（2）电缆敷设路径和选择

选择电缆敷设路径时,应考虑以下原则:

①避免电缆遭受机械性外力、过热、腐蚀等危害。

②在满足安全要求条件下应使电缆较短。

③便于施工、维护。

④应避开将要挖掘施工的地方。

（3）电缆敷设的一般要求

敷设电缆,一定要严格遵守有关技术规程的规定和设计的要求,竣工以后,要进行检查和验收,确保线路的质量。部分重要的技术要求如下:

①电缆长度宜按实际线路长度考虑5% ~10%的裕量,作为安装、检修时备用。直埋电缆应做成波浪形埋设。

②下列场合的非铠装电缆应采取穿管保护:电缆引入或引出建筑物或构筑物;电缆穿过楼板及主要墙壁处;从电缆沟道引出至电杆,或沿墙敷设的电缆距地面2 m高度及埋入地下小于0.3 m深度的一段;电缆与道路交叉的一段。所用保护管的内径不得小于电缆外径或多根电缆包络外径的1.5 倍。

③多根电缆敷设在同一通道中位于同侧的多层支架上时,应按下列要求进行配置:

a.应按电压等级由高至低的电力电缆、强电至弱电的控制和信号电缆、通信电缆的顺序排列;

b.支架层数受通道空间限制时,35 kV 及其以下的相邻电压级电力电缆,可排列同一层支架,1 kV 及其以下电压级电缆也可与强电控制和信号电缆配置在同一层支架上;

c.同一重要回路的工作与备用电缆实行耐火分隔时,宜适当配置在不同层次的支架上。

④明敷的电缆不宜平行敷设于热力管道上部。电缆与和管道之间无隔板防护时,相互间距应符合《电力工程电缆设计规范》(GB 50217—94)中的允许距离。

⑤电缆应远离爆炸性气体释放源。

a.易燃气体密度比空气大时,电缆应在较高处架空敷设,且对非铠装电缆采取穿管或置于托盘、槽盒内等机械性保护;

b.易燃气体比空气轻时,电缆应敷设在较低处的管、沟内,沟内非铠装电缆应埋沙。

⑥电缆沿输送易燃气体的管道敷设时,应配置在危险程度较低的管道一侧,且应符合下列规定:

a.易燃气体密度比空气大时,电缆宜在管道上方;

b.易燃气体密度比空气小时,电缆宜在管道下方。

⑦直埋敷设于非冻土地区的电缆,其外皮至地上构筑物基础的距离不得小于0.3 m;至地面的距离不得小于0.7 m;当位于车行道或耕地的下方时,应适当加深,至地面距离不得小于1 m。电缆直埋于冻土地区时,宜埋入冻土层以下。直埋敷设的电缆,严禁位于地下管道的正上方或下方。有化学腐蚀的土壤中,电缆不宜直埋敷设。

⑧同一路径的电缆数量不足20 根时,宜采用电缆沟敷设;多于20 根时宜采用电缆隧道敷设。

⑨电缆沟、隧道应有通风防水措施,底部应设有0.5%坡向电缆井内的积水坑。

⑩电缆沟进入建筑物时应设防火墙,电缆隧道进入建筑物处应设带门的防火墙。

⑪电缆引入线穿墙过管宜不小于φ100 钢管,供电单位维护管理时应为φ150 钢管。

⑫采用预分支电缆布线时,应根据电缆最大直径预留穿楼板洞口,同时还应在电缆干线的最顶端的楼板上预留吊钩,以便固定主干电缆。

⑬电缆桥架布线适用于同一路径的电缆数量较多或用电设备较集中的场所。

a.电缆桥架、托盘水平敷设时其距地高度不宜低于2.5 m,垂直敷设时其距地高度不宜低于1.8 m,否则应加金属盖板保护,但敷设在电气专用房间内时除外。

b.电缆桥架多层敷设时,其层间距离一般可按下列原则选取:电力电缆间不应小于0.3 m;电力电缆与弱电电缆间不应小于0.5 m;控制电缆间不应小于0.2 m;桥架上部距顶棚、楼板或结构梁等障碍物不应小于0.5 m。

c.不同电压、不同用途的电缆,不宜敷设在同一层桥架上。例如,1 kV及其以下与1 kV以上的电缆,双回路电源电缆;应急电源与正常电源电缆线路;强电与弱电电缆。

d.电缆桥架上的电缆应在电缆首端、末端以及每隔30～50 m处,设有电缆干线编号、型号、用途等标记。

e.电缆桥架在通过防火墙及防火楼板时,应采用无机防火堵料封堵。

5.2.3　室内配电线路的结构和敷设

室内(车间或建筑内)配电线路一般指绝缘导线、母线及金属软导线等。绝缘导线有时也沿车间外墙或屋檐敷设,也包括建筑物之间用绝缘导线敷设的短距离的低压架空线路。

(1)绝缘导线的结构和敷设

绝缘导线按芯线材料分,有铜芯和铝芯2种;按绝缘材料分,有橡皮绝缘和塑料绝缘的2种。塑料绝缘导线的绝缘性能好,耐油和抗酸碱腐蚀,价格较低,且可节约大量橡胶和棉纱,因此在室内明敷和穿管敷设中应优先选用塑料绝缘导线。但塑料绝缘在低温时要变硬发脆,高温时又易软化,因此室外敷设宜优先选用橡皮绝缘导线。

绝缘导线的敷设方式,分明敷设和暗敷2种。明敷是导线直接或在线管、线槽等保护体内,敷设于墙壁、顶棚表面及桁架、支架等处;暗敷是导线在线管、线槽等保护体内,敷设于

表5.1　导线的敷设方式及其文字符号表

序　号	名　称	符　号
1	暗敷	C
2	明敷	E
3	铝皮线卡	AL
4	电缆桥架	CT
5	金属软管	F
6	水煤气管	G
7	瓷绝缘子	K
8	钢索敷设	M
9	金属线槽	MR
10	电线管	T
11	塑料管	P
12	塑料线卡	PL
13	塑料线槽	PR
14	钢管	S

墙壁、顶棚、地坪及楼板等内部,或者在混凝土板孔内敷线等。导线的敷设方式和敷设部位见表5.1,5.2。

在地面或活动地板内,宜采用可灵活装配的网络地板线槽敷设。

绝缘导线的敷设要求,应符合有关规程的规定。其中有3点要特别注意:

①线槽布线及穿管布线的导线中间不许直接接头,接头必须经专门的接线盒。

②穿金属管或金属线槽的交流线路,应将同一回路的所有相线和中性线(如有中性线时)穿于同一管、槽内,否则,如果只穿部分导线,则由于线路电流不平衡而产生交流磁场作用于金属管、槽,在金属管、槽内产生涡流损耗,钢筋还将产生磁滞损耗,使管、槽发热,导致其中导线过热甚至可能烧毁。

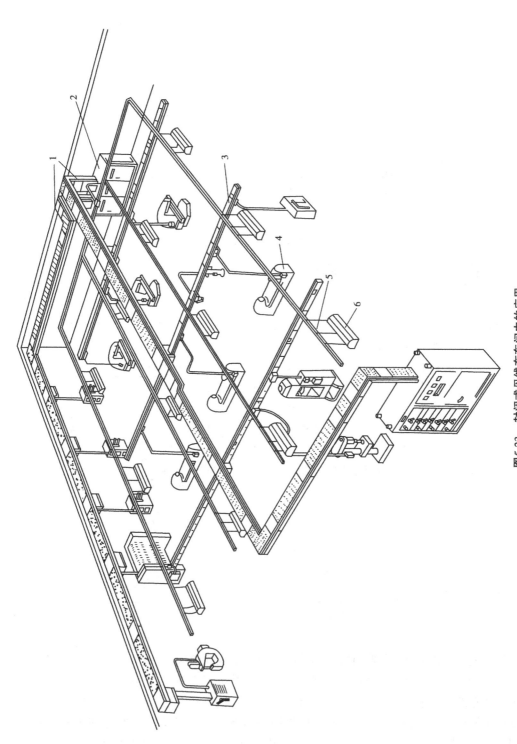

图5.23 封闭式母线在车间内的应用

1—馈电母线槽；2—配电装置；3—插接式母线槽；4—机床；5—照明母线槽；6—灯具

③电线管路与热水管、蒸汽管同侧敷设时,应敷设在这些管道的下方;施工有困难时,可敷设在其上方,但相互间距应适当增大,或采取隔热措施。

（2）裸导线的结构和敷设

车间内的配电裸导线大多采取硬母线的结构,其截面形状有圆形、管形和矩形等;其材质有铜、铝和钢。其中,以采用 LMY 型硬铝母线最为普遍。现代化的生产车间,大多采用封闭式母线,亦称封闭式母线槽（或插接式母线）,如图 5.23 所示。封闭式母线安全、灵活、美观,但耗用钢材较多,投资较大。

表5.2　线路敷设部位及其文字符号表

序　号	名　　称	符　号
1	梁	B
2	顶棚	CE
3	柱	C
4	地面（板）	F
5	构架	R
6	吊顶	SC
7	墙	W

封闭式母线水平敷设时,至地面的距离不应小于 2.2 m;垂直敷设时,距地面 1.8 m 以下部分应采取防止机械损伤措施,但敷设在电气专用房间内（如配电室、电机室等）时除外。

封闭式母线水平敷设时的支持点间距不宜大于 2 m;垂直敷设时,应在通过楼板处采用专用附件支承。垂直敷设的封闭式母线,当进线盒及末端悬空时,应采用支架固定。

封闭式母线终端无引出、引入线时,端头应封闭。

封闭式母线的插接分支点应设在安全及安装维护方便的地方。

为了识别裸导线相序,以利于运行维护和检修,《电工成套装置中的导线颜色》（GB 2681—81）规定交流三相系统中的裸导线应按表 5.3 所示涂色。裸导线涂色不仅用来辨别相序及其用途,而且能防蚀和改善散热条件。

表5.3　交流三相系统中裸导线的涂色

裸导线类别	A 相	B 相	C 相	N 线和 PEN 线	PE 线
涂漆颜色	黄	绿	红	淡蓝	黄绿双色

5.3　导线和电缆截面的选择及计算

5.3.1　概述

为了保证供电系统安全、可靠、优质、经济地运行,选择导线和电缆截面时必须满足下列条件。

（1）发热条件

导线（包括母线）在通过正常最大负荷电流即线路计算电流时产生的发热温度,不应超过其正常运行时的最高允许温度。

（2）电压损耗条件

导线在通过正常最大负荷电流即线路计算电流时产生的电压损耗,不应超过正常运行时允许的电压损耗。对于建筑内较短的高压线路,可不进行电压损耗校验。

（3）经济电流密度

35 kV 及其以上的高压线路和电压在 35 kV 以下、距离长、电流大的线路，其导线和电缆截面宜按经济电流密度选择，以使线路的年费用支出最小。所选截面称为经济截面。该选择原则称为年费用支出最小原则，10 kV 及其以下线路通常不按此原则选择。

（4）机械强度

导线（包括裸线和绝缘导线）截面不应小于其最小允许截面，如附录表 6,7 所列。对于电缆，不必校验其机械强度，但需校验其短路热稳定度。母线也应校验短路时的稳定度，如 3.5 节所述。

对于绝缘导线和电缆，还应满足工作电压的要求。

根据设计经验，一般 10 kV 及其以下高压线路及低压动力线路，通常先按发热条件来选择截面，再校验电压损耗和机械强度。低压照明线路，由于其对电压水平要求较高，因此通常先按允许电压损耗进行选择，再校验发热条件和机械强度。对长距离、大电流及 35 kV 以上的高压线路，则按经济电流密度来确定经济截面，再校验其他条件。

下面分别介绍按发热条件、经济电流密度和电压损耗选择计算导线和电缆截面的方法。关于机械强度，对于电力线路，只需按其最小机械截面校验即可。

5.3.2　按发热条件选择导线和电缆的截面

1）三相系统相线截面的选择

按发热条件选择三相系统中的相线截面时，应使其允许载流量 I_{al} 不小于通过相线的计算电流 I_{30}，即

$$I_{\mathrm{al}} \geq I_{30} \tag{5.1}$$

所谓导线的允许载流量，就是在规定的环境温度条件下，导线能够连续承载而不致使其发热温度超过允许值的最大电流。如果导线敷设地点的环境温度与导线允许载流量所采用的环境温度不同时，则导线的实际允许载流量应乘以温度校正系数 K_{θ}，即

$$K_{\theta} = \sqrt{\frac{\theta_{\mathrm{al}} - \theta_0'}{\theta_{\mathrm{al}} - \theta_0}} \tag{5.2}$$

式中，θ_{al}——导线额定负荷时的最高允许温度；

θ_0——导线的允许载流量所采用的环境温度；

θ_0'——导线敷设地点实际的环境温度。

各类型导线和电缆的允许载流量可查阅附录表 8,9,10。

按发热条件选择导线所用的计算电流 I_{30} 时，对降压变压器高压侧的导线，应取为变压器额定一次电流 $I_{\mathrm{N,T}}$。对电容器的引入线，由于电容器充电时有较大涌流，因此 I_{30} 应取为电容器额定电流 $I_{\mathrm{N,C}}$ 的 1.35 倍。

必须注意，按发热条件选择的导线和电缆截面，还必须校验它与相应的保护装置（熔断器或低压断路器的过电流脱扣器）是否配合得当，见第 6 章。如配合不当，可能发生导线或电缆因过电流而发热起燃但保护装置不动作的情况，这是不允许的。

2）中性线和保护线截面的选择

（1）中性线（N 线）截面的选择

三相四线制系统中的中性线，要通过系统的不平衡电流和零序电流。因此，中性线的允许载流量不应小于三相系统的最大不平衡电流，同时应考虑谐波电流的影响。

一般三相四线制线路的中性线截面 A_0 应不小于相线截面 A_φ 的50%，即

$$A_0 \geq 0.5A_\varphi \tag{5.3}$$

由三相四线线路引出的两相三线线路和单相线路，由于其中性线电流与相线电流相等，所以它们的中性线截面 A_0 应与相线截面 A_φ 相同，即

$$A_0 = A_\varphi \tag{5.4}$$

对于三次谐波电流相当突出的三相四线制线路，由于各相的三次谐波电流都要通过中性线，使得中性线电流可能接近甚至超过相电流，因此这种情况下，中性线截面 A_0 宜等于或大于相线截面 A_φ，即

$$A_0 \geq A_\varphi \tag{5.5}$$

（2）保护线（PE 线）截面的选择

保护线要考虑三相系统发生单相短路故障时单相短路电流通过时的短路热稳定度。

根据短路热稳定度的要求，保护线的截面 A_{PE}，按《低压配电设计规范》（GB 50054—95）规定：

当 $A_\varphi \leq 16\ mm^2$ 时

$$A_{PE} \geq A_\varphi \tag{5.6}$$

当 $16\ mm^2 < A_\varphi < 35\ mm^2$ 时

$$A_{PE} \geq 16\ mm^2 \tag{5.7}$$

当 $A_\varphi > 35\ mm^2$ 时

$$A_{PE} \geq 0.5A_\varphi \tag{5.8}$$

（3）保护中性线（PEN 线）截面的选择

保护中性线兼有保护线和中性线的双重功能，因此其截面选择应同时满足上述保护线和中性线的要求，取其中的最大值。

采用可控硅调光或计算机电源回路的三相四线配电线路，其 N 线或 PEN 线的截面不应小于相线截面的2倍。

例5.1　有一条采用 BLX—500 型铝芯橡皮线明敷的 220/380 V 的 TN—S 线路，计算电流为 50 A，当地最热月平均气温为 30 ℃。试按发热条件选择此线路的导线截面。

解：此 TN—S 线路为含有 N 线和 PE 线的三相五线制线路。

1.相线截面的选择

查附录表10得环境温度为30 ℃时明敷的 BLX—500 型截面为 $10\ mm^2$ 的铝芯橡皮线的 $I_{al} = 60\ A > I_{30} = 50\ A$，满足发热条件。因此相线截面 $A_\varphi = 10\ mm^2$。

2.N 线的选择

$A_0 \geq 0.5A_\varphi$，选 $A_0 = 6\ mm^2$。

3.PE 线的选择

由于 $A_\varphi < 16\ mm^2$，故选 $A_{PE} = A_\varphi = 10\ mm^2$。

所选线路的导线型号规格可表示为：

BLX—500—$(3 \times 10 + 1 \times 6 + PE10)$

例 5.2 例 5.1 所示 TN—S 线路,如采用 BLV—500 型铝芯塑料线穿塑料管埋地敷设,若当地最热月平均气温为 25 ℃。试按发热条件选择此线路的导线截面及穿线管内径。

解:查附录表 10 得 25 ℃时 5 根单芯线穿硬塑管的 BLV—500 型截面为 25 mm² 的导线的允许载流量 $I_{al} = 57$ A $> I_{30} = 50$ A。

　　按发热条件,相线截面可选为 25 mm²

　　N 线截面按 $A_0 \geqslant 0.5 A_{\varphi}$,选为 16 mm²

　　PE 线截面按式(5.7)规定,选为 16 mm²

　　穿线的硬塑管内径,选为 50 mm

　　选择结果可表示为:BLV—500—$(3 \times 25 + 1 \times 16 + PE16)$—PVC50,其中 PVC 为塑料阻燃管。

5.3.3　按经济电流密度选择导线和电缆的截面

　　导线的截面越大,电能损耗就越小,但是线路投资、维修管理费用和有色金属消耗量将增加,因此导线应选择一个比较合理的截面,既使电能损耗小,又不致过分增加线路投资、维修管理费用和有色金属消耗量。

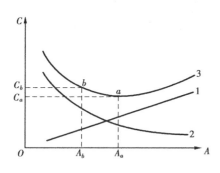

图 5.24　年费用与导线截面的关系曲线

　　图 5.24 是年费用 C 与导线截面 A 的关系曲线。其中曲线 1 表示线路的年折旧费(即线路投资除以折旧年限之值)和线路的年维修管理费之和与导线截面的关系曲线;曲线 2 表示线路的年电能损耗与导线截面的关系曲线;曲线 3 为曲线 1 与曲线 2 的叠加,表示线路的年运行费用(包括线路的年折旧费、维修费、管理费和电能损耗费)与导线截面的关系曲线。由曲线 3 可知,与年运行费最小值 C_a(a 点)相对应的导线截面 A_a 不一定是很经济合理的导线截面,因为 a 点附近曲线 3 比较平坦,如果将导线截面再选小一些,例如选如为 A_b(b 点),年运行费用 C_b 增加不多,但导线截面即有色金属消耗量却显著地减少。因此从全面的经济效益来考虑,导线截面选为 A_b 看来比选 A_a 更为经济合理。这种从全面的经济效益考虑,既使线路的年运行费用接近最小而又适当考虑有色金属节约的导线截面,称为经济截面,用符号 A_{ec} 表示。

　　各国根据其具体国情特别是有色金属资源的情况,规定了导线和电缆的经济电流密度。我国现行的经济电流密度规定如表 5.4 所列。

表 5.4　导线和电缆的经济电流密度 j_{ec}(A/mm²)

线路类别	导线材质	年最大负荷利用时间		
		3 000 h 以下	3 000 ~ 5 000 h	5 000 h 以上
架空线路	铝	1.65	1.15	0.90
	铜	3.00	2.25	1.75
电缆线路	铝	1.92	1.73	1.54
	铜	2.50	2.25	2.00

按经济电流密度 j_{ec} 计算经济截面 A_{ec} 的公式为：

$$A_{ec} = \frac{I_{30}}{j_{ec}} \tag{5.9}$$

式中，I_{30}——线路的计算电流。

按式(5.9)计算出 A_{ec} 后，应选最接近的标准截面(可取较小的标准截面)，然后校验其他条件。

例 5.3 有一条用 LJ 型铝绞线架设的长 5 km 的 10 kV 架空线路，计算负荷为 1 380 kW，$\cos\varphi = 0.7$，$T_{max} = 4\ 800$ h。试选择其经济截面，并校验其发热条件和机械强度。

解：1. 选择经济截面

$$I_{30} = \frac{P_{30}}{\sqrt{3}U_N\cos\varphi}$$
$$= \frac{1\ 380\ \text{kW}}{\sqrt{3} \times 10\ \text{kV} \times 0.7}$$
$$= 114\ \text{A}$$

由表 5.3 查得 $j_{ec} = 1.15$ A/mm²，因此

$$A_{ec} = \frac{114\ \text{A}}{1.15\ \text{A/mm}^2} = 99\ \text{mm}^2$$

选标准截面 95 mm²，即选 LJ—95 型铝绞线。

2. 校验发热条件

查附录表 11 得 LJ—95 的允许载流量(室外 25 ℃时)$I_{al} = 325$ A $> I_{30} = 114$ A，因此，满足发热条件。

3. 校验机械强度

查附录表 6 得 10 kV 架空铝绞线的最小截面 $A_{min} = 35$ mm² $< A = 95$ mm²。因此，所选 LJ—95 型铝绞线也满足机械强度要求。

5.3.4 线路电压损耗的计算

由于线路存在着阻抗，所在负荷电流通过线路时要产生电压损耗。按《标准电压》(GB 156—93)规定，高压配电线路的电压损耗，一般不超过线路额定电压的 ±5%；从变压器低压侧母线到用电设备受电端的低压线路的电压损耗，一般不超过用电设备额定电压的 ±5%；对视觉要求较高的照明线路，则为 ±2% ～ ±3%。如线路的电压损耗值超过了允许值，则应适当加大导线的截面，使之满足允许的电压损耗要求。

1)集中负荷的三相线路电压损耗的计算

以带 2 个集中负荷的三相线路为例。线路图中的负荷电流都用小写 i 表示，各线段电流都用大写电流 I 表示。各线段的长度、每相电阻和电抗分别用小写 i，r 和 x 表示，各负荷点至线路首端的长度、每相电阻和电抗分别用大写 L，R 和 X 表示，如图 5.25 所示。

以线路末端的相电压 $U_{\varphi 2}$ 作参考轴，绘制线路的电压、电流相量图(见图 5.25b)。由于线路上的电压降相对于线路电压来说是相当小的，$U_{\varphi 1}$ 与 $U_{\varphi 2}$ 间的相位差 θ 很小，因此负荷电流 i_1 与电压 $U_{\varphi 1}$ 间的电位差，可近似绘成 i_1 与电压 $U_{\varphi 2}$ 间的电位差。

线路电压降的定义为:线路首端电压与末端电压的相量差。线路电压损耗的定义为:线路首端电压与末端电压的代数差。

电压降在参考轴(纵轴)上的投影(如图5.25b上的ag')称为电压降的纵分量,用ΔU_φ表示。电压降在参考轴垂直方向的横轴上投影(如图5.25b上的gg')称为电压降的横分量,用ΔU_φ表示。在地方电网和建筑供电系统中,由于线路的电压降相对于线路电压来说很小(图5.25b的电压降是放大了的),因此可近地认为电压降纵分量ΔU_φ就是电压损耗。

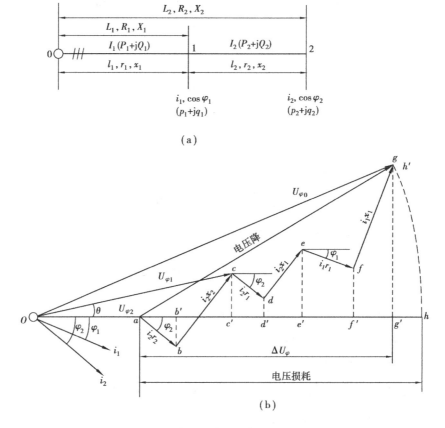

图5.25 带有2个集中负荷的三相线路

(a)单线电路图;(b)相量图

图5.25a表示线路的相电压损耗可按下式近似计算:

$$\Delta U_\varphi = i_2 r_2 \cos\varphi_2 + i_2 x_2 \sin\varphi_2 + i_2 r_1 \cos\varphi_2 + i_2 x_1 \sin\varphi_2 + i_1 r_1 \cos\varphi_1 + i_1 x_1 \sin\varphi_1$$
$$= i_2(r_1 + r_2)\cos\varphi_2 + i_2(x_1 + x_2)\sin\varphi_2 + i_1 r_1 \cos\varphi_1 + i_1 x_1 \sin\varphi_1$$
$$= i_2 R_2 \cos\varphi_2 + i_2 X_2 \sin\varphi_2 + i_1 R_1 \cos\varphi_1 + i_1 X_1 \sin\varphi_1$$

将上述中的ΔU_φ换算为ΔU,并以带任意个集中负荷的一般公式来表示,即得电压损耗计算公式为:

$$\Delta U = \sqrt{3} \sum (iR\cos\varphi + iX\sin\varphi) = \sqrt{3} \sum (i_a R + i_r X) \qquad (5.10)$$

式中,i_a——负荷电流的有功分量;

i_r——负荷电流的无功分量。

如果用各线段中的负荷电流来计算,则电压损耗计算公式为:

$$\Delta U = \sqrt{3} \sum (Ir\cos\varphi + Ix\sin\varphi) = \sqrt{3} \sum (I_a r + I_r x) \qquad (5.11)$$

式中,I_a——线段电流的有功分量;

I_r——线段电流的无分量。

如果用负荷功率 p,q 来计算,则将 $I = \dfrac{p}{\sqrt{3}U_N\cos\varphi} = \dfrac{q}{\sqrt{3}U_N\sin\varphi}$ 代入式(5.10),即:

$$\Delta U = \frac{\sum (pR + qX)}{U_N} \qquad (5.12)$$

如果用线段功率 P,Q 来计算,则将 $I = \dfrac{P}{\sqrt{3}U_N\sin\varphi} = \dfrac{Q}{\sqrt{3}U_N\sin\varphi}$ 代入式(5.11),即

$$\Delta U = \frac{\sum (Pr + Qx)}{U_N} \qquad (5.13)$$

对于"无感"线路,即线路感抗可略去不计或负荷 $\cos\varphi \approx 1$ 的线路,则电压损耗为:

$$\Delta U = \sqrt{3} \sum (iR) = \sqrt{3} \sum (Ir) = \frac{\sum (pR)}{U_N} = \frac{\sum (Pr)}{U_N} \qquad (5.14)$$

对于"均一无感"线路,即全线的导线型号规格一致且可不计感抗或负荷 $\cos\varphi \approx 1$ 的线路,则电压损耗为:

$$\Delta U = \frac{\sum (pL)}{\gamma A U_N} = \frac{\sum (Pl)}{\gamma A U_N} = \frac{\sum T}{\gamma A U_N} \qquad (5.15)$$

式中,γ——导线的电导率;

A——导线的截面;

$\sum T$——线路的所有功率矩之和;

U_N——线路的额定电压。

线路电压损耗的比例 $\eta_{\Delta U}$ 为:

$$\eta_{\Delta U} = \frac{\Delta U}{U_N} \times 100\% \qquad (5.16)$$

"均一无感"的三相线路电压损耗比例即为:

$$\eta_{\Delta U} = \frac{\sum T}{\gamma A U_N^2} = \frac{\sum T}{CA} \times 100\% \qquad (5.17)$$

式中,C——计算系数,如表5.5所列。

表5.5 式(5.17)中的计算系数 C 值

线路额定电压/V	线路类别	C 的计算式	计算系数 $C/(\text{kW}\cdot\text{m}\cdot\text{mm}^{-2})$	
			铝线	铜线
220/380	三相四线	$\gamma U_N^2/100$	46.2	76.5
	两相三线	$\gamma U_N^2/250$	20.5	34.0
220	单相及直流	$\gamma U_N^2/200$	7.74	12.8
110			1.94	3.21

注:表中 C 值是导线工作温度为50 ℃,功率矩 T 的单位为 kW·m,导线截面单位为 mm² 时的数值。

由式(5.17)得

$$A = \frac{\sum T}{C\eta_{\Delta U_{al}}} \tag{5.18}$$

式(5.18)常用于照明线路导线截面的选择。

例5.4 试验算例5.3所选 LJ—95 型铝绞是否满足允许电压损耗5%的要求。已知该线路导线为等边三角形排列,线距为 1 m。

解:由例5.3知 $P_{30} = 1\,380$ kW,$\cos\varphi = 0.7$,因此 $\tan\varphi = 1$,$Q_{30} = P_{30}\tan\varphi = P_{30} = 1\,380$ kvar。由 $a_{av} = 1$ m 及 $A = 95$ mm^2 查附录表11,得 $R_0 = 0.36$ Ω/km,$X_0 = 0.34$ Ω/km

故线路的电压损耗为:

$$\Delta U = \frac{pR + qX}{U_N} = \frac{1\,380\ \text{kW} \times (5 \times 0.36)\Omega + 1\,380\ \text{kvar} \times (5 \times 0.34)\Omega}{10\ \text{kV}} = 483\ \text{V}$$

线路的电压损耗百分值为:

$$\eta_{\Delta U} = \frac{\Delta U}{U_N} \times 100\% = \frac{483\ \text{V}}{10\,000\ \text{V}} \times 100\%$$

即 $\eta_{\Delta U} < \eta_{\Delta U_{al}} = 5\%$,因此所选 LJ—95 铝绞线满足电压损耗要求。

例5.5 某 220/380 V 线路,采用 BLX—500—($3 \times 25 + 1 \times 16$) mm^2 的 4 根导线明敷,在距线路首端 50 m 处,接有电阻性负荷 7 kW,在末端(线路全长 75 m)接有 28 kW 的电阻性负荷。试计算全线路的电压损耗百分值。

解:查表5.5得 $C = 46.2$ kW·m/mm^2,

而

$$\sum T = 7\ \text{kW} \times 50\ \text{m} + 28\ \text{kW} \times 75\ \text{m} = 2\,450\ \text{kW} \cdot \text{m}$$

故

$$\eta_{\Delta U} = \frac{\sum T}{CA} = \frac{2\,450\ \text{kW} \cdot \text{m}}{46.2\ \text{kW} \times 25\ \text{m}} \times 1\% = 2.12\%$$

5.4 动力电气平面布线图

动力电气平面布线图是表示供电系统对动力设备配电的电气平面布线图。

图 5.26 是一个机械加工车间动力电气平面布线图示例。

由图可以看出,平面布线图上须表示出的所有用电设备的位置,依次对设备编号,并注明设备的容量。按《电气图用形符号·电力、照明和电信布置》(GB 4728.11—85)规定,用电设备标准的格式为:

$$\frac{a}{b} \tag{5.19}$$

其中,a——设备编号;

b——设备的额定容量,kW。

在电气平面布线图上,还须表示出所有配电设备的位置,同样要依次编号,并标注其型号规格。按 GB 4728.11—85 规定,配电设备一般标注的格式为:

$$a\frac{b}{c} \tag{5.20}$$

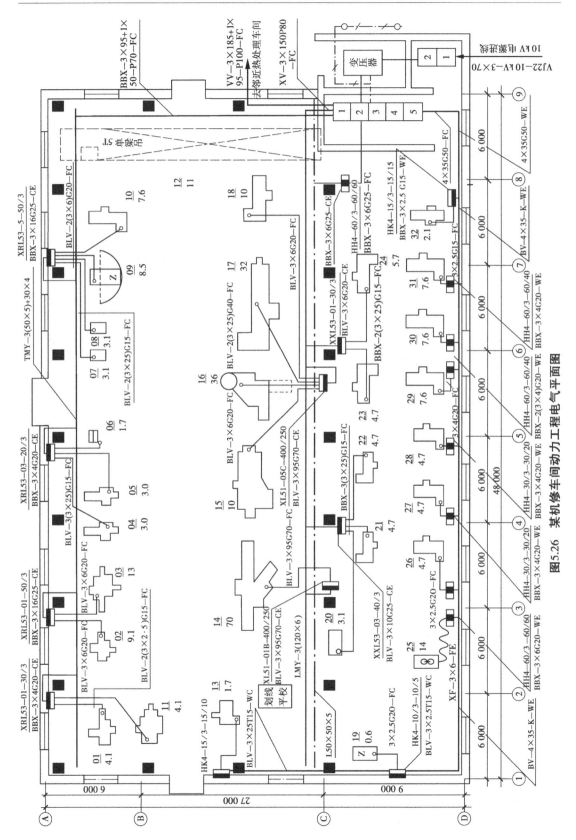

图5.26 某机修车间动力工程电气平面图

或
$$a—b—c$$

当需要标注引入线时,则配电设备的标注格式为:

$$a\frac{b—c}{d(e \times f)—g} \tag{5.21}$$

其中,b——设备型号;

      c——设备的额定容量,kW;

      d——导线型号;

      e——导线根数;

      f——导线截面,mm^2;

      g——导线敷设方式。

关于线路敷设方式和敷设部位的文字代号,如前面所述。

在平面布线图上,对开关和熔断器也要进行标注。按 GB 4728.11—85 规定,其标注格式为:

$$a\frac{b}{c/i} \tag{5.22}$$

或
$$a—b—c/i \tag{5.23}$$

当需要标注引入线时,则开关,熔断器的标注格式为:

$$a\frac{b—c/i}{d(e \times f)—g} \tag{5.24}$$

其中,c——额定电流,A;

      i——整定电流或熔体电流,A;

      d——导线型号;

      e——导线根数;

      f——导线截面,mm^2;

      g——导线敷设方式。

对配电支线,标注的格式为:

$$d(e \times f)—g \tag{5.25}$$

或
$$d(e \times f)G—g \tag{5.26}$$

其中,d,e,f,g 的含义与以上式的符号含义相同;

      G——穿线管代号及管径。

如果很多配电支线的型号规格和敷设方式相同,则可在图上统一说明。

习　题

1. 试按发热条件选择 220/380 V,TN—C 系统中的相线和 PEN 线截面及穿线钢管(G)的直径。已知线路的计算电流为 150 A,安装地点的环境温度为 25 ℃。拟用 BLV 型铝芯塑料线穿钢管埋地敷设。

2. 如果上题所述 220/380 V 线路为 TN—S 系统。试按发热条件选择其相线、N 线和 PE

线的截面及穿线钢管(G)的直径。

3.有一条 380 V 的三相架空线路,配电给 2 台 40 kW($\cos\varphi = 0.8,\eta = 0.85$)的电动机。该线路长 70 m,线间几何均距为 0.6 m,允许电压损耗为 5%,该地区最热月平均气温为30 ℃。试选择该线路的相线和 PE 线的 LJ 型铝绞线截面。

4.试选择一条供电给 2 台低损耗配电变压器的 10 kV 线路的 LJ 型铝绞线截面。全线截面一致,线路长度及变压器型容量均表示如图5.27 所示。设全线允许电压损耗5%,2 台变压器的年最大负荷利用小时数均为 4 500 h,$\cos\varphi = 0.9$。当地环境温度为 35 ℃。线路的三相导线水平等距排列,线距 1 m(注:变压器的功率损耗可按近似公式计算)。

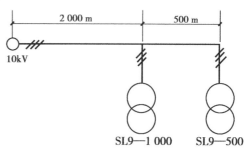

图 5.27 习题 4 的线路

5.某 220/380 V 的两相三线路末端,接有220 V,5 kW 的加热器 2 台,其相线和 N 线均采用 BLV—500—1 ×16 的导线明敷,线路长 50 m。试计算其电压损耗比例。

6.某 380 V 的三相线路,供电给 16 台 4 kW,$\cos\varphi = 0.87,\eta = 85.5\%$ 的 Y 型电动机,各台电动机之间相距 2 m,线路全长 50 m。试按发热条件选择明敷的 BLX—500 型导线截面(环境温度为 30 ℃),并校验其机械强度,计算其电压损耗(建议 K_{Σ} 取为 0.7)。

6

供配电系统的过电流保护

本章介绍供配电系统中常用的几种过电流保护——熔断器保护、低压断路器保护和继电保护。

6.1 过电流保护装置的任务和要求

6.1.1 过电流保护装置的类型和任务

为了保证供配电系统的安全运行,避免过负荷和短路引起的过电流对系统的影响,在供配电系统中装有不同类型的过电流保护装置。

(1)保护装置的类型

供电系统的过电流保护装置有:熔断器保护、低压断路器保护和继电保护。

①熔断器保护,适用于高、低压供电系统。由于其装置简单经济,在供配电系统中应用非常广泛。但是它的断流能力较小,选择性较差,且熔体熔断后更换不便,不能迅速恢复供电,因此在供电可靠性要求较高的场所不宜采用。

②低压断路器保护,又称低压自动开关保护,适用于要求供电可靠性较高和操作灵活方便的低压供电系统中。

③继电保护,适用于要求供电可靠性较高、操作灵活方便,特别是自动化程度较高的高压供电系统中。

(2)保护装置的任务

①熔断器保护和低压断路器保护都能在过负荷和短路时动作,断开电路,以切除过负荷和

短路部分,使系统的其他部分恢复正常运行,但通常主要用于短路保护。

②继电保护装置在过负荷动作时,一般只发出报警信号,引起值班人员注意,以便及时处理;而在短路出现时,使相应的高压断路器跳闸,将故障部分切除。

6.1.2　过电流保护装置的要求

供配电系统对过电流保护装置有下列基本要求:

(1)选择性

当供电系统发生故障时,离故障点最近的保护装置动作,切除故障,而供电系统的其他部分仍然正常运行。满足这一要求的动作,称为选择性动作;如果供电系统发生故障时,靠近故障点的保护装置不动作(拒动作),而离故障点远的前一级保护装置动作(越级动作),称为失去选择性。

(2)速动性

为了防止故障扩大,减轻其危害程度,并提高电力系统运行的稳定性,因此在系统发生故障时,保护装置应尽快地动作,以切除故障。

(3)可靠性

保护装置在应该动作时动作而不拒动作,在不应该动作时,不应误动作。保护装置的可靠程度与保护装置的元件质量、接线方案、安装、整定和运行维护等多种因素有关。

(4)灵敏度

灵敏度是表征保护装置对其保护区内故障和不正常工作状态反应能力的一个参数。如果保护装置对其保护区内极轻微的故障都能及时地反应动作,就说明保护装置的灵敏度高。灵敏度亦称保护装置的灵敏系数,用保护装置的保护区内在电力系统为最小运行方式时的最小短路电流 $I_{k,min}$ 与保护装置一次动作电流(即保护装置动作电流换算到一次电路的值)$I_{op,1}$ 的比值来表示,即

$$S_p \stackrel{\text{def}}{=\!=\!=} \frac{I_{k,min}}{I_{op,1}} \tag{6.1}$$

《电力装置的继电保护和自动设计规范》(GB 50062—92)中,对各种过电流保护(继电保护)的灵敏度都有一个最小值的规定,将在后面分别介绍。

以上4项要求对一个具体的保护装置来说,不一定都是同等重要的,往往有所侧重。例如对电力变压器,由于它是供电系统中最关键的设备,因此对它的保护装置的灵敏度要求比较高;而对一般电力线路的保护装置,灵敏度要求可低一些,对其选择性则要求较高。又如,在无法兼顾选择性和速动性的情况下,为了快速切除故障以保护某些关键设备,或者为了尽快恢复系统的正常运行,有时甚至牺牲选择性来保证速动性。

6.2　熔断器保护

6.2.1　熔断器在供电系统中的配置

熔断器在供电系统中的配置,应符合选择性保护的原则,也就是熔断器要配置得能使故障

范围缩小到最低限度。此外应考虑经济性,即供电系统中配置的熔断器数量要尽量少。

图6.1是车间低压放射式配电系统中熔断器配置的合理方案,可满足保护选择性的要求,配置的数量又较少。图中熔断器 FU_5 用来保护电动机及其支线。当 k-4 处短路时,FU_4 熔断。熔断器 FU_3 主要用来保护配电干线,FU_2 主要用来保护低压配电屏母线,FU_1 主要用来保护电力变压器。在 k-1 ~ k-3 处短路时,也都是靠近短路点的熔断器熔断。

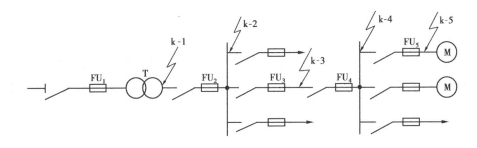

图6.1　熔断器在供电系统中的配置

必须注意:在低压系统中的 PE 线和 PEN 线上,不允许装设熔断器,以免 PE 线或 PEN 线因熔断器动作时,使所接 PE 线或 PEN 线的设备的外露导电部分带电,危及人身安全。

6.2.2　熔断器熔体电流的选择

1)保护电力线路的熔断器熔体电流的选择

保护线路的熔体电流,应满足下列条件:

①熔体额定电流 $I_{N,FE}$ 应不小于线路的计算电流 I_{30},使熔体在线路正常运行时不致熔断,即

$$I_{N,FE} \geq I_{30} \tag{6.2}$$

②熔体额定电流 $I_{N,FE}$ 还应躲过线路的尖峰电流 I_{PK},使熔体在线路出现正常尖峰电流时不致熔断。由于尖峰电流是短时最大电流,而熔体加热熔断需一定时间,所以满足的条件为:

$$I_{N,FE} \geq K I_{PK} \tag{6.3}$$

式中,K——小于1的计算系数。

对供单台电动机的线路来说,系数 K 应根据熔断器的特性和电动机的启动情况决定:启动时间为 3 s 以下(轻载启动),取 $K = 0.25 ~ 0.35$;启动时间在 3 ~ 8 s(重载启动)时,取 $K = 0.35 ~ 0.5$;启动时间超过 8 s 或频繁启动、反接制动时,取 $K = 0.5 ~ 0.6$。对供多台电动机的线路来说,此系数应视线路上最大1台电动机的启动情况、线路计算电流与尖峰电流的比值及熔断器的特性而定,取 $K = 0.5 ~ 1$;如线路计算电流与尖峰电流的比值接近于1,则可取 $K = 1$。但必须说明,由于熔断器品种繁多、特性各异,因此上述有关计算系数 K 的统一取值方法,不一定都很恰当,《通用用电设备配电设计规范》(GB 50055—93)规定:"保护交流电动机的熔断器熔体额定电流应大于电动机的额定电流,且其安秒特性曲线计及偏差后略高于电动机启动电流和启动时间的交点。当电动机频繁启动和制动时,熔体的额定电流应再加大 1 ~ 2 级"。

③熔断器保护还应与被保护的线路相配合,使之不致发生因过负荷和短路引起绝缘导线或电缆过热起燃而熔断器不熔断的事故,因此还应满足条件:

$$I_{\text{N,FE}} \leq K_{\text{OL}} I_{\text{al}} \tag{6.4}$$

式中，I_{al}——绝缘导线和电缆的允许载流量；

K_{OL}——绝缘导线和电缆的允许短时过负荷系数。

如果熔断器只作短路保护时，对电缆和穿管绝缘导线，K_{OL}取 2.5；对明敷绝缘导线，K_{OL}取 1.5。如果熔断器不仅只作短路保护，而且要求作过负荷保护时，如居住建筑、重要仓库和公共建筑中的照明线路，有可能长时过负荷的动力线路，以及在可燃建筑构架上明敷的有延燃性外层的绝缘导线，K_{OL}则应取为 1（当 $I_{\text{N,FE}} \leq 25$ A 时，取为 0.85）。对有爆炸气体区域内的线路，K_{OL}应取为 0.8。

按式（6.2）和式（6.3）这 2 个条件选择的熔体电流，如果不满足式（6.4）的配合要求，则应改选熔断器的型号规格，或者适当增大导线或电缆的芯线截面。

2）保护电力变压器的熔断器熔体电流的选择

保护变压器的熔断器的熔体电流，根据经验应满足下式要求：

$$I_{\text{N,FE}} = (1.5 \sim 2.0) I_{\text{1N,T}} \tag{6.5}$$

式中，$I_{\text{1N,T}}$——变压器的额定一次电流。

式（6.5）考虑了以下 3 个因素：

①熔体电流要躲过变压器允许的正常过负荷电流。变压器一般的正常过负荷可达 20% ～ 30%，而在事故情况下运行时允许过负荷更多，但此时熔断器也不应熔断。

②熔体电流要躲过来自变压器低压侧的电动机自启动引起的尖峰电流。

③熔体电流还要躲过变压器自身的励磁涌流。励磁涌流，又称空载合闸电流，是变压器在空载投入时或者在外部故障切除后突然恢复电压时所产生的励磁电流。

附录表 12 列出 1 000 kV·A 及其以下电力变压器配用 RN1 型和 RW4 型高压熔断器的规格表，供选用时参考。

3）保护电压互感器的熔断器熔体电流的选择

由于电压互感器二次侧的负荷很小，因此保护高压电压互感器的 RN2 型熔断器的熔体额定电流一般为 0.5 A。

6.2.3 熔断器保护灵敏度的校验

为了保证熔断器在其保护区内发生短路故障时可靠地熔断，熔断器保护的灵敏度应满足下列条件：

$$S_{\text{p}} = \frac{I_{\text{k,min}}}{I_{\text{N,FE}}} \geq K \tag{6.6}$$

式中，$I_{\text{N,FE}}$——熔断器熔体的额定电流；

$I_{\text{k,min}}$——熔断器保护线路末端在系统最小运行方式下的最小短路电流。

对 TN 系统和 TT 系统为单相短路电流或单相接地故障电流；对 IT 系统为两相短路电流；对于保护降压变压器的高压熔断器来说，为低压侧母线的两相短路电流折算到高压侧之值，K 为此值，参见表 6.1。

表 6.1　检验熔断器保护灵敏度的比值 K

熔体额定电流/A	4～10	16～32	40～63	80～200	250～500
熔断时间/s	4.5	5	5	6	7
	8	9	10	11	—

注：表中 K 值适用于 IEC 标准的一些新型熔断器，如 RT12,RT14,RT15,NT 等型熔断器。对于老型熔断器，可取 $K=4\sim7$，即近似地按表中熔断时间为 5 s 的熔体来取值。

6.2.4　熔断器的选择和校验

（1）选择熔断器时应满足的条件

①熔断器的额定电压应不低于被保护线路的额定电压。

②熔断器的额定电流应不小于它所安装的熔体的额定电流。

③熔断器的类型应符合安装条件（户内或户外）及被保护设备的技术要求。

（2）熔断器断流能力的校验

①对限流式熔断器（如 RN1,RT0 等系列），由于它能在短路电流达到冲击值之前完全熄灭电弧、切除短路，因此只需满足条件

$$I_{oc} \geqslant I''^{(3)} \tag{6.7}$$

式中，I_{oc}——熔断器的最大分断电流；

$I''^{(3)}$——熔断器安装地点的三相次暂态短路电流有效值，在无限大系统中 $I''^{(3)}=I_{co}^{(3)}$。

②对非限流式熔断器（如 RW4,RM10 等系列），由于它不能在短路电流达到冲击值之前熄灭电弧、切除短路，因此需满足条件

$$I_{oc} \geqslant I_{sh}^{(3)} \tag{6.8}$$

式中，$I_{sh}^{(3)}$——熔断器安装地点的三相短路冲击电流的有效值。

③对具有断流能力上下限的熔断器（如 RW4 跌开式熔断器），其断流能力的上限应满足式（6.8）的校验条件，其断流能力的下限应满足条件为：

$$I_{oc,min} \leqslant I_k^{(2)} \tag{6.9}$$

式中，$I_{oc,min}$——熔断器的最小分断电流；

$I_k^{(2)}$——熔断器所保护线路末端的两相短路电流（对中性点不接地的电力系统）。

例6.1　有 1 台 Y 型电动机，其额定电压为 380 V，额定功率为 18.5 kW，额定电流为 35.5 A，启动电流倍数为 7，现拟采用 BLV 型导线穿钢管敷设。该电动机采用 RT0 型熔断器作短路保护，短路电流 $I_k^{(3)}$ 最大可达 13 kA。试选择熔断器及其熔体的额定电流，并选择导线截面和钢管直径（环境温度为 +30 ℃）。

解:1. 选择熔体及熔断器的额定电流

$$I_{N,FE} \geqslant I_{30} = 35.5 \text{ A}$$

且　　　　$$I_{N,FE} \geqslant KI_{pk} = 0.3 \times 35.5 \text{ A} \times 7 = 74.55 \text{ A}$$

因此由附录表 13，可选 RT0—100 型熔断器，其 $I_{N,FE}=80$ A，$I_{N,FU}=100$ A。

2. 校验熔断器的断流能力

查附录表 13 得 RT0—100 型熔断器的 $I_{oc}=50$ kA $> I''=13$ kA，因此该熔断器的断流能力

是足够的。

3. 选择导线截面和钢管直径

按发热条件选择,查附录表 10 得 $A = 10$ mm^2 的 BLV 型铝芯塑料线 3 根穿钢管时,$I_{al(30℃)} = 41$ A $> I_{30} = 30.5$ A,满足发热条件,相应地选钢管 G20。

校验机械强度,查附录表 7 知,穿管铝芯线的最小截面为 2.5 mm^2。现选 $A = 10$ mm^2,满足机械强度要求。(注:因缺 $I_{K,min}$ 数据,故熔断器保护的灵敏度系数未验算)

4. 校验导线与熔断器保护的配合

假设该电动机是安装在一般车间内,熔断器只作短路保护用,则由式(6.4)知,导线与熔断器保护的配合条件为 $I_{N,FE} \leqslant 2.5I_{al}$。现选 $I_{N,FE} = 80$ A $< 2.5 \times 41$ A $= 102.5$ A,因此满足配合要求。

6.2.5 前后熔断器之间的选择性配合

前后熔断器的选择性配合,指在线路发生故障时,靠近故障点的熔断器最先熔断,切除故障部分,从而使系统的其他部分迅速恢复正常运行。

前后熔断器的选择性配合,宜按其保护特性曲线(安秒特性曲线)来进行检验。

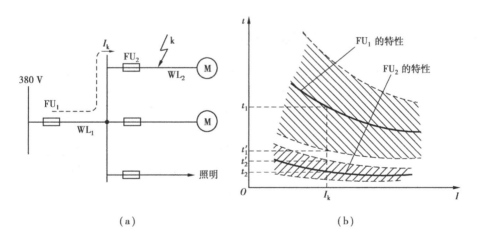

图 6.2 前后熔断器之间的选择性配合

(a)熔断器在低压线路中的选择性配置;(b)熔断器按保护特性曲线进行选择性校验

(注:斜线区表示特性曲线的误差范围)

如图 6.2a 所示线路中,设支线 WL$_2$ 的首端 k 点发生三相短路,则三相短路电流 I_k 要通过 FU$_2$ 和 FU$_1$。但是根据保护选择性的要求,应该是 FU$_2$ 的熔体首先熔断,切除故障线路 WL$_2$,而 FU$_1$ 不再熔断,干线 WL$_1$ 恢复正常运行。但是熔体实际熔断时间与其产品的标准保护特性曲线所查得的熔断时间可能有 $\pm 30\% \sim \pm 50\%$ 的偏差。从最不利的情况考虑,设 k 点短路时,FU$_1$ 的实际熔断时间 t_1' 比标准保护特性曲线查得的时间 t_1 小 50%(为负偏差),即 $t_1' = 0.5t_1$,而 FU$_2$ 的实际熔断时间 t_2' 又比标准保护特性曲线查得的时间 t_2 大 50%(为正偏差),即 $t_2' = 1.5t_2$。这时由图 6.2b 可以看出,要保证前后两级熔断器 FU$_1$ 和 FU$_2$ 的保护选择性,必须满足的条件是 $t_1' > t_2'$ 或 $0.5t_1 > 1.5t_2$,即

$$t_1 > 3t_2 \tag{6.10}$$

式(6.10)说明:在后一熔断器所保护线路的首端发生最严重的三相短路时,前一熔断器根据其保护特性曲线得到的熔断器时间,至少应为后一熔断器根据其保护特性曲线得到的熔断时间的 3 倍,才能确保前、后熔断器动作的选择性。如果不能满足这一要求时,则应将前一熔断器的熔体电流提高 1 ~ 2 级,再进行校验。

如果不用熔断器的保护特性曲线来检验选择性,则一般选取前一熔断器的熔体电流大于后一熔断器的熔体电流 2 ~ 3 级,再进行校验。

例 6.2   如图 6.2a 所示电路中,设 FU_1(RTO 型)的 $I_{N,FE1} = 100$ A,FU_2(RTO 型)的 $I_{N,FE2} = 60$ A。k 点的三相短路电流为 1 000 A。试检验 FU_1 和 FU_2 是否能选择性配合。

解:由 $I_{N,FE1} = 100$ A 和 $I_k = 1\ 000$ A 查附录表 13 曲线,得 $t_1 \approx 0.3$ s;

由 $I_{N,FE2} = 60$ A 和 $I_k = 1\ 000$ A 查附录表 13 曲线,得 $t_2 \approx 0.08$ s

$$t_1 = 0.3\ \text{s} > 3t_2 = 3 \times 0.08\ \text{s} = 0.24\ \text{s}$$

由此可见,FU_1 与 FU_2 能保证选择性动作。

6.3 低压断路器保护

6.3.1 低压断路器在低压配电系统中的配置

低压断路器(自动开关)在低压配电系统中的配置,通常有下列 3 种方式:

(1)单独接低压断路器或低压断路器-刀开关的方式

对于只装 1 台主变压器的变电所,低压侧主开关采用低压断路器,如图 6.3a 所示。

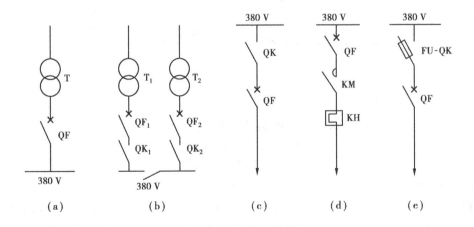

图 6.3 低压断路器常见的配置方式

(a)适于 1 台主变压器的变电所;(b)适于 2 台主变压器的变电所;(c)适于低压配电出线;

(d)适于频繁操作的低压线路;(e)适于自复式熔断器保护的低压线路

QF—低压熔断器;QK—刀开关;FU-QK—刀熔开关;KM—接触器;KH—热继电器

对装有 2 台主变压器的变电所,低压侧主开关采用低压断路器时,低压断路器容量应考虑到一台主变压器退出工作时,另一台主变压器要供电给变电所 60% 以上的负荷及全部一、二级负荷,而且这时 2 段母线带电。为了保证检修主变压器和低压断路器的安全,在此低压断路器的母线侧应装设刀开关或隔离开关,如图 6.3b 所示,用以隔离来自低压母线的反馈电源。

对于低压配电出线上装设的低压断路器,为保证检修配电出线和低压断路器的安全,在低压断路器的母线侧应加装刀开关,如图 6.3c 所示,用以隔离来自低压母线的电源。

(2)低压断路器与磁力启动器或接触器配合的方式

对于频繁操作的低压线路,宜采用如图 6.3d 所示的接线方式。这里的低压断路器主要用于电路的短路保护,磁力启动器或接触器作用电路频繁操作的控制,其上的热继电器用于过负荷保护。

(3)低压断路器与熔断器配合的方式

如果低压断路器的断流能力不足以断开电路的短路电流时,可采用如图 6.3e 所示的接线方式。这里的低压断路器作为电路的通断控制及过负荷和失压保护用,它只装热脱扣器和失压脱扣器,不装过流脱扣器,而是利用熔断器或刀开关来实现短路保护。如果采用自复式熔断器与低压断路器配合使用,则既能有效地切断短路电流而且在短路故障消除后又能自动恢复供电,从而大大提高供电可靠性。我国现在已经生产低压断路器与自复式熔断器相组合的 DZ10—100R 等型号低压断路器。

6.3.2 低压断路器脱扣器的选择和整定

(1)低压断路器过流脱扣器额定电流的选择

过流脱扣器的额定电流 $I_{N,OR}$ 应不小于线路的计算电流 I_{30},即

$$I_{N,OR} \geqslant I_{30} \tag{6.11}$$

(2)低压断路器过流脱扣器动作电流的整定

①瞬时过流脱扣器动作电流的整定。瞬时过流脱扣器的动作电流 $I_{op(o)}$ 应躲过线路的尖峰电流 I_{pk},即

$$I_{op(o)} \geqslant K_{rel} I_{pk} \tag{6.12}$$

式中,K_{rel}——可靠系数。对动作时间在 0.02 s 以上的万能式断路器(DW 型),K_{rel} 可取 1.35;对动作时间在 0.02 s 及其以下的塑料外壳式断路器(DZ 型),K_{rel} 则宜取 2~2.5。

②短延时过流脱扣器动作电流和动作时间的整定。短延时过流脱扣器的动作电流 $I_{op(s)}$ 应躲过线路短时间出现的负荷尖峰电流 I_{pk},即

$$I_{op(s)} \geqslant K_{rel} I_{pk} \tag{6.13}$$

式中,K_{rel}——可靠系数,一般取 1.2。

短延时过流脱扣器的动作时间通常分 0.2 s,0.4 s 和 0.6 s 三级,应按前后保护装置保护选择性要求来确定,使前一级保护的动作时间比后一级保护的动作时间长一个时间级差 0.2 s。

③长延时过流脱扣器动作电流和动作时间的整定。长延时过流脱扣器主要用来保护过负荷,因此其动作电流 $I_{op(l)}$ 只需躲过线路的最大负荷电流,即计算电流 I_{30},即

$$I_{op(l)} \geqslant K_{rel} I_{30} \tag{6.14}$$

式中,K_{erl}——可靠系数,一般取 1.1。

长延时过流脱扣器的动作时间,应躲过允许负荷的持续时间。其动作特性通常是反时限的,即过负荷电流越大,其动作时间越短。

④过流脱扣器与被保护线路的配合要求。为了不致发生因过负荷或短路引起的绝缘导线

或电缆过热起燃,而其低压断路器不跳闸的事故,低压断路器过流脱扣器的动作电流 I_{op} 还应满足的条件为:

$$I_{op} \leq K_{OL}I_{al} \tag{6.15}$$

式中,I_{al}——绝缘导线和电缆的允许载流量;

   K_{OL}——绝缘导线和电缆的允许短时过负荷系数,对瞬时和短延时过流脱扣器,一般取 4.5;对长延时过流脱扣器,可取 1;对有爆炸气体区域内的线路,应取为 0.8。

如果不满足以上配合要求,则应改选脱扣器动作电流,或者适当加大导线和电缆的线芯截面。

(3)低压断路器热脱扣器的选择和整定

①热脱扣器额定电流的选择。热脱扣器的额定电流 $I_{N,TR}$ 应不小于线路的计算电流 I_{30},即

$$I_{N,TR} \geq I_{30} \tag{6.16}$$

②热脱扣器动作电流的整定。热脱扣器动作电流为:

$$I_{op,TR} \geq K_{rel}I_{30} \tag{6.17}$$

式中,K_{rel}——可靠系数,可取 1.1;不过一般应通过实际运行试验进行检验。

6.3.3 低压断路器过电流保护灵敏度的校验

为了保证低压断路器的瞬时过流脱扣器在系统最小运行方式下在其保护区内发生最轻微的短路故障时能可靠地动作,低压断路器保护的灵敏度必须满足条件为:

$$S_p = \frac{I_{k,min}}{I_{op}} \geq K \tag{6.18}$$

式中,I_{op}——瞬时或短延时过流脱扣器的动作电流;

   $I_{k,min}$——低压器断路器保护的线路末端在系统最小运行方式下的单相短路电流(TN 和 TT 系统)或两相短路电流(IT 系统);

   K——比值,取 1.3。

6.3.4 低压断路器的选择和校验

(1)选择低压断路器的条件

①低压断路器的额定电压应不低于保护线路的额定电压。

②低压断路器的额定电流应不小于它所安装的脱扣器额定电流。

③低压断路器的类型应符合安装条件、保护性能及操作方式的要求,因此应同时选择其操作机构形式。

(2)低压断路器必须进行断流能力的校验

①对动作时间在 0.02 s 以上的万能式断路器(DW 系列),其极限分断电流 I_{oc} 应不小于通过它的最大三相短路电流周期分量有效值 $I_k^{(3)}$,即

$$I_{oc} \geq I_k^{(3)} \tag{6.19}$$

②对动作时间在 0.02 s 及其以下的塑料外壳式断路器(DZ 系列),其极限分断电流 I_{oc} 或 i_{oc} 应不小于通过它的最大三相短路冲击电流 $I_{sh}^{(3)}$ 或 $i_{sh}^{(3)}$,即

$$I_{oc} \geq I_{sh}^{(3)} \tag{6.20}$$

$$\text{或} \qquad\qquad\qquad i_{oc} \geqslant i_{sh}^{(3)} \qquad\qquad\qquad\qquad (6.21)$$

例6.3 有1条380 V动力线路，$I_{30} = 120$ A，$I_{pk} = 400$ A；此线路首端的$I_k^{(3)} = 8.5$ kA。当地环境温度为+30 ℃。试选择此线路的BLV型导线的截面、穿钢管直径及线路上装设DW16型低压断路器及其过流脱扣器的规格。

解：1. 选择低压断路器的规格

查附录表14知，DW16—630型低压断路器的过流脱扣器额定电流$I_{N,OR} = 160$ A $> I_{30} = 120$ A，故初步选DW16—630型低压断路器，其$I_{N,OR} = 160$ A。

设瞬时脱扣器电流整定为3倍，即$I_{op} = 3 \times 160$ A $= 480$ A。而$K_{rel}I_{pk} = 1.35 \times 400$ A $= 540$ A，不满足$I_{op(o)} \geqslant K_{rel}I_{pk}$的要求。因此，需增大脱扣电流整定为4倍时，$I_{po(o)} = 4 \times 160$ A $= 640$ A $> K_{rel}I_{pk} = 1.35 \times 400$ A $= 540$ A，满足躲过尖峰电流的要求。

校验断流能力：查附录表14知，所选DW16—630型断路器$I_{oc} = 30$ kA $> I_k^{(3)} = 8.5$ kA，满足要求。

2. 选择导线截面和穿线直径

查附录表10知，当$A = 70$ mm²的BLV型塑料线在30 ℃时，其$I_{al} = 123$ A（3根穿管）$> I_{30} = 120$ A，故按发热条件可选$A = 70$ mm²，管径选为65 mm。

校验机械强度：由附录表7可知，最小截面为2.5 mm²，现$A = 70$ mm²，故满足要求。

3. 校验导线与低压断路器保护的配合

由于瞬时过流脱扣电流整定为$I_{op(o)} = 640$ A，而$4.5I_{al} = 4.5 \times 123$ A $= 553.5$ A，不满足$I_{op(o)} \leqslant 4.5I_{al}$的要求。因此将导线截面增大为95 mm²，这时其$I_{al} = 147$ A，$4.5I_{al} = 4.5 \times 147$ A $= 661.5$ A $> I_{op(o)} = 640$ A，满足导线与保护配合的要求。相应的穿线塑料管直径改选为65 mm。（注：因缺$I_{k,min}$数据，未验算低压断路器保护的灵敏系数）

6.3.5　前后低压断路器之间及低压断路器与熔断器之间的选择性配合

（1）前后低压断路器之间的选择性配合

要按其保护特性曲线进行检验，按产品样本给出的保护特性曲线考虑其偏差范围可为±20% ~ ±30%。如果在后一断路器出口发生三相短路时，前一断路器保护动作时间在计入负偏差、后一断路器保护动作时间在计入正偏差情况下，前一级的动作时间仍大于后一级的动作时间，则能实现选择配合的要求。对于非重要负荷，保护电器可允许无选择性动作。

一般来说，要保证前、后低压断路器之间能选择性动作，前一级低压断路器宜采用带短延时的过流脱扣器，后一级低压断路器则采用瞬时过流脱扣器，动作电流也是前一级大于后一级，而且前一级的动作电流至少要大于后一级动作电流的1.2倍，即

$$I_{op,1} \geqslant 1.2 I_{op,2} \qquad\qquad\qquad\qquad (6.22)$$

（2）低压断路器与熔断器之间的选择性配合

要检验低压断路器之间是否符合选择性配合，只有通过保护特性曲线。前一级低压断路器可按厂家提供的保护特性曲线考虑−30% ~ −20%的负偏差，而后一级熔断器可按厂家提供的保护特性曲线考虑+30% ~ +50%的正偏差。在这种情况下，如果2条曲线不重叠也不交叉，且前一级的曲线总在后一级的曲线之上，则前后两级保护可实现选择性的动作，而且2条曲线之间留有的裕量越大，则动作的选择性越有保证。

6.4 常用的保护继电器

继电器是一种在输入的物理量(电量或非电量)达到规定值时,其电气输出电路被接通(导通)或分断(阻断、关断)的自动电器。

继电器按其用途分控制继电器和保护继电器 2 大类。前者用于自动控制电路,后者用于继电保护电路中。这里只讲保护继电器。

保护继电器按其在继电保护装置电路中的功能,可分测量继电器(又称量度继电器)和有或无继电器 2 大类。测量继电器装设在继电保护装置的第 1 级,用来反应被保护元件的特性量变化。当其特性量达到动作值时即动作,它属于主继电器或启动继电器。有或无继电器是一种只按电气量是否在其工作范围内或者为零时而动作的电气继电器,包括时间继电器、中间继电器、信号继电器等。在继电保护装置中用来实现特定的逻辑功能,属辅助继电器,过去亦称逻辑继电器。保护继电器按其组成元件分,有机电型和晶体管型 2 大类。机电型继电器按其结构原理分,有电磁式、感应式等继电器。保护继电器按其反应的物理量分,有电流继电器、电压继电器、功率继电器、气体继电器等。保护继电器按其反应的数量变化分,有过量继电器和欠量继电器,例如过电流继电器、欠电压继电器等。保护继电器按其在保护装置中的功能分,有启动继电器、时间继电器、信号继电器、中间(或出口)继电器等。图 6.4 是过电流保护的框图,当线路上发生短路时,启动用的电流继电器 KA 瞬时间动作,使时间继电器 KT 启动,KT 经整定的一定时限后,接通信号继电器 KS 和中间继电器 KM,KM 接通继路器的跳闸回路,使断路器自动跳闸。

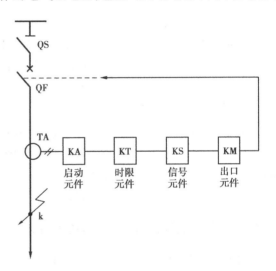

图 6.4 过电流保护框图

KA—电流继电器;KT—时间继电器;
KS—信号继电器;KM—中间继电器

保护继电器按其动作于断路器的方式分,有直接动作式和间接动作式 2 大类。断路器操作机构中的脱扣器(跳闸线圈)实际上就是一种直动式继电器,而一般的保护继电器均为间接动作式。保护继电器按其与一次电路的联系分,有一次式继电器和二次式继电器。一次式继电器的线圈是与一次电路直接相连的。

下面分别介绍供配电系统中常用的几种机电型保护继电器。

6.4.1 电磁式电流继电器和电压继电器

电磁式电流继电器和电压继电器在继电保护装置中均为启动元件,属于测量继电器。电流继电器的文字符号为 KA,电压继电器为 KV。供电系统中常用的 DL—10 系列电磁式电流继电器的基本结构如图 6.5 所示,其内部接线和图形符号如图 6.6 所示。

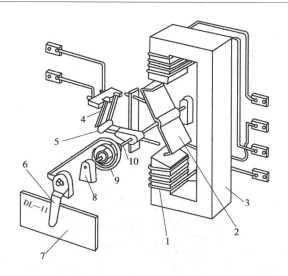

图 6.5　DL—10 系列电磁式电流继电器的内部结构图
1—线圈;2—电磁铁;3—钢舌片;4 静触点;5—动触点;6—启动电流调节螺杆;
7—标度盘(铭牌);8—轴承;9—反作用弹簧;10—轴

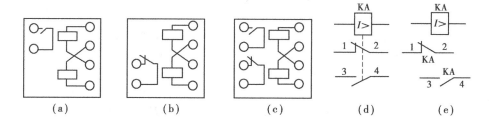

图 6.6　DL—10 系列电磁式电流继电器的内部接线和图形符号
(a)DL—11 型;(b)DL—12 型;(c)DL—13 型;(d)集中表示的图形;(e)分开表示的图形
KA1-2—常闭(动断)触点;KA3-4—常开(动合)触点

过电流继电器线圈中的使继电器动作的最小电流,称为继电器的动作电流,用 I_{op} 表示。

过电流继电器动作后,减小线圈电流到一定值时,使继电器由动作状态返回到起始位置的最大电流,称为继电器的返回电流,用 I_{re} 表示。

继电器的返回电流与动作电流的比值,称为继电器的返回系数,用 K_{re} 表示,即

$$K_{re} \stackrel{def}{=\!=} \frac{I_{re}}{I_{op}} \tag{6.23}$$

对于过量继电器,例如过电流继电器 K_{re} 总小于 1,一般为 0.8。K_{re} 越接近于 1,说明继电器越灵敏,如果过电流继电器的 K_{re} 过低时,还可能使保护装置发生误动作。

供配电系统中常用的电磁式电压继电器的结构和原理,与电磁式电流继电器类似,只是电压继电器的线圈为电压线圈,多制成低电压(欠电压)继电器。低电压继电器的动作电压 U_{op},为其线圈上的使继电器动作的最高电压;其返回电压 U_{re},为其线圈上的使继电器由动作状态返回到起始位置的最低电压。低电压的返回系数 $K_{re} = \dfrac{U_{re}}{U_{op}} > 1$,其值越接近 1,说明继电器越灵敏,一般 K_{re} 为 1.25。

6.4.2 电磁式时间继电器

电磁式时间继电器在继电保护装置中,用来使保护装置获得所需要的延时(时限)。属于机电式有或无继电器。时间继电器的文字符号为 KT。供电系统中常用的 DS—110,120 系列电磁式时间继电器的基本结构如图 6.7 所示,其内部结线和图形符号如图 6.8 所示。

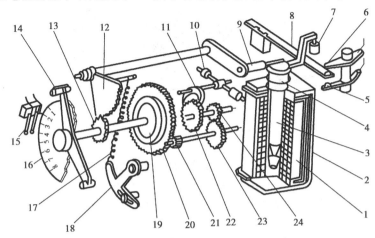

图 6.7 DS—110,120 系列电磁式时间继电器的内部结构

1—线圈;2—电磁铁;3—可动铁心;4—返回弹簧;5,6—瞬时静触点;7—绝缘件;
8—瞬时动触点;9—压杆;10—平衡锤;11—摆动卡板;12—扇形齿轮;13—传动齿轮;
14—主动触点;15—主静触点;16—标度盘;17—拉引弹簧;18—弹簧拉力调节器;
19—摩擦离合器;20—主齿轮;21—小齿轮;22—掣轮;23,24—钟表机构传动齿轮

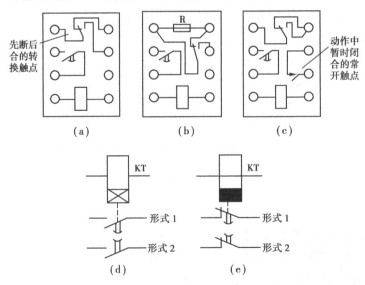

图 6.8 DS—110,120 系列时间继电器的内部接线和图形符号

(a)DS—111,112,113,121,122,123 型;(b)DS—111C,112C,113C 型;
(c)DS—115,116,125,126 型;(d)时间继电器的暖吸线圈及延时闭合触点;
(e)时间继电器的缓放线圈及延时断开触点

6.4.3 电磁式信号继电器

在继电保护装置中,电磁式信号继电器用来发出指示信号,又称指示继电器。它也属于机电式有或无继电器。信号继电器的文字符号为 KS。DX—11 型信号继电器的基本结构如图 6.9 所示,其内部接线和图形符号如图 6.10 所示。

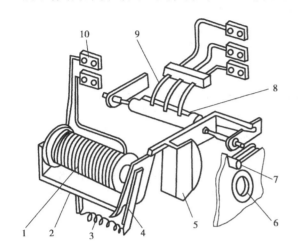

图 6.9 DX—11 型信号继电器的内部结构
1—线圈;2—电磁铁;3—弹簧;4—衔铁;
5—信号牌;6—玻璃窗孔;7—复位旋钮;
8—动触点;9—静触点;10—接线端子

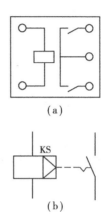

图 6.10 DX—11 型信号继电器的
内部接线和图形符号;
(a)内部接线;(b)图形符号

6.4.4 电磁式中间继电器

中间继电器用以弥补主继电器触点数量或触点容量的不足。中间继电器也属于机电式有或无继电器,其文字符号建议采用 KM。供电系统中常用的 DZ—10 系列中间继电器的基本结构如图 6.11 所示,内部接线和图形符号如图 6.12 所示。

6.4.5 感应式电流继电器

在供配电系统中,广泛采用感应式电流继电器作过电流保护兼电流速断保护。因为感应式电流继电器兼有电磁式电流继电器、时间继电器、信号继电器和中间继电器的功能,从而可大大简化继电保护装置,它属测量继电器。

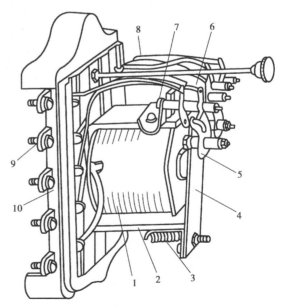

图 6.11 DZ—10 系列中间继电器的内部结构
1—线圈;2—电磁铁;3—弹簧;4—衔铁;5—动触点;
6,7—静触点;8—连接线;9—接线端子;10—底座

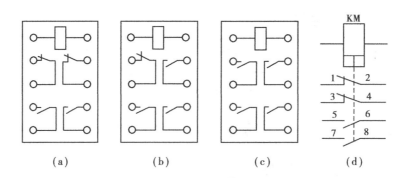

图 6.12　DZ—10 系列中间继电器的内部接线和图形符号

(a)DZ—15 型;(b)DZ—16 型;(c)DZ—17 型;(d)图形符号

供电系统中常用的 GL—10,20 系列感应式电流继电器的内部结构如图 6.13 所示,内部接线和图形符号如图 6.14 所示。这种电流继电器由 2 组元件构成,一组为感应元件,另一组为电磁元件。感应元件主要包括线圈 1,带短路环 3 的电磁铁 2 及装在可偏转的框架 6 上的转动铝盘 4。电磁元件主要包括线圈子、电磁铁 2 和衔铁 15。线圈 1 和电磁铁 2 是 2 组元件共用的。

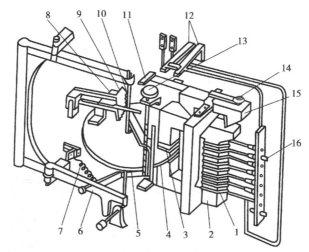

图 6.13　GL—10,20 系列感应式电流继电器的内部结构

1—线圈;2—电磁铁;3—短路环;4—铝盘;5—钢片;6—铝框架;

7—调节弹簧;8—制动永久磁铁;9—扇形齿轮;10—蜗杆;11—扇杆;12—继电器触点;

13—时限调节螺杆;14—速断电流调节螺钉;15—衔铁;16—动作电流调节插销

感应式电流继电器的动作电流具有"反时限(或反比延时)特性",如图 6.15 所示曲线 abc。其电磁元件的作用又使感式电流继电器兼有"电流速断特征",如图 6.15 所示 $bb'd$ 曲线。这种电磁元件又称为电流速断元件。图 6.15 所示动作特性曲线上对应于开始速断时间的动作电流倍流,称为速断电流倍数,即

$$n_{qb} \overset{\text{def}}{=\!=} \frac{I_{qb}}{I_{op}} \tag{6.24}$$

GL—10,20 系列电流继电器的速断电流倍数 $n_{qb} = 2 \sim 8$。感应式电流继电器的这种有一定限度的反时限动作特性,称为有限反时限特性。

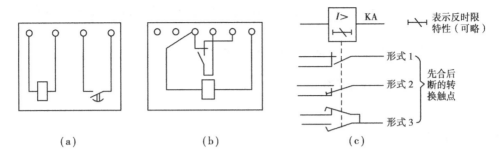

$$\text{图}6.14\quad GL—\frac{11,15}{21,25}\text{型感应式电流继电器的内部接线和图形符号}$$

(a) $GL—\frac{11}{21}$ 型;(b) $GL—\frac{15}{25}$ 型;(c)图形符号

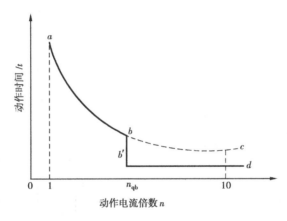

图 6.15　感应式电流继电器的动作特性曲线

abc—感应元件的反时限特性;

bb'd—电磁元件的速断特性

6.5　供配电系统中高压线路的继电保护

6.5.1　概述

按《电力装置的继电保护和自动装置设计规范》(GB 50062—92)规定,对 3~66 kV 电力线路,应装设相间短路保护、单相接地保护和过负荷保护。

由于一般供配电系统中的高压线路不很长,主要采用带时限的过电流保护和瞬时动作的电流速断保护(过电流保护的时限不大于 0.5~0.7 s 时,按 GB 50062—92 规定,可不装设瞬时动作的电流速断保护)。相间短路保护应动作于断路器的跳闸机构,使断路器跳闸,切除短路故障部分。

作为单相接地保护,有2种方式:

①绝缘监视装置,装设在变配电所的高压母线上,动作于信号。

②有选择性的单相接地保护(零序电流保护),亦动作于信号,但当危及人身和设备安全时,则应动作于跳闸。

按 GB 50063—92 规定,对可能经常过负荷的电缆线路,应装设过负荷保护,动作于信号。

6.5.2 继电保护装置的接线方式

供配电系统中高压线路的继电保护装置中,启动继电器与电流互感器之间的连接方式,主要有两相两继电器式和两相一继电器式2种。

(1)两相两继电器式接线

见图6.16。任意两相短路,至少有1个继电器要动作,从而使一次电路的断路器跳闸。

为了表述继电器电流 I_{KA} 与电流互感器二次电流 I_2 的关系,特引入一个接线系数 K_w:

$$K_w \stackrel{\text{def}}{=} \frac{I_{KA}}{I_2} \tag{6.25}$$

两相两继电器式接线在一次电路发生任意形式相间短路时,$K_w = 1$,保护灵敏度都相同。

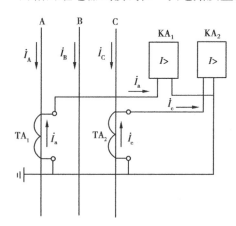

图6.16 两相两继电器式接线

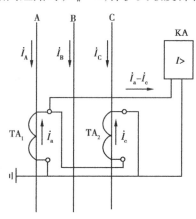

图6.17 两相一继电器式接线

(2)两相一继电器式接线

见图6.17。这种接线,又称为两相电流差接线。正常工作时,流入继电器的电流为两相电流互感器二次电流之差。在其一次电路发生三相短路时,流入继电器的电流为电流互感器二次电流的 $\sqrt{3}$ 倍(参看图6.18a),即 $K_w^{(3)} = \sqrt{3}$。

在其一次电路的 A,C 两相发生短路时,由于两相短路电流反应在 A 相和 C 相中是大小相等,相位相反(参见图6.18b 相量图),因此流入继电器的电流(两相电流差)为互感器二次电流的 2 倍,即 $K_w^{(A,C)} = 2$。

在其一次电路的 A,B 两相或 B,C 两相发生短路时,流入继电器的电流只有一相(A 相或 C 相)互感器的二次电流(参见图6.18c,d),即 $K_w^{(A,B)} = K_w^{(B,C)} = 1$。

由以上分析可知,两相一继电器式接线能反应各种相间短路故障,但保护灵敏度有所不同,有的甚至相差1倍,因此不如两相两继电器式接线。但它少用1个继电器,较为简单经济。这种接线主要用于高压电动机保护。

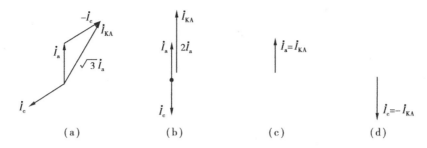

图 6.18　两相一继电器式接线不同相间短路的相量分析
(a)三相短路;(b)A,C 两相短路;(c)A,B 两相短路;(d)B,C 两相短路

6.5.3　继电保护装置的操作方式

继电保护装置的操作电源,有直流操作电源和交流操作电源 2 大类。由于交流操作电源具有投少、运行维护方便及二次回路简单可靠等优点,因此它在中、小型供电系统中应用最为广泛。交流操作电源供电的继电保护装置有 3 种操作方式。

(1)直接动作方式

如图 6.19 所示,利用断路器手动操作机械内的过流脱扣器(跳闸线圈)YR 作为过电流继电器(直动式),接成两相两继电器式或两相一继电器式。正常运行时,YR 流过的电流远小于 YR 的动作电流,因此不动作。而在一次电路发生相间短路时,短路电流反应到电流互感器二次侧,流过 YR 的电流达到或超过 YR 的动作电流,从而使断路器 QF 跳闸。这种操作方式简单经济,但保护灵敏度低,实际上较少应用。

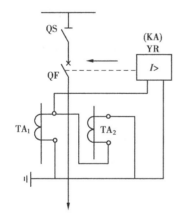

图 6.19　直接动作式过电流保护电路
QF—断路器;TA₁,TA₂—电流互感器;
YR—断路器跳闸线圈
(即直动式继电器 KA)

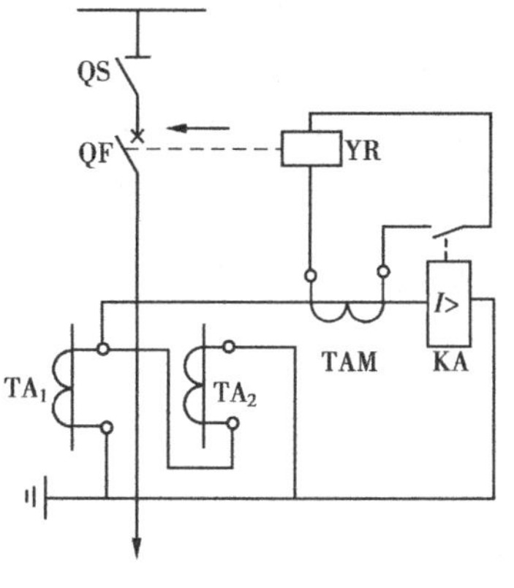

图 6.20　采用中间电流互感器的供电方式
QF—断路器;TA₁,TA₂—电流互感器;
TAM—中间电流互感器;KA—电流继电器(GL 型);
YR—断路器跳闸线圈

(2)中间电流互感器供电方式

如图 6.20 所示,正常运行时电流继电器 KA 不动作,其常开触点是断开的,中间电流互感器 TAM 的二次侧处于开路状态,断路器的跳闸线圈 YR 不通电,所以断路器 QF 不会跳闸。而在一次电路发生相间短路时,KA 动作,其常开触点闭合,接通跳闸线圈 YR,由中间电流互感

器 TAM 供给跳闸电流,使断路器跳闸,切除短路故障。

这里的中间电流互感器 TAM 铁心是速饱和的,因此它又称为速饱和电流互感器。TAM 做成速饱和式的目的在于:

①短路时限制通过跳闸线圈的电源,一般限制在 7 ~ 12 A。

②减小电流互感器 TA₁ 和 TA₂ 的二次负荷阻抗,TAM 饱和后阻抗减小。

但是采用 TAM 的接线方式复杂,使用的电器增多,保护灵敏度较低,现已逐渐为下述操作方式(3)所取代。

(3)"去分流跳闸"的操作方式

如图 6.21 所示,正常运行时电流继电器 KA 的常闭触点将跳闸线圈 YR 短路,YR 无电流通过,所以断路器 QF 不会跳闸。而在一次电路发生短路时,KA 动作,其常闭触点断开,使 YR 的短路分流支路被去掉(即所谓"去分流"),从而使电流互感器的二次电流全部通过 YR,致使断路器 QF 跳闸,即所谓"去分流跳闸"。这种方式接线简单,省去了中间电流互感器,提高了保护灵敏度,但要求继电器触点的分断能力足够强。

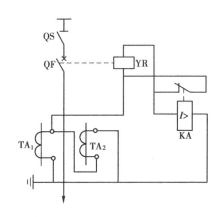

图 6.21 "去分流跳闸"的过电流保护电路
QF—断路器;TA₁,TA₂—电流互感器;
KA—电流继电器(GL 型);YR—跳闸线圈

6.5.4 带时限的过电流保护

带时限的过电流保护,按其动作时间特性分,有定时限过电流保护和反时限过电流保护。定时限过电流保护就是保护装置的动作时限是按整定的动作时间固定不变的,与故障电流大小无关;反时限过电流保护就是保护装置的动作时限与故障电流大小有反比关系,故障电流越大,动作时间越短,所以反时限特性也称为反比延时特性。

1)定时限过流保护装置的组成和原理

定时限过电流保护装置的原理电路,如图 6.22 所示。其中图 6.22a 为集中表示的的原理电路图,通常称为接线图。这种图的所有电器的组成部件是各自归总在一起的,因此过去也称为归总式电路图。图 6.22b 为分开表示的原理电路图,全名是展开式原理电路图,通常称为展开图。这种图的所有电器的组成部件按各部件所属回路分开表示,从原理分析的角度来说,展开图简明清晰,在二次回路图(包括继电保护)中应用最为普遍。

当一次电路发生相间短路时,电流继电器 KA 瞬时动作,闭合其触点,使时间继电器 KT 动作,KT 经过整定的时限后,其延时触点闭合,使串联的信号继电器(电流型)KS 和中间继电器 KM 动作。KS 动作后,其指示牌掉下,同时接通信号回路,给出灯光信号和音响信号。KM 动作后,接通跳闸线圈 YR 回路,使断路器 QF 跳闸,切除短路故障。QF 跳闸后,其辅助触点 QF1—2 随之切断跳闸回路,继电保护装置除 KS 手动复位外,其他所有继电器均自动返回起始状态。

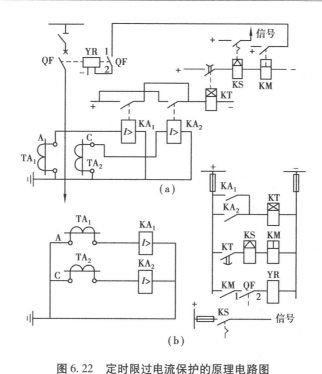

图 6.22 定时限过电流保护的原理电路图
（a）接线图（按集中表示法绘制）；（b）展开图（按分开表示法绘制）
QF—断路器；KT—时间继电器（DS 型）；KS—信号继电器（DX 型）；
KM—中间继电器（DZ 型）；YR—跳闸线圈

2）反时限过电流保护的组成和原理

反时限过电流保护由 GL 型电流继电器组成，其原理电路图如图 6.23 所示。当一次电路发生相间短路时，电流继电器 KA 动作，经过一定延时后（反时限持性），其常开触点闭合，紧接着其常闭触点断开。这时断路器因其跳闸线圈 YR 去分流跳闸的同时，其信号牌掉下，指示保护装置已经动作。在短路故障被切除后，继电器自动返回，其信号牌可利用外壳上的旋钮手动复位。

比较图 6.23 和图 6.21 可知，图 6.23 中的电流继电器增加了 1 对常开触点，与跳闸线圈串联，其目的是防止电流继电器的常闭触点在一次电路正常运行时由于外界振动的偶然因素使之断开而导致断路器误跳闸的事故。增加这对常开触点后，即使常闭触点偶然断开，也不会造成断路器误跳闸。但是，继电器的这 2 对触点的动作程序必须是常开触点先闭合，常闭触点后断开，即采用先合后断的转换触点；否则，如常闭触点先断开，将造成电流互感器二次侧带负荷开路。

3）过电流保护动作电流的整定

带时限的过电流保护（包括定时限和反时限）的动作电流 I_{op} 应躲过线路的最大负荷电流（包括正常过负荷电流和尖峰电流）$I_{L,max}$，以免在 $I_{L,max}$ 通过时保护装置误动作；其返回电流 I_{re} 也应躲过 $I_{L,max}$，否则保护装置还可能发生误动作。以图 6.24a 为例来说明这一点。

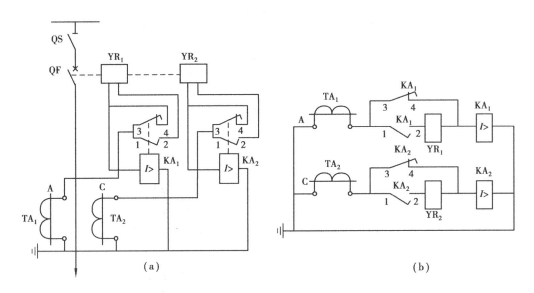

图 6.23　反时限过电流保护的原理电路图

(a)接线图(按集中表示法绘制);(b)展开图(按分开表示法绘制)

QF—断路器;TA—电流互感器;KA—电流继电器(GL—15,25 型);YR—跳闸线圈

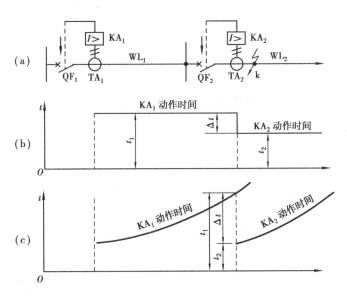

图 6.24　线路过电流保护整定说明图

(a)电路;(b)定时限过电流保护的时限整定说明;(c)反时限过电流保护的时限整定说明

当线路 WL_2 的首端 k 点发生短路时,由于短路电流远远大于线路上的所有负荷电流,所以沿线路的过电流保护装置包括 KA_1,KA_2 均要动作。按照保护选择性的要求,应使靠近故障点 k 的保护装置 KA_2 首先断开 QF_2,切除故障线路 WL_2。这时故障线路 WL_2 已被切除,保护装置 KA_1 应立即返回起始状态,QF_1 不致被断开。假设 KA_1 的返回电流未躲过线路 WL_1 的最大负荷电流,即 KA_1 的返回系数过低时,则在 KA_2 动作并断开线路 WL_2 后,KA_1 可能不返回而继续保持动作状态(由 WL_1 供电的负荷线路除 WL_2 外,还有其他线路,因此 WL_1 仍有负荷电

流),而经过 KA_1 所整定的时限后,断开断路器 QF_1,造成 WL_1 停电,扩大了故障停电范围,这是不允许的。所以,保护装置的返回电流也必须躲过线路的最大负荷电流。

设电流互感器的变流比为 K_i,保护装置的接线系数为 K_w,保护装置的返回系数为 K_{re},则最大负荷电流换算到继电器中的电流为 $\dfrac{K_w I_{L,max}}{K_i}$。由于要求返回电流躲过最大负荷电流,即 $I_{re} > \dfrac{K_w I_{L,max}}{K_i}$。而 $I_{re} = K_{re} I_{op}$,将此式写成等式,计入一个可靠系数 K_{rel},由此得到过电流保护装置动作电流的整定计算公式为:

$$I_{op} = \frac{K_{rel} K_w}{K_{re} K_i} I_{L,max} \tag{6.26}$$

式中,K_{rel}——保护装置的可靠系数,对 DL 型继电器取 1.2,对 GL 型继电器取 1.3;

K_w——保护装置的接线系数,对两相两继电器接线(相电流接线)为 1,对两相一继电器接线(两相电流差接线)为 $\sqrt{3}$;

$I_{L,max}$——线路上的最大负荷电流,可取为 $(1.5\sim3)I_{30}$,I_{30} 为线路计算电流。

如采用断路器手动操作机构中过流脱扣器 YR 作过电流保护,则脱扣器的动作电流(即脱扣电流)应按下式整定:

$$I_{op(YR)} = \frac{K_{re} l K_w}{K_i} I_{L,max} \tag{6.27}$$

式中,K_{rel}——脱扣器的可靠系数,可取 $2\sim2.5$,这里已计入脱扣器的返回系数。

4)过电流保护动作时间的整定

为了保证前后两级保护装置动作的选择性,过电流保护的动作时间应按"阶梯原则"进行整定,也就是在后一级保护装置所保护的线路首端(如图 6.24a 中的 k 点)发生三相短路时,前一级保护的动作时间 t_1 应比后一级保护中最长的动作时间 t_2 都要大一个时间级差 Δt,如图 6.24b,c 所示,即

$$t_1 \geq t_2 + \Delta t \tag{6.28}$$

这一时间级差 Δt,应考虑到前一级保护动作时间 t_1 可能发生的负偏差(提前动作)Δt_1,及后一级保护动作时间 t_2 可能发生的正偏差(延后动作)Δt_2,还要考虑到保护装置(特别是采用 GL 型继电器时)动作的惯性误差 Δt_3。为了确保前后保护装置的动作选择性,还应加上一个保险时间 Δt_4(可取 $0.1\sim0.15$ s)。因此前后两级保护动作时间的时间级差为:

$$\Delta t = \Delta t_1 + \Delta t_2 + \Delta t_3 + \Delta t_4 \tag{6.29}$$

对于定时限过电流以保护,可取 $\Delta t = 0.5$ s;对于反时限过电流保护,可取 $\Delta t = 0.7$ s。

定时限过电流保护的动作时间,利用时间继电器来整定。

由于 GL 型电流继电器的时限调节机构是按 10 倍动作电流的动作时间来标度的,因此反时限过电流保护的动作时间要根据前后两级保护的 GL 型继电器的动作特性曲线来整定。

假设图 6.24a 所示线路中,后一级保护 KA_2 的 10 倍动作电流的动作时间已经整定 t_2,现在要确定前一级保护 KA_1 的 10 倍动作电流的动作时间 t_1。整定计算的方法步骤如下(参见图 6.25):

①计算 WL_2 首端的三相短路的电流 I_k 反应到 KA_2 中的电流值,即

$$I'_{k(2)} = \frac{I_k K_{w(2)}}{K_{i(2)}} \qquad (6.30)$$

式中,$K_{w(2)}$——KA$_2$ 与电流互感器所联接的接线系数;

$\qquad$ $K_{i(2)}$——KA$_2$ 所联接的电流互感器的变流比。

②计算 $I'_{k(2)}$ 对 KA$_2$ 的动作电流 $I_{op(2)}$ 的倍数,即

$$n_2 = \frac{I'_{k(2)}}{I_{op(2)}} \qquad (6.31)$$

③确定 KA$_2$ 的实际动作时间。在图 6.25 所示 KA$_2$ 的动作特性曲线的横坐标轴上,找出 n_2,然后向上找到该曲线上

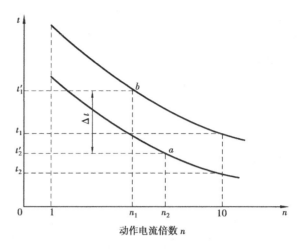

图 6.25 反时限过电流保护的动作时间整定

a 点,该点所对应的动作时间 t'_2 就是 KA$_2$ 在通过 $I'_{k(2)}$ 时的实际动作时间。

④计算 KA$_1$ 的实际动作时间。根据保护选择性的要求,KA$_1$ 的实际动作时间 $t'_1 = t'_2 + \Delta t$。取 $\Delta t = 0.7$ s,故 $t'_1 = t'_2 + 0.7$ s。

⑤计算 WL$_2$ 首端的三相短路电流 I_k 反应到 KA$_1$ 中的电流值,即

$$I'_{k(1)} = \frac{I_k K_{w(1)}}{K_{i(1)}} \qquad (6.32)$$

式中,$K_{w(1)}$——KA$_1$ 与电流互感器所联接的接线系数;

$\qquad$ $K_{i(1)}$——KA$_1$ 所联接的电流互感器的变流比。

⑥计算 $I'_{k(1)}$ 对 KA$_1$ 的动作电流 $I_{op(1)}$ 的倍数,即

$$n_1 = \frac{I'_{k(1)}}{I_{op(1)}} \qquad (6.33)$$

⑦确定 KA$_1$ 的 10 倍动作电流的动作时间。从图 6.25 所示 KA$_1$ 的动作特性曲线的坐标轴上,找出 n_1,从纵坐标轴上找出 t'_1,然后找到 n_1 与 t'_1 相交的坐标 b 点。b 点所在曲线所对应的 10 倍动作电流的动作时间 t_1,即为所求。

必须注意:当 n_1 与 t'_1 相交的坐标点不在给出的同曲线上,而在两条曲线之间时,就只有从上、下 2 条曲线来粗略估计其 10 倍动作电流的动作时间。

5)过电流保护的灵敏度及提高灵敏度的措施——低电压闭锁保护

(1)过电流保护的灵敏度

根据式(6.1),保护灵敏度 $S_p = \frac{I_{k,min}}{I_{op,1}}$。对于线路过电流保护,$I_{k,min}$ 应取被保护线路末端在系统最小运行方式下的两相短路电流 $I_{k,min}^{(2)}$。而 $I_{op,1} = \frac{I_{op} K_i}{K_w}$。因此,按规定过电流保护的灵敏度必须满足的条件为:

$$S_p = \frac{K_w I_{k,min}^{(2)}}{K_i I_{op}} \geq 1.5 \qquad (6.34)$$

如过电流保护作为后备保护时,其 $S_p \geqslant 1.2$ 即可。

当过电流保护灵敏度达不到上述要求时,可采用下述的低电压闭锁的过电流保护以提高其灵敏度。

(2)提高灵敏度的措施——低电压闭锁的过电流保护

如图6.26所示保护电路,在线路过电流保护的过流继电器 KA 的常开触点回路中,串入低电压继电器 KV 的常闭触点,KV 经过电压互感器 TV 接在被保护线路的母线上。

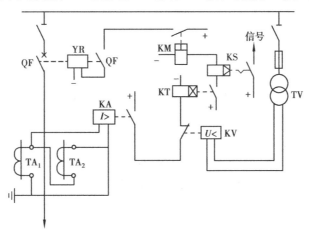

图 6.26 低电压闭锁的过电流保护电路

QF—高压断路器;TA—电流互感器;TV—电压互感器;KA—电流继电器;
KT—时间继电器;KS—信号继电器;KM—中间继电器;KV—电压继电器

当供电系统正常运行时,母线电压接近于额定电压,因此电压继电器 KV 的常闭触点是断开的。由于 KV 的常闭触点与 KV 即使由于线路过负荷而误动作(KA 触点闭合),也不致造成断路器 QF 误跳闸。因此,凡装设有低电压闭锁的过电流保护装置的动作电流,不必按躲过线路的最大负荷电流 $I_{L,\max}$ 来整定,而只需按躲过线路的计算电流 I_{30} 来整定。当然保护装置的返回电流也应躲过 I_{30}。装有低电压闭锁的过电流保护的动作电流整定计算公式为:

$$I_{op} = \frac{K_{rel}K_w}{K_{re}K_i}I_{30} \qquad (6.35)$$

式中,各系数的含义和取值与式(6.26)相同。

由于 I_{op} 减小,由式(6.34)可知,能有效提高保护灵敏度。

上述低电压继电器 KV 的动作电压则按躲过母线正常最低工作电压 $U_{\min}$ 来整定,当然其返回电压也应躲过 $U_{\min}$。因此,低电压继电器动作电压的整定计算公式为:

$$U_{op} = \frac{U_{\min}}{K_{rel}K_{re}K_u} \approx 0.6\frac{U_N}{K_u} \qquad (6.36)$$

式中,$U_{\min}$——母线最低工作电压,取$(0.85 \sim 0.95)U_N$;

U_N——线路额定电压;

K_{rel}——保护装置的可靠系数,可取 1.2;

K_{re}——低电压继电器的返回系数,按其产品技术数据,一般取 1.25;

K_u——电压互感器的变压比。

6)定时限过电流保护与反时限过电流保护的比较

（1）定时限过电流保护的优缺点

定时限过电流保护的优点是：动作时间比较精确，整定简便，而且不论短路电流大小，动作时间都是一定的，不会出现因短路电流小动作时间长而延长了故障时间的问题；其缺点是：所需继电器多，接线复杂，且需直流操作电源，投资较大。此外，靠近电源处的保护装置，其动作时间较长，这是带时限过电流保护共有的缺点。

（2）反时限过电流保护的优缺点

反时限过电流保护的优点是：继电器数量大为减少，而且可同时实现电流速断保护，加之可采用交流操作，因此简单经济，投资大大降低，故它在中小型供电系统中得到广泛应用；其缺点是：动作时间的整定比较麻烦，而且误差较大，当短路电流较小时，其动作时间可能相当长，延长了故障持续时间。

例6.4 某 10 kV 电力线路，如图6.27所示。已知 TA_1 的变流比为100/5，TA_2 的变流比为50/5。WL_1 和 WL_2 的过电流保护均采用两相两继电器接线，继电器均为 GL—15 型。现 KA_1 已经整定，其动作电流为 7 A，10 倍动作电流的动作时间为 1 s。WL_2 的计算电流为 28 A，WL_2 首端 k-1 点的三相短路电流为 500 A，其末端 k-2 点的三相短路电流为 200 A。试整定 KA_2 的动作电流和动作时间，并检验其灵敏度。

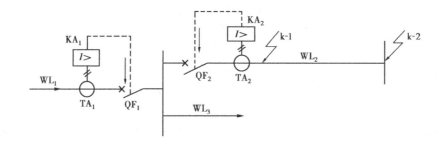

图 6.27 例 6.4 的电力线路

解：1. 整定 KA_2 的动作电流：

取 $I_{L,mix} = 2I_{30} = 2 \times 28 \text{ A} = 56 \text{ A}$，$K_{rel} = 1.3$，$K_{re} = 0.8$，$K_i = 50/5 = 10$，故

$$I_{op(2)} = \frac{K_{rel}K_w}{K_{re}K_i}I_{L,max} = \frac{1.3 \times 1}{0.8 \times 10} \times 56 \text{ A} = 9.1 \text{ A}$$

根据 GL—15 型继电器的规格，动作电流整定为 9 A。

2. 整定 KA_2 的动作时间：

先确定 KA_1 的实际动作时间。由于 k-1 点发生三相短路时 KA_1 中的电流为：

$$I'_{k-1(1)} = \frac{I_{k-1}K_{w(1)}}{K_{i(1)}} = \frac{500 \text{ A} \times 1}{20} = 25 \text{ A}$$

故 $I'_{k-1(1)}$ 对 KA_1 的动作电流倍数为：

$$n_1 = \frac{I'_{k-1(1)}}{I_{op(1)}} = \frac{25 \text{ A}}{7 \text{ A}} = 3.6$$

利用 $n_1 = 3.6$ 和 KA_1 整定的时限 $t_1 = 1$ s，查附录表 15 的 GL—15 型继电器的动作特性曲

线,得 KA$_1$ 的实际动作时间 $t'_1 \approx 1.6$ s。

由此可得 KA$_2$ 的实际动作时间为:

$$t'_2 = t'_1 - \Delta t = 1.6 \text{ s} - 0.7 \text{ s} = 0.9 \text{ s}$$

现在确定 KA$_2$ 的 10 倍动作电流的动作时间。由于 k-1 点发生三相短路时 KA$_2$ 中的电流为:

$$I'_{\text{k-1}(2)} = \frac{I_{\text{k-1}} K_{\text{w}(2)}}{K_{\text{i}(2)}} = \frac{500 \text{ A} \times 1}{10} = 50 \text{ A}$$

故 $I'_{\text{k-1}(2)}$ 对 KA$_2$ 的动作电流倍数为:

$$n_2 = \frac{I'_{\text{k-1}(2)}}{I_{\text{op}(2)}} = \frac{50 \text{ A}}{9 \text{ A}} = 5.6$$

利用 $n_2 = 5.6$ 和 KA$_2$ 的实际动作时间 $t'_1 = 0.9$ s,查附录表 15 的 GL—15 型继电器的动作特性曲线,得 KA$_2$ 的 10 倍动作电流的时间 $t_2 \approx 0.8$ s。

3. KA$_2$ 的灵敏度检验:

KA$_2$ 保护的线路 WL$_2$ 末端 k-2 点的两相短路电路为其最大短路电流,即

$$I^{(2)}_{\text{k,min}} = 0.866 \times I^{(3)}_{\text{k-2}} = 0.866 \times 200 \text{ A} = 173 \text{ A}$$

因此,KA$_2$ 的保护灵敏度为

$$S_{\text{p}(2)} = \frac{K_{\text{w}} I^{(2)}_{\text{k,min}}}{K_{\text{i}} I_{\text{op}(2)}} = \frac{1 \times 173 \text{ A}}{10 \times 9 \text{ A}} = 1.92 > 1.5$$

由此可见,KA$_2$ 整定的动作电流满足保护灵敏度的要求。

6.5.5 电流速断保护

带时限的过电流保护有一个明显的缺点,就是越靠近电源侧的线路的过电流保护,其动作时间越长,而短路电流则是越靠近电源其值越大,危害也就更加严重。因此 GB 50062—92 规定,在过电流保护动作时间超过 0.5~0.7 s 时,应装设电流速断保护。

(1)电流速断保护的组成及速断电流的整定

电流速断保护是一种瞬时间动作的过电流保护。对于采用 DL 系列电流继电器的速断保护来说,相当于定时限过电流保护配置中抽去时间继电器,即在启动用的电流继电器之后,直接接信号继电器和中间继电器,最后由中间继电器触点接通断路器的跳闸回路。图 6.28 是线路上同时装有定时限过电流保护和电流速断保护的电路图,其中 KA$_1$,KA$_2$,KT,KS$_1$ 和 KM 属定时限过电流保护;KA$_3$,KA$_4$,KS$_2$ 和 KM 属电流速断保护。

如果采用 GL 系列电流继电器,则利用该继电器的电磁元件来实现电流速断保护,而其感应元件用来作反时限过电流保护,因此非常简单、经济。

为了保证前后两级电流速断保护的选择性,动作电流(即速断电流)I_{qb},应按躲过它所保护线路的末端的最大短路电流 $I_{\text{k,max}}$ 来整定。只有这样才能避免在后一级速断保护所保护的线路首端发生三相短路时前一级速断保护误动作,以保证选择性。如图 6.29 所示,前一段线路 WL$_1$ 末端 k-1 点的三相短路电流,实际上与后一段线路 WL$_2$ 首端 k-2 点的三相短路电流是近乎相等的。因此,可得电流速断保护动作电流(速断电流)的整定计算公式为:

$$I_{\text{qb}} = \frac{K_{\text{rel}} K_{\text{w}}}{K_{\text{i}}} I_{\text{k,max}} \tag{6.37}$$

式中,K_{rel}——可靠系数,对 DL 型继电器,取 1.2~1.3;对 GL 型继电器,取 1.4~1.5;对过流脱
扣器,取 1.8~2。

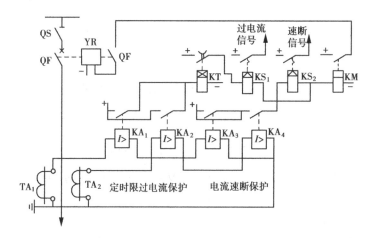

图 6.28　线路的定时限过电流保护和电流速断保护电路图

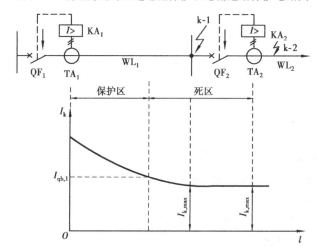

图 6.29　线路电流速断保护的保护区、死区

$I_{k,max}$——前一级保护躲过的最大短路电流;

$I_{qb,1}$——前一级保护整定的一次动作电流

(2)电流速断保护的"死区"及其弥补

由于电流速断保护的动作电流躲过了线路末端的最大短路电流,因此靠近末端的一段线
路上发生的不一定是最大的短路电流(例如两相短路电流)时,电流速断不会动作,这说明电
流速断保护不能保护线路的全长。这种保护装置不能保护的区域,称为"死区",如图 6.29
所示。

为了弥补死区得不到保护的缺陷,要求凡是装设有电流速断保护的线路,必须配备带时限
的过电流保护。过电流保护的动作时间比电流速断保护至少长一个时间级差 $\Delta t = 0.5~0.7$
s,而且前后的过电流保护动作时间要符合"阶梯原则",以保证选择性。

在电流速断的保护区内,速断保护为主保护,过电流保护作为后备;而在电流速断的死区
内,则过电流保护为基本保护。

（3）电流速断保护的灵敏度

电流速断保护的灵敏度按其安装处（即线路首端）在系统中最小运行方式下的两相短路电流 $I_k^{(2)}$ 作为最小短路电流 $I_{k,min}$ 来检验。因此电流速断保护的灵敏度必须满足的条件为：

$$S_p = \frac{K_w I_k^{(2)}}{K_i I_{qb}} \geq 1.5 \sim 2 \tag{6.38}$$

按 GB 50062—92，$S_p \geq 1.5$；按 JBJ 6—96，$S_p \geq 2$。

例6.5 按例6.4所列参数，试整定 KA_2 的速断电流。

解：1. 由例6.4知，WL_2 末端的 $I_{k,max} = 200$ A，又 $K_w = 1$，$K_i = 10$，取 $K_{rel} = 1.4$。因此，速断电流为：

$$I_{qb} = \frac{K_{rel}K_w}{K_i}I_{k,max} = \frac{1.4 \times 1}{10} \times 200 \text{ A} = 28 \text{ A}$$

而 KA_2 的 $I_{op} = 9$ A，故速断电流倍数为：

$$n_{qb} = \frac{I_{qb}}{I_{op}} = \frac{28 \text{ A}}{9 \text{ A}} = 3.1$$

2. 检验 KA_2 的保护灵敏度：

$I_{k,min}$ 取 WL_2 首端 k-1 点的两相短路电流，即

$$I_{k,min} = I_{k-1}^{(2)} = 0.866 I_{k-1}^{(3)} = 0.0866 \times 500 \text{ A} = 433 \text{ A}$$

故 KA_2 的速断保护灵敏度为：

$$S_p = \frac{K_w I_{k-1}^{(2)}}{K_i I_{qb}} = \frac{1 \times 433 \text{ A}}{10 \times 28 \text{ A}} = 1.55 > 1.5$$

由此可见，KA_2 整定的速断电流满足保护灵敏度的要求。

6.5.6 单相接地保护

在小电流接地的电力系统中，若发生单相接地故障时，只有很小的接地电容电流，而相间电压仍然是对称的，因此可允许暂时继续运行。但这是一种故障，而且由于非故障相的对地电压要升高，对绝缘线路是一种威胁，如果长时间运行下去，可能引起非故障相的对地绝缘击穿而导致两相接地短路，引起开关跳闸，线路停电。因此，在系统发生单相接地故障时，必须通过无选择性的绝缘监视装置（参见第7章）或有选择性的单相接地保护装置，发出报警信号，以便值班人员及时发现和处理。

（1）单相接地保护的基本原理

单相接地保护，又称零序电流保护，它是利用单相接地所产生的零序电流使保护装置动作并给予信号。单相接地保护必须通过零序电流互感器将一次电路发生单相接地时所产生的零序电流反映到其二次侧的电流继电器中去，如图6.30所示。

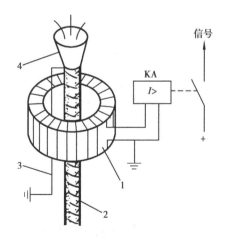

图6.30 单相接地保护的零序电流互感器的结构和接线

1—零序电流互感器（其环形铁心上绕二次绕组，环氧浇注）；2—电缆；3—接地线；4—电缆头；KA—电流继电器

（2）单相接地保护装置动作电流的整定

单相接地保护的动作电流 $I_{op(E)}$ 应该躲过在其他线路上发生单相接地时在本线路上引起的电容电流 I_C，即单相接地保护动作电流的整定计算公式为：

$$I_{op(E)} = \frac{K_{rel}}{K_i}I_C \qquad (6.39)$$

式中，I_C——其他线路发生单相接地时，在被保护线路产生的电容电流，可按 1.4.1 节列式

$I_C = \dfrac{U_N(l_{ob} + 35l_{cab})}{350}$ 计算，但式中 l 应采用被保护线路的长度；

K_i——零序电流互感器的变流比；

K_{rel}——可靠系数。保护装置不带时限时，取为 4~5，以躲过被保护线路发生两相短路时所出现的不平衡电流；保护装置带时限时，取为 1.5~2，这时接地保护的动作时间应比相间短路的过电流保护动作时间大一个 Δt，以保证选择性。

（3）单相接地保护的灵敏度

单相接地保护的灵敏度，应按被保护线路末端发生单相接地故障时流过接地线的不平衡电流作为最小故障电流来检验，而这一电容电流为与被保护线路有电联系的总电网电容电流 $I_{C,\Sigma}$ 与该线路本身的电容电流 I_C 之差。$I_{C,\Sigma}$ 和 I_C 计算相同，只是式中 l 对 $I_{C,\Sigma}$ 取该线路同一电压级的有电联系的所有线路总长度，而计算 I_C 时只取本线路的长度。因此单相接地保护装置的灵敏必须满足的条件为：

$$S_p = \frac{I_{C,\Sigma} - I_C}{K_i I_{op(E)}} \geq 1.5 \qquad (6.40)$$

式中，K_i——零序电流互感器的变流比。

6.5.7　线路的过负荷保护

线路的过负荷保护，只对可能经常出现过负荷的电缆线路才予以装设，一般延时动作于信号。其接线如图 6.31 所示。

其动作电流按躲过线路的计算电流 I_{30} 来整定，整定计算公式为：

$$I_{op(OL)} = \frac{1.2 \sim 1.3}{K_i}I_{30} \qquad (6.41)$$

式中，K_i——电流互感器的变流比。

线路的过负荷保护动作时间一般取 10~15 s。

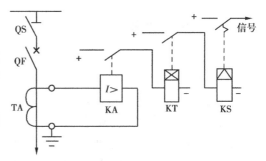

图 6.31　线路过负荷保护电路图
TA—电流互感器；KA—电流继电器；
KT—时间继电器；KS—信号继电器

6.5.8　晶体管继电保护概述

晶体管继电保护装置是由若干具有不同功能的晶体管电路所构成的一种继电保护装置。

晶体管继电保护装置与机电型继电保护装置相比，具有动作速度快、灵敏度高、功率消耗低、体积小、重量轻、调试比较简单，以及易于适应新的复杂保护技术等优点；但是它也存在抗干扰性差、元件较易损坏及可能因元件性能不稳定而导致误动作等缺点。随着电子技术的进一步发展和晶体管继电保护技术的不断完善，晶体管继电保护乃至采用微机的继电保护和自

动装置将在供电系统中逐步得到推广应用。

　　晶体管定时限过电流保护包括启动回路、时限回路、信号回路和出口回路等。但由于晶体管保护回路全是弱电系统,而供电线路为强电系统,因此在晶体管保护的启动回路之前,必须增加一个电压形成回路,将来自供电线路电流互感器二次侧的交流强电信号转换为晶体管保护所能接受的直流弱电信号;同时也用以使晶体管直流弱电系统与供电线路交流强电系统相隔离。电压形成回路包括有电流变换器、整流器和滤波器。晶体管定时限过电流保护和电流速断保护的框图,如图6.32所示;晶体管定时限过电流保护电路,如图6.33所示。

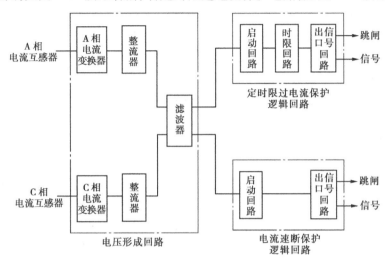

图6.32　晶体管定时限过电流保护和电流速断保护框图

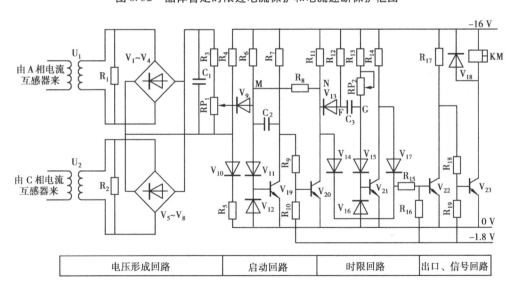

图6.33　晶体管定时限过电流保护电路
U_1,U_2—电流变换器;V_1～V_{18}—二极管;V_{19}～V_{23}—三极管;
C_1～C_3—电容;R_1～R_{19}—电阻;RP_1,RP_2—电位器;KM—出口继电器

6.6 电力变压器的继电保护

6.6.1 概述

按《电力装置的继电保护和自动装置设计规范》(GB 50062—92)规定:对电力变压器的下列故障及异常运行方式,应装设相应的保护装置。

①绕组及其引出线的相间短路和在中性点直接接地侧的单相接地短路。

②绕组的匝间短路。

③外部相间短路引起的过电流。

④中性点直接接地、电力网中外部接地短路引起的过电流及中性点过电压。

⑤过负荷。

⑥油面降低。

⑦变压器温度升高或油箱压力升高或冷却系统故障。

对于高压侧为 6～10 kV 的车间变电所主变压器,通常装设有带时限的过电流保护;如过电流保护动作时间大于 0.5～0.7 s 时,还应装设电流速断保护。容量在 800 kV·A 及其以上的油浸式变压器和 400 kV·A 及其以上的车间内油浸式变压器,按规定应装设瓦斯保护(又称气体继电保护)。容量在 400 kV·A 及其以上的变压器,当数台并列运行或单台运行并作为其他负荷的备用电源时,应根据可能过负荷的情况装设过负荷保护。过负荷保护及瓦斯保护在轻微故障时(通称"轻瓦斯"),动作于信号,而其他保护包括瓦斯保护在内严重故障时(通称"重瓦斯"),一般均动作于跳闸。

对于高压侧为 35 kV 及其以上的总降压变电所主变压器,也应装设电流保护、电流速断保护和瓦斯保护;在有可能过负荷时,也需装设过负荷保护。但是如果单台运行的变压器容量在 10 000 kV·A 及其以上、并列运行的变压器每台容量在 6 300 kV·A 及其以上时,则要求装设纵联差动保护来取代电流速断保护。

6.6.2 变压器低压侧的单相短路保护

对变压器低压侧的单相短路,可采取下列措施之一:

(1)在变压器低压侧装设三相都带过流脱扣器的低压断路器

它既作低压主开关,操作方便,便于实现自动化,还可用来保护低压侧的相间短路和单相短路。

(2)在变压器低压侧装设熔断器

同样可用来保护低压侧的相间短路和单相短路,但熔断器不能作控制开关使用,而且它熔断后需要更换熔体才能恢复供电,因此只适用于负荷不重要的变压器。

（3）在变压器低压侧中性点引出线上装设零序电流保护

如图 6.34 所示，这种零序电流保护的动作电流 $I_{op(o)}$ 按躲过变压器低压侧最大不平衡电流来整定，其整定计算公式为：

$$I_{op(o)} = \frac{K_{rel}K_{dsq}}{K_i}I_{2N,T} \qquad (6.42)$$

式中，$I_{2N,T}$——变压器的额定二次电流；

K_{dsq}——不平衡系数，一般取 0.25；

K_i——零序电流互感器的变流比。

零序电流保护的动作时间一般取 $0.5 \sim 0.7$ s，其保护灵敏度，按低压干线末端发生单相短路来检验。对架空线，$S_p \geqslant 1.5$；对电缆线 $S_p \geqslant 1.25$。采用此种保护，灵敏度较高，但投资较多。

（4）用两相三继电器接线或三相三继电器接线的过电流保护

如图 6.35 所示，这种保护使低压侧发生单相短路时的保护灵敏度大大提高。

以上 4 项措施中，以措施（1）应用最广，它既满足了低压侧单相短路保护要求，又操作方便，适于实现自动化的要求。

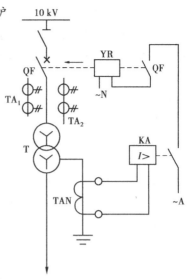

图 6.34 变压器的零序电流保护
QF—高压断路器；
TAN—零序电流互感器；
KA—电流继电器（GL 型）；
YR—跳闸线圈

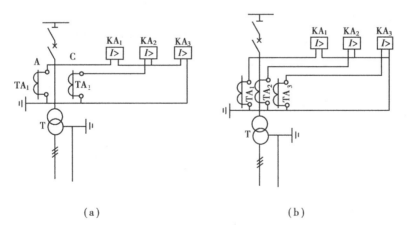

（a） （b）

图 6.35 适于变压器低压侧单相短路保护的 2 种接线方式
（a）两相三继电器式；（b）三相三继电器式

6.6.3 变压器的过电流保护、电流速断保护和过负荷保护

（1）变压器的过电流保护

无论采用电流继电器还是采用脱扣器，也无论是定时限还是反时限，变压器过电流保护的组成原理与线路过电流保护的组成原理完全相同。变压器过电流保护的动作电流整定计算公式与线路过电流保护基本相同，只是式中的 $I_{1.max}$，应考虑为 $(1.5 \sim 3)I_{1N,T}$，这里 $I_{1N,T}$ 为变压器的额定一次电流。其动作时间按"阶梯原则"整定，与线路过电流保护完全相同。但是对车间

变电所(电力系统的终端变电所),其动作时间可整定为最小值(0.5 s)。

变压器过电流保护的灵敏度,按变压器低压侧母线在系统中最小运行方式下发生两相短路的高压侧穿越电流值来检验,要求 $S_p \geqslant 1.5$。如保护灵敏度达不到要求,可采用低电压闭锁的过电流保护。

(2)变压器的电流速断保护

变压器的电流速断保护,其组成原理与线路的电流速断保护完全相同。变压器电流速断保护动作电流的整定计算公式也与线路电流速断保护基本相同,只是其中的 $I_{k,max}$ 为低压母线的三相短路电流周期分量有效值换算到高压侧的穿越电流值,即变压器电流速断保护的速断电流按躲过低压母线三相短路电流周期分量有效值来整定。变压器电流速断保护的灵敏度,按保护装置装设处(高压侧)在系统最小运行方式下发生两相短路的短路电流 $I_k^{(2)}$ 来检验,要求 $S_p \geqslant 1.5$。

变压器的电流速断保护,与线路电流速断保护一样,也有"死区"。弥补死区的措施,也是配备带时限的过电流保护。

考虑到变压器在空载投入或突然恢复电压时会出现冲击性的励磁涌流,为了避免电流速断保护误动作,可在速断电流整定后,将变压器空载试投若干次,以检查速断保护是否有误动作。

(3)变压器的过负荷保护

变压器的过负荷保护,基本组成原理与线路的过负荷保护完全相同。其动作电流的整定计算公式也与线路过负荷保护基本相同,只是其中的 I_{30} 应改为变压器的额定一次电流 $I_{1N,T}$。动作时间一般取 10~15 s。

图 6.36 为变压器的定时限过电流保护、电流速断保护和过负荷保护的综合电路图。

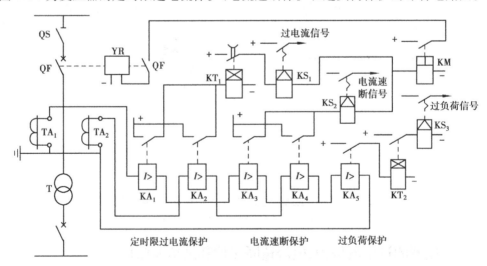

图 6.36 变压器的定时限过电流保护、电流速断保护和过负荷保护的综合电路

例 6.6 某车间变电所装有 10/0.4 kV,1 000 kV·A 的电力变压器 1 台,已知变压器额定一次电流为 96 A,变电所低压母线三相短路电流换算到高压值 $I_k^{(3)} = 880$ A,高压侧保护用电流互感器的变流比为 200/5,接成两相两继电器式,继电器为 GL—25 型。试整定该继电器的反时限过电流保护的动作电流、动作时间及电流速断保护的速断电流倍数。

解:1. 过电保护动作电流的整定:

取 $K_{rel} = 1.3$,$I_{L,max} = 2I_{1N,T} = 2 \times 96$ A $= 192$ A,而 $K_w = 1$,$K_i = \dfrac{200}{5} = 40$,$K_{re} = 0.8$。因此

$$I_{op} = \frac{K_{rel}K_w}{K_{re}K_i}I_{L,max} = \frac{1.3 \times 1}{0.8 \times 40} \times 192 \text{ A} = 7.8 \text{ A}$$

故动作电流整定为 8 A。

2. 过电流保护动作时间的整定:

考虑此为终端变电所的过电流保护,其 10 倍动作电流动作时间就整定为最小值 0.5 s。

3. 电流速断保护速断电流的整定:

取 $K_{rel} = 15$,而 $I_{k,max} = 880$ A,因此

$$I_{qb} = \frac{K_{rel}K_w}{K_i}I_{k,max} = \frac{1.5 \times 1}{40} \times 880 \text{ A} = 33 \text{ A}$$

所以,速断电流倍数整定为:

$$K_{qb} = \frac{I_{qb}}{I_{op}} = \frac{33 \text{ A}}{8 \text{ A}} \approx 4$$

6.6.4 变压器的差动保护

差动保护分纵联差动和横联差动 2 种形式,纵联差动保护用于单回路,横联差动保护用于双回路。差动保护利用故障时产生的不平衡电流来动作,保护灵敏度很高,而且动作迅速。按 GB 50062—92 规定:10 000 kV·A 及其以上的单独运行变压器和 6 300 kV·A 及其以上的并列运行变压器,应装设纵联差动保护;6 300 kV·A 及其以下单独运行的重要变压器,也可装设纵联差动保护。当电流速断保护灵敏度不符合要求时,亦宜装设纵联差动保护。详细内容参见相关书籍。

6.6.5 变压器的瓦斯保护

瓦斯保护,又称气体继电保护,是保护油浸式电力变压器内部故障的一种基本的保护装置。按 GB 50062—92 规定,800 kV·A 及其以上的一般油浸变压器和 400 kV·A 及其以上的车间内油浸式变压器,均应装设瓦斯保护。

瓦斯保护的主要元件是气体继电器。它装设在变压器的油箱与油枕之间的连通管上,如图 6.37 所示。为了使油箱内产生的气体能够顺畅地通过气体继电器排往油枕,变压器安装应取 1% ~ 1.5% 的倾斜度;而变压器在制造时,连通管对油箱顶盖也有 2% ~ 4% 的倾斜度。

图 6.38 是变压器瓦斯保护的接线图。当变压器内部发生轻微故障(轻瓦斯)时,气体继电器 KG 的上触点 KG(1,2)闭合,动作于报警信号。当变压器内部发生严重故障(重瓦斯)时,KG 的下触点 KG(3,4)闭合,通常是经中间继电器 KM 动作于断路器 QF 的跳闸线圈 YR,同时通过信号继电器 KS 发出跳闸信号。但 KG(3,4)闭合,也可以利用切换片 XB 切换位置,串接限流电阻 R,只动作于报警信号。由于气体继电器下触点 KG(3,4)在重瓦斯故障时可能有"抖动"(接触不稳定)的情况,因此为了使断路器足够可靠地跳闸,这里利用中间继电器 KM 上触点 KM(1,2)作"自保持"触点。只要 KG(3,4)因重瓦斯动作一闭合,就使 KM 动作,并借其上触点 KM(1,2)的闭合而自保持动作状态,同时其下触点 KM(3,4)也闭合,使断路器 QF

跳闸。断路器跳闸后,其辅助触点 QF(1,2)断开跳闸回路,以减轻中间继电器的工作。而其另一对辅助触点 QF(3,4)则切断中间继电器 KM 的自保持回路,使中间继电器返回。

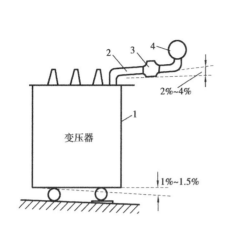

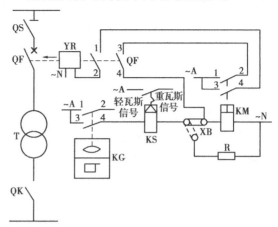

图 6.37　气体继电器在变压器上的安装
1—变压器油箱;2—联通管;
3—气体继电器;4—油枕

图 6.38　变压器瓦斯保护的接线图
T—电力变压器;KG—气体继电器;KS—信号继电器;
KM—中间继电器;QF—断路器;YR—跳闸线圈;XB—切换片

变压器瓦斯保护动作后,可由蓄积于气体继电器内的气体性质来分析和判断故障的原因及处理要求,如表 6.2 所示。

表 6.2　气体继电器动作后的气体分析和处理要求

气体性质	故障原因	处理要求
无色、无臭、不可燃	变压器内含有空气	允许继续运行
灰白色、有剧臭、可燃	纸质绝缘烧毁	应立即停电检修
黄色、难燃	木质绝缘烧毁	应停电检修
深灰色或黑色、易燃	油内闪络,油质碳化	应分析油样,必要时停电检修

6.7　高压电动机的继电保护

6.7.1　概述

按《电力装置的继电保护和自动装置设计规范》(GB 50062—92)规定:对电压为 3 kV 及其以上的异步电动机和同步电动机的下列故障及异常运行方式,应装设相应的保护装置:定子绕组相间短路;定子绕组单相接地;定子绕组过负荷;定子绕组低电压;同步电动机失步;同步电动机失磁;同步电动机出现非同步冲击电流。

对 2 000 kW 以下的高压电动机绕组及引出线的相间短路,宜采用电流速断保护,保护装置宜采用两相式。对 2 000 kW 及其以上的高压电动机,或电流速断保护灵敏度不符合要求的

2 000 kW 以下的高压电动动机,应装设纵联差动保护。所有保护装置应动作于跳闸。

对生产过程中易发生过负荷的电动机,应装设过负荷保护。保护装置应根据负荷特性,带时限动作于信号或跳闸。

当单相接地电流大于 5 A 时,应装设有选择性的单相接地保护;当单相接地电流小于 5 A 时,可装设接地监视装置;单相接地电流为 10 A 及其以上时,保护装置动作于跳闸;而 10 A 以下时,可动作于跳闸或信号。

对下列高压电动机应装设低电压保护:

①当电源电压短路降低或短时中断后又恢复时,需要断开的次要电动机和有备用自动投入机械的电动机,要求经 0.5 s 动作于跳闸。

②生产过程不允许或不需要自启动的电动机,要求经 0.5 ~ 1.5 s 动作于跳闸。

③在电源电压长时间消失后须从电力网中自动断开的电动机,要求经 5 ~ 20 s 动作于跳闸。

6.7.2 电动机的相间短路保护

1)电动机的相间短路保护

（1）采用电流速断保护的接线和动作电流的整定计算

一般采用两相一继电器式接线。如要求保护灵敏度较高时,可采用两相两继电器式接线。继电器为 GL—15,25 型时,可利用该继电器的速断装置(电磁元件)来实现电流速断保护。

电流速断的动作电流(速断电流)I_{qb},按躲过电动机的最大启动电流 $I_{st,max}$ 来整定,整定计算的公式为:

$$I_{qb} = \frac{K_{rel}K_w}{K_i}I_{st,max} \tag{6.43}$$

式中,K_{rel}——保护装置的可靠系数,采用 DL 型电流继电器时,取 1.4 ~ 1.6;采用 GL 型电流继电器时,取 1.8 ~ 2。

（2）采用差动保护的接线和动作电流的整定计算

在 3 ~ 10 kV 系统中,电动机差动保护可采用两相继电器式接线,继电器 KA 可采用 DL—11 型电流继电器,也可采用专门的差动继电器,见图 6.39。

差动保护的动作电流 $I_{op(d)}$ 应按躲过电动机额定电流 $I_{N,M}$ 来整定,整定计算的公式为:

$$I_{op(d)} = \frac{K_{rel}}{K_i}I_{N,M} \tag{6.44}$$

式中,K_{rel}——保护装置的可靠系数,对 DL 型继电器,取 1.5 ~ 2。

2)电动机的过负荷保护

作为过负荷保护,一般可采用一相一继电器式接线。但如果电动机装有电流速断保护时,可利用作为电流速断保护的 GL 型继电器的反时限过电流装置(感应元件)来实现过负荷保护。

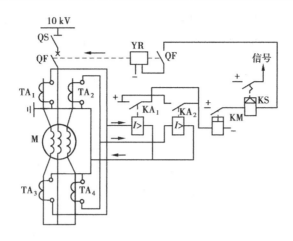

图 6.39　高压电动机纵联差动保护的接线(采用 DL 型继电器)

过负荷保护的动作电流 $I_{op(OL)}$,按躲过电动机的额定电流 $I_{N,M}$ 来整定,整定计算的公式为:

$$I_{op(OL)} = \frac{K_{rel}K_w}{K_{re}K_i}I_{N,M} \qquad (6.45)$$

式中,K_{re}——继电器的返回系数,一般为 0.8;对 GL 型继电器,K_{rel} 取 1.3。

过负荷保护的动作时间,应大于电动机所需的时间,一般取为 10～16 s。对于启动困难的电动机,可按躲过实测的启动时间来整定。

6.7.3　电动机的单相接地保护

按 GB 50062—92 规定,高压电动机在发生单相接地,接地电流大于 5 A 时,应装设单相接地保护,如图 6.40 所示。

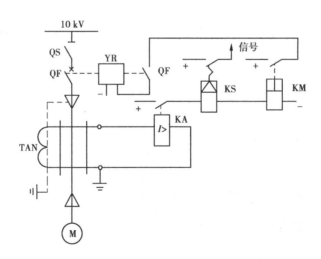

图 6.40　高压电动机的单相接地保护

KA—电流继电器;KS—信号继电器;

KM—中间继电器;TAN—零序电流互感器

· 164 ·

单相接地保护的动作电流 $I_{\mathrm{op(E)}}$,按躲过保护区外(即 TAN 以前)发生单相接地故障时流过 TAN 的电动机本身及其配电电缆的电容电流 $I_{\mathrm{C,M}}$ 计算,即其整定计算的公式为:

$$I = \frac{K_{\mathrm{rel}} I_{\mathrm{C,M}}}{K_{\mathrm{i}}} \tag{6.46}$$

式中,K_{rel}——保护装置的可靠系数,取 4~5;

K_{i}——TAN 的变流比。

亦可按保护的灵敏系数 S_{p}(一般取 1.5)来近似地整定,即

$$I_{\mathrm{op(E)}} = \frac{I_{\mathrm{C}} - I_{\mathrm{C,M}}}{K_{\mathrm{i}} S_{\mathrm{p}}} \tag{6.47}$$

式中,I_{C}——与高压电动机定子绕组有电联系的整个电网的单相接地电容电流,按式(1.1)计算;

$I_{\mathrm{C,M}}$——被保护电动机及共配电电缆的电容电流,在此可略去不计。

关于电动机的低电压保护,可参见其他书籍。

习 题

1. 有 1 台电动机,额定电压为 380 V,额定电流为 22 A,启动电流为 140 A,该电动机端子处的三相短路电流为 16 kA。试选择保护该电动机的 RT0 型熔断器及其熔体额定电流,并选择该电动机的配电线(采用 BLV 型导线)的导线截面及穿线的硬塑料管内径(环境温度按 +30 ℃计)。

2. 有一条 380 V 线路,其 $I_{30} = 280$ A,$I_{\mathrm{pk}} = 600$ A,线路首端的 $I_{\mathrm{k}}^{(3)} = 7.8$ kA,末端的 $I_{\mathrm{k}}^{(3)} = 2.5$ kA。试选择线路首端装设的 DW16 型低压断路器,并选择和整定其瞬时动作的电磁脱扣器,检验其灵敏度。

3. 某 10 kV 线路,采用两相两继电器式接线的去分流跳闸原理的反时限过电流保护装置,电流互感器的变流比为 200/5,线路的最大负荷电流(含尖峰电流)为 180 A,线路首端的三相短路电流有效值为 2.8 kA,末端的三相短路电流有效值为 1 kV。试整定该线路采用的 GL—15/10 型电流继电器的动作电流和速断电流倍数,并检验其保护灵敏度。

4. 现有前后两级反时限过电流保护,都采用 GL—15 型过电流继电器,前一级按两相继电器式接线,后一级按两相电流差接线,后一级继电器的 10 倍动作电流的动作时间已整定为 0.5 s,动作电流整定 9 A,前一级继电器的动作电流已整定为 5 A,前一级电流互感器的变流比为 100/5,后一级电流互感器的变流比为 75/5,后一级线路首端的 $I_{\mathrm{k}}^{(3)} = 400$ A。试整定前一级继电器的 10 倍动作电流的动作时间(取 $\Delta t = 0.7$ s)。

5. 某工厂 10 kV 高压配电所有一条高压配电线供电给一车间变电所,该高压配电线首端拟装设由 GL—15 型电流继电器组成的反时限过电流保护,两相两继电器式接线,已知安装的电流互感器变流比为 160/5,高压配电所的电源进线上装设的定时限过的电流保护的动作时间整定为 1.5 s,高压配电所母线的三相短路电流 $I_{\mathrm{k-1}}^{(3)} = 2.86$ kA,车间变电所的 380 V 母线的三相短路电流 $I_{\mathrm{k-2}}^{(3)} = 22.3$ kA,车间变电所的主变压器为 S9—1000 型。试整定供电给该车间变电所的变压配电线首端装设的 GL—15 型电流继电器的动作电流和动作时间,以及电流速断保护的速断电流倍数,并检验其灵敏度(建议变压器的 $I_{\mathrm{L,max}} = 2_{\mathrm{IN,T}}$)。

7

供配电系统的二次回路与自动装置

本章介绍二次回路的基本概念,二次回路的操作电源,断路器的控制和信号回路,中央信号装置,测量仪表与绝缘监测装置,供电系统的自动装置以及变电所自动化系统。

7.1 概　述

供电系统二次回路是指用来控制、指示、监测和保护一次电路(主电路),使之安全、可靠、优质、经济地运行,亦称二次电路、二次接线或二次系统,包括控制系统、信号系统、监测系统、继电保护和自动化系统等。二次回路在供电系统中虽是一次电路的辅助系统,但它对一次电路的安全、可靠、优质、经济地运行有着十分重要的作用,因此必须予以充分的重视。

二次回路按电源性质分,有直流回路和交流回路。交流回路又分交流电流回路和交流电压回路,交流电流回路由电流互感器供电;交流电压回路由电压互感器供电。

二次回路按其用途分,有断路器控制(操作)回路、信号回路、测量回路、继电器回路和自动装置回路等。

7.1.1　二次回路的操作电源

二次回路操作电源是供高压断路器跳、合闸回路和继电保护装置、信号回路、监测系统及其他二次回路所需的电源。因此,对操作电源的可靠性要求很高,容量要求足够大,尽可能不受供电系统运行的影响。

二次回路操作电源,分直流和交流 2 大类。直流操作电源又有由蓄电池组供电的电源和由整流装置供电的电源 2 种。

蓄电池主要有铅酸蓄电池和镉镍蓄电池 2 种。其中镉镍蓄电池组作操作电源,除不受供电系统运行情况的影响、工作可靠外,还有大电流放电性能好,比功率大,机械强度高,使用寿命长,腐蚀性小,无需专用房间等优点,从而大大降低了投资,因此在供配电系统中应用比较普遍。

整流电源主要有硅整流电容储能式直流电源和复式整流 2 种,详细内容参见相关书籍。

对采用交流操作的断路器,应采用交流操作电源(相应地,所有保护继电器、控制设备、信号设备及其他二次元件均采用交流形式),这种电源可分为电流源和电压源 2 种。电流源取自电流互感器,主要供电给继电保护和跳闸回路;电压源取自变配电所的所用变压器和电压互感器,通常前者作为正常工作电源,后者因其容量小,只作为保护油浸式变压器内部故障的瓦斯保护的交流操作电源。根据高压断路器跳闸线圈的供电方式,可分直接动作式、中间电流互感器供电式和"去分流跳闸"式。采用交流操作电源,可使二次回路大大简化,投资大大减小,工作可靠,维护方便;广泛用于中、小型变电所中断路器采用手动操作和继电保护采用交流操作的场合,但它不适于比较复杂的继电保护、自动装置及其他二次回路。

7.1.2 二次回路的接线

二次回路的接线应符合《电气装置安装工程盘、柜及二次回路接线施工及验收规范》(GB 50171—92)规定,详见相关文献资料。

7.1.3 二次回路接线图的绘制

1)接线图的绘制要求

绘制接线图应遵循《电气制图·接线图和接线表》(GB 6988.5—86)的规定,其图形符号应符合《电气图用图形符号》(GB 4728—84,85)的有关规定,其文字符号包括项目代号应符合《电气技术中的项目代号》(GB 5094—85)及《电气技术中的文字符号制订通则》(GB 7159—87)的有关规定。

二次回路的接线图主要用于二次回路的安装接线、线路检查、维修和故障处理。在实际应用中,接线图通常与电路图和位置图配合使用。

接线图有时也与接线表配合使用。接线表的功用与接线图相同,只是绘制的形式不同。

接线图和接线表一般都应表示出各个项目(指元件、器件、部件、组件和成套设备等)的相对位置、项目代号、端子号、导线号、导线类型和导线截面等内容。

2)接线图的绘制方法

(1)二次设备的表示方法

由于二次设备都是从属于某一次设备或电路又从属于某一成套装置,因此为避免混淆,所有二次设备都必须按 GB 5094—85 标明其项目种类代号。例如高压线路的测量仪表,本身的种类代号为 P。现有有功电度表、无功电度表的电流表,因此它们的代号应分别标明为 P_1,P_2 和 P_3;也可以按 GB 7159—87 规定,分别标为 PJ_1,PJ_2 和 PA,即如图 7.1 所示。而这些仪表又从属于某一线路,线路的种类代号为 W 或 WL,因此对不同线路又要分别标为 W_1,W_2,W_3 等,或标为 WL_1,WL_2,WL_3 等。假设这无功电度表属线路 W_5(WL_5)上使用的,则此无功电度表的项目种类代号应标为"—W₅—P₂",或简化为"—W₅P₂"。这里的"—"为"种类"的前缀符号。假设对整个变电所来说,线路 W₅ 又是 3 号开关柜内的线路,而开关柜的种类代号为 A,因此无功电度表 P₂ 的项目种类代号,可以更详尽地标为" = A₃—W₅—P₂",或" = A₃—W₅P₂"。这里的" = "为"高层项目"的前缀符号。所谓"高层项目",是指系统或设备中较高层次的项目。开关柜属于成套配电装置,较之一般线路或设备具有较高的层次。但是在不致引起混淆的情况下,作为高压开关柜二次回路的接线图,由于柜内只有一条线路,因此这无功电度表的项目种类代号可以只标"P₂"或"PJ₂"。

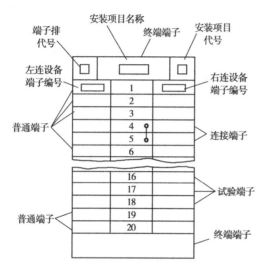

图 7.1　端子排标志图例

实际上,所有设备上都有接线端子,其端子代号应与设备上端子标记相一致。如果设备的端子没有标记时,应在图上设定端子代号。

(3)连接导线的表示方法

接线图中端子之间的连接导线有下列 2 种表示方法:

①连续线:表示两端子之间连接导线的线条是连续的,如图 7.2a 所示。

②中断线:表示两端子之间导线的线条是中断的,如图 7.2b 所示。在线条中断处必须标明导线的去向,即在接线端子出线处标明对方端子的代号,这种标号方法,称为"相对标号法"或"对面标号法"。

用连续线表示的连接导线如果全面画出,有时显得过于繁复,因此在不致引起误解的情况下,也可以将导线组、电缆等用加粗的线条来表示。不过现在在配电装置二次回路接线图上多采用中断线来表示连

(2)接线端子的表示方法

盘、(柜)外的导线或设备与盘上的二次设备相连时,必须经过端子排,端子排由专门的接线端子板组合而成。接线端子板分为普通端子、接线端子、试验端子和终端端子等形式。

①普通端子板用来连接由盘外引至盘上或由盘上引至盘外的导线。

②连接端子板有横向连接片,可与邻近端子板相连,用来连接有分支的二次回路导线。

③试验端子板用来在不断开二次回路的情况下,对仪表继电器进行试验。

④终端端子板用来固定或分隔不同安装项目的端子排。

在接线图中,端子排中各种形式端子板的符号标志,如图 7.1 所示。端子排的文字代号为 X,端子的前缀符号为": "。

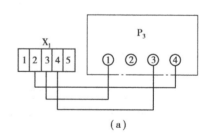

(a)

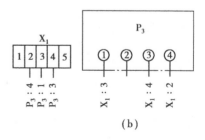

(b)

图 7.2　连接导线的表示方法
(a)连续线表示法;(b)中断线表示法

接导线,因为这显得简明清晰,对安装接线和维护检修都很方便。

图 7.3 是用中断线来表示二次回路连接导线的一条高压线路二次回路接线图。为了阅读方便,另绘出该高压线路二次回路的展开式原理电路图,如图 7.4 所示(供对照参考)。

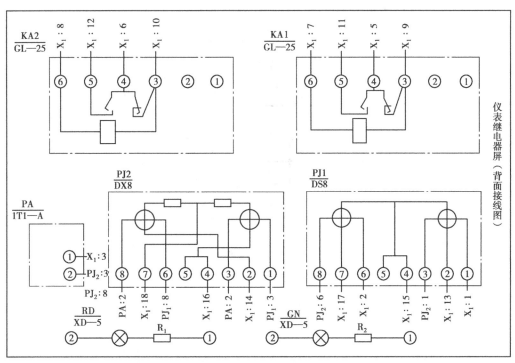

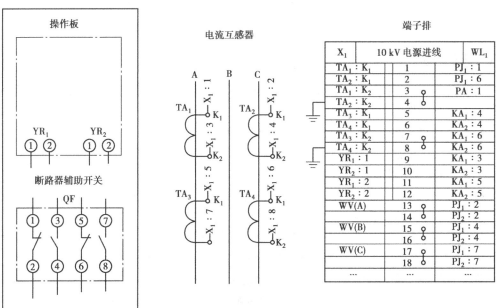

图 7.3 高压线路二次回路接线图

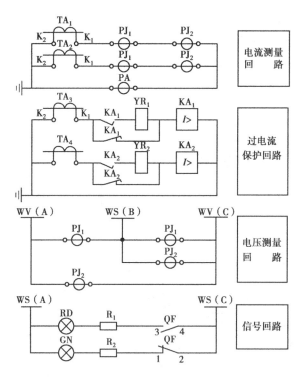

图7.4 高压线路二次回路展开式原理电路图

7.2 高压断路器的控制和信号回路

7.2.1 概 述

高压断路器控制回路,是指控制(操作)高压断路器跳、合闸的回路。它取决于断路器操动机构的形式和操作电源的类别。电磁操作机构只能采用直流操作电源,弹簧操作机构和手动操作机构可交直流两用,但一般采用交流操作电源。

信号回路是用来指示一次电路设备运行状态的二次回路。信号按用途分,有断路器位置信号、事故信号和预告信号。

断路器位置信号用来显示断路器正常工作的位置状态。一般红灯亮,表示断路器处在合闸位置;绿灯亮,表示断路器处在跳闸位置。

事故信号用来显示断路器在事故情况下的工作状态。一般红灯闪光,表示断路器自动合闸;绿灯闪光,表示断路器自动跳闸。此外还有事故音响信号和光字牌等。

预告信号是在一次设备出现不正常状态时或在故障初期发出报警信号。例如变压器过负荷或者轻瓦斯动作时,会发出区别于上述事故音响信号的另一种预告音响信号,同时光字牌亮,指示出故障的性质和地点,值班人员可根据预告信号及时处理。

对断路器的控制和信号回路有下列主要要求:

①应能监视控制回路保护装置(如熔断器)及其跳、合闸回路的完好性,以保证断路器的

正常工作,通常采用灯光监视的方式。

②合闸或跳闸完成后,应能使命令脉冲解除,即能切断合闸或跳闸的电源。

③应能指示断路器正常合闸和跳闸的位置状态,并在自动合闸和自动跳闸时有明显的指示信号。如前所述,通常用红、绿灯的平光来指示断路器的位置状态,而用其闪光来指示断路器的自动跳、合闸。

④断路器的事故跳闸信号回路,应按"不对应原理"接线。当断路器采用手动操作时,利用手动操作机构的辅助触点构成"不对应"关系,即操作机构(手柄)在合闸位置而断路器已跳闸时,发出事故跳闸信号。当断路器采用电磁操作机构或弹簧操作机构时,则利用控制开关的触点与断路器的辅助触点构成"不对应"关系,即控制开关(手柄)在合闸位置而断路器已跳闸时,发出事故跳闸信号。

⑤有可能出现不正常工作状态或故障的设备,应装设预告信号。预告信号应能使控制室或值班室的中央信号装置发出音响和灯光信号,并能指示故障地点和性质。通常预告音响信号用电铃,而事故音响信号用电笛,两者有所区别。

7.2.2　采用手动操作的断路器控制和信号回路

图7.5是手动操作的断路器控制和信号回路原理图。合闸时,推上操作机构手柄使断路器合闸。这时断路器的辅助触点 QF(3,4)闭合,红灯 RD 亮,指示断路器已经合闸。由于有限流电阻 R_2,跳闸线圈 YR 虽有电流通过,但电流很小,不会动作。红灯 RD 亮,还表明跳闸线圈 YR 回路及控制回路的熔断器 $FU_1 \sim FU_2$ 是完好的。

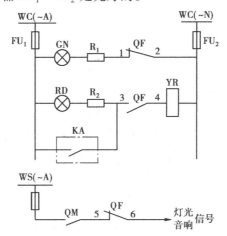

图7.5　手动操作的断路器控制和信号回路

WC—控制小母线;WS—信号小母线;GN—绿色指示灯;

RD—红色指示灯;R—限流电阻;YR—跳闸线圈(脱扣器);KA—继电保

护触点;$QF_1 \sim QF_6$—断路器 QF 的辅助触点;QM—手动操作机构辅助触点

跳闸时,扳下操作机构手柄使断路器跳闸。断路器的辅助触点 QF(3,4)断开,切断跳闸回路,同时辅助触点 QF(1,2)闭合,绿灯 GN 亮,指示断路器已经跳闸。绿灯 GN 亮,还表明控制回路的熔断器 $FU_1 \sim FU_2$ 是完好的,即绿灯 GN 同时起着监视控制回路完好性的作用。

在断路器正常操作跳、合闸时,由于操作机构辅助触点 QM 与断路器辅助触点 QF(5,6)都是同时切换的,总是轮换开合,所以事故信号回路总是不通的,因此不会错误地发出事故信号。

当一次电路发生短路故障时,继电保护装置 KA 动作,其出口继电器触点闭合,接通跳闸线圈 YR 的回路(QF(3,4)原已闭合),使断路器跳闸。随后 QF(3,4)断开,使红灯 RD 灭,并切断 YR 的跳闸电源。与此同时,QF(1,2)闭合,使绿灯 GN 亮。这时操作机构的操作手柄虽然仍在合闸位置,但其黄色指示牌掉落,表示断路器自动跳闸。同时事故信号回路接通,发出音响的灯光信号。这事故信号回路是按"不对应原理"接线的。由于操作机构仍在合闸位置,其辅助触点 QM 闭合,而断路器已事故跳闸,其辅助触点 QF(5,6)也返回闭合,因此事故信号回路接通。当值班员得知事故跳闸后,可将操作手柄扳下至跳闸位置,这时黄色指示牌返回,事故信号也随之消除。

控制回路中分别与指示灯 GN 和 RD 串联的电阻 R_1 和 R_2,主要用来防止指示灯灯座短路造成控制回路短路或断路器误跳闸。

7.2.3 采用电磁操作机构的断路器控制和信号回路

图 7.6 是采用电磁操作机构的断路器控制和信号回路原理图,其操作电源采用硅整流电容储能的直流系统,控制开关采用双向自复式并具有保持触点的 LW5 型万能转换开关,其手柄正常为垂直位置(0°)。顺时针扳转 45°,为合闸(ON)操作,手松开即自动返回(复位),保持合闸状态。反时针扳转 45°,为跳闸(OFF)操作,手松开也自动返回,保持跳闸状态。图中虚线上打黑点(·)的触点,表示在此位置时该触点接通,而虚线上标出的箭头(→)表示控制开关手柄自动返回的方向。

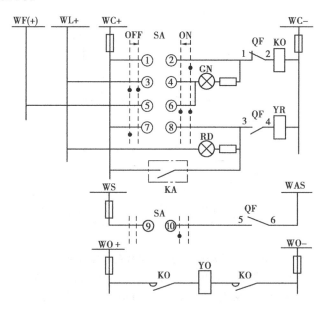

图 7.6 采用电磁操作机构的断路器控制和信号回路

WC—控制小母线;WL—灯光指示小母线;WF—闪光信号小母线;WS—信号小母线;WAS—信号音响小母线;WO—合闸小母线;SA—控制开关;KO—合闸接触器;YO—电磁合闸线圈;YR—跳闸线圈;KA—继电保护触点;QF₁~QF₆—断路器 QF 的辅助触点;GN—绿色指示灯;RD—红色指示灯;ON—合闸操作方向;OFF—跳闸操作方向

　　合闸时,将控制开关 SA 手柄顺时针扳转 45°,这时其触点 SA(1,2)接通,合闸接触器 KO 通电(其中 QF(1,2)原已闭合),其主触点闭合,使电磁合闸线圈 YO 通电,断路器合闸。合闸完成后,控制开关 SA 自动返回,其触点 SA(1,2)断开,切断合闸回路,同时 QF(3,4)闭合,红灯 RD 亮,指示断路器已经合闸,并监视着跳闸 YR 回路的完好性。

　　跳闸时,将控制开关 SA 手柄反时针扳转 45°,这时其触点 SA(7,8)接通,跳闸线圈 YR 通电(其中 QF(3,4)原已闭合),使断路器跳闸。完成后,控制开关 SA 自动返回,其触点 SA(7,8)断开,断路器辅助触点 QF(3,4)也断开,切断跳闸回路,同时触点 SA(3,4)闭合,QF(1,2)也闭合,绿灯 GN 亮,指示断路器已经跳闸,并监视着合闸 KO 回路的完好性。

　　由于红绿指示灯兼起监视跳、合闸回路完好性的作用,长时间运行,因此耗能较多。为了减少操作电源中储能电容器能量的过多消耗,因此另设灯光指示小母线 WL,专用来接入红绿指示灯。储能电容器的能量只用来供电给控制小母线 WC。

　　当一次电路发生短路故障时,继电保护动作,其触点 KA 闭合,接通跳闸线圈 YR 回路(其中 QF(3,4)原已闭合),使继电器跳闸。随后 QF(3,4)断开,使红灯 RD 灭,并切断跳闸回路,同时 QF(1,2)闭合,而 SA 在合闸位置,其触点 SA(5,6)也闭合,接通闪光电源 WF(+),使绿灯 GN 闪光,表示断路器自动跳闸。由于断路器自动跳闸,SA 在合闸位置,其触点 SA(9,10)闭合,而断路器已跳闸,其触点 QF(5,6)也闭合,因此事故音响信号回路接通,又发出音响信号。当值班员得知事故跳闸信号后,可将控制开关 SA 的操作手柄扳向跳闸位置(反时针扳转 45°后松开),使 SA 的触点与 QF 的辅助触点恢复对应关系,全部事故信号立即消除。

7.3　变配电所的中央信号装置

　　中央信号装置是指装设在变电所值班室或控制室的信号装置。中央信号装置包括事故信号和预告信号 2 种。

7.3.1　中央事故信号装置

　　中央事故信号装置的要求是:在任一断路器事故跳闸时,能即时发出音响信号,并在控制屏上或配电装置上有表示事故跳闸的具体断路器位置的灯光指示信号。事故音响信号通常采用电笛(蜂鸣器),应能手动或自动复归。

　　中央事故信号装置按操作电源分,有直流操作和交流操作 2 类;按事故音响信号的动作特征分,有不能重复动作的和能重复动作的 2 种。

　　图 7.7 是不能重复动作的中央复归式事故音响信号装置回路图,它适于高压出线较少的中、小型变配电所。

　　当任意一台断路器自动跳闸后,断路器的辅助触点即接通事故音响信号。在值班员得知事故信号后,可按 SB₂ 按钮,即可解除事故音响信号,但控制屏上断路器的闪光信号却继续保留着。图中 SB₁ 为音响信号的试验按钮。

　　这种信号装置不能重复动作,即第 1 台断路器自动跳闸后,值班员虽已解除事故信号音响信号,而控制屏上的闪光信号依然存在。假设这时又有 1 台断路器自动跳闸,事故音响信号将不会动作,因为中间继电器触点 KM(3,4)已将 KM 线圈自保持,KM(1,2)是断开的,所以音响

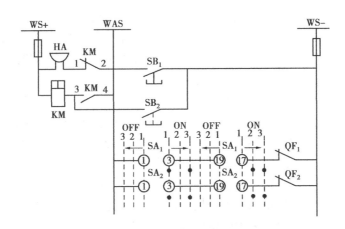

图7.7 不能重复动作的中央复归式事故音响信号回路

WS—信号小母线;WAS—事故音响信号小母线;SA₁,SA₂—控制开关;

SB₁—试验按钮;SB₂—音响解除按钮;KM—中间继电器;HA—电笛(SA 的触点位

置;1—预备跳、合闸;2—跳;合闸;3—跳、合闸后,箭头"→"指 1—2—3 顺序)

信号不会重复动作。只有在第一个断器的控制开关 SA₁ 的手柄旋至对应的"跳闸"位置时,
另一台断路器自动跳闸时才发出事故音响信号。

图7.8 是重复动作的中央复归式事故信号装置回路图。该信号装置采用 ZC—23 型冲击
继电器 KU(又称信号脉冲继电器)构成。其中 KR 为干簧继电器,为其执行元件。TA 为脉冲
变流器,其一次侧并联的二极管 V₁ 和电容 C,用于抗干扰;其二次侧并联的二极管 V₂,起单向
旁路作用。当 TA 的一次电流突然减小时,其二次侧感应的反向电流经 V₂ 而旁路,不让它流
过干簧继电器 KR 的线圈。

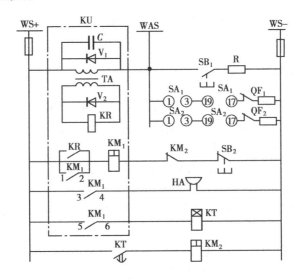

图7.8 重复动作的中央复归式事故音响信号回路

WS—信号小母线;WAS—事故音响信号小母线;SA—控制开关;

SB₁—试验按钮;SB₂——音响解除按钮;KU—冲击继电器;KR—干簧继电器;

KM—中间继电器;KT—时间继电器;TA—脉冲变流器

当某断路器(例如 QF₁)自动跳闸时,因其辅助触点与控制开关(例如 SA₁)不对应而使事故音响信号小母线 WAS 与信号小母线 WS 接通,从而使脉冲变流器 TA 的一次电流突增,其二次侧感应电动势使干簧继电器 KR 动作。KR 的常开触点闭合,使中间继电器 KM₁ 动作,其常开触点 KM₁(1,2)闭合使 KM 自保持;其常开触点 KM₁(3,4)闭合,使电笛 HA 发出音响信号;其常开触点 KM₁(5,6)闭合,启动时间继电器 KT。KT 经整定的时限后,其触点闭合,接通中间继电器 KM₂,其常闭触点断开,解除 HA 的音响信号。当另一台断路器(例如 QF₂)又自动跳闸时,同样这种装置为"重复动作"的音响信号装置。

7.3.2 中央预告信号装置

中央预告信号装置的要求是:当供电系统中发生故障和不平常工作状态但不需要立即跳闸的情况时,应及时发出音响信号,并有显示故障性质和地点的指示信号(灯光或光字牌指示)。预告音响信号通常采用电铃,应能手动或自动复归。

中央预告信号装置亦有直流操作和交流操作 2 种。

图 7.9 是不能重复动作的中央复归式预告音响信号装置回路图。当系统中发生不正常工作状态时,继电保护触点 KA 闭合,使预告音响信号 HA(电铃)和光字牌 HL 同时动作。在值班员得知预告信号后,可按下按钮 SB₂,中间继电器 KM 动作,其触点 KM(1,2)断开,解除电铃 HA 的音响信号;其触点 KM(3,4)闭合,使 KM 自保持;其触点 KM(5,6)闭合,黄色信号灯 YE 亮,提醒值班员发生了不正常工作状态,而且尚未解除。当不正常工作状态消除后,继电保护触点 KA 返回,光字牌 HL 的灯光和黄色信号灯 YE 也同时熄灭。但在第一个不正常

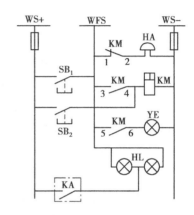

图 7.9 不能重复动作的中央复归式预告音响信号回路

WS—信号小母线;WFS—预告信号小母线;SB₁—试验按钮;SB₂—音响解除按钮;KA—继电保护触点;KM—中间继电器;YE—黄色信号灯;HL—光字牌指示灯;HA—电铃

工作状态未消除时,如果出现另一个不正常工作状态,电铃 HA 不会再次动作。

关于能重复动作的中央复归式预告音响信号回路,其基本工作原理与不能重复的中央复归式事故音响信号回路相似。

7.4 电测量仪表与绝缘监视装置

7.4.1 电测量仪表

这里的"电测量仪表"按《电力装置的电测量仪表装置设计规范》(GBJ 63—90)的定义:"是对电力装置回路的电力运行参数作经常测量、选择测量、记录用的仪表和作计费、技术经济分析、考核管理用的计量仪表的总称。"

为了监视供电系统一次设备(电力装置)的运行状态和计量一次系统消耗的电能,保证供电系统安全、可靠、优质和经济合理地运行,供配电系统的电力装置中必须装设一定数量的电测量仪表。

电测量仪表按其用途分为常用测量仪表和电能计量仪表两类。常用测量仪表是对一次电路的电力运行参数作经常测量、选择测量和记录用的仪表;电能计量仪表是对一次电路的电力考核分析和对电力用户用电量进行测量、计量的仪表,即各种电度表。

(1)对常用测量仪表的一般要求(按 GBJ 63—90)

①常用测量仪表应能正确反映电力装置的运行参数,能随时监测电力装置回路的绝缘状况。

②交流回路仪表的精确度等级,除谐波测量仪表外,不应低于 2.5 级;直流回路仪表的精确度等级,不应低于 1.5 级。

③1.5 级和 2.5 级的常用测量仪表,应配用不低于 1.0 级的互感器。

④仪表的测量范围(量限)和电流互感器交流比的选择,宜满足当电力装置回路以额定值运行时,仪表的指示在标度尺的 70% ~100% 处。对有可能过负荷运行的电力装置回路,仪表的测量范围,宜留有适当的过负荷裕度。对重载启动的电动机和运行中有可能出现短时冲击电流的电力装置回路,宜采用具有过负荷标度尺的电流表。对有可能双向运行的电力装置回路,应采用具有双向标度尺的仪表。

(2)对电能计量仪表的一般要求(按 GBJ 63—90)

①月平均用电量在 1×10^6 kW·h 及其以上的电力用户电能计量点,应采用 0.5 级的有功电度表。月平均用电量小于 1×10^6 kW·h,在 315 kV·A 及其以上的变压器高压侧计费的电力用户电能计量点,应采用 1.0 级的有功电度表。在 315 kV·A 以下的变压器低压侧计费的电力用户电能计量点,75 kW 及其以上的电动机以及仅作为企业内部技术经济考核而不计费的线路和电力装置,均应采用 2.0 级有功电度表。

②在 315 kV·A 及其以上的变压器高压侧计费的电力用户电能计量点和并联电力电容器组,均应采用 2.0 级的无功电度表。在 315 kV·A 以下的变压器低压侧计费的电力用户电能计量点及仅作为企业内部经济考核而不计费的电力用户电能计量点,均应采用 3.0 级的无功电度表。

③0.5 级的有功电度表,应配用 0.2 级的互感器、1.0 级的有功电度表、1.0 级的专用电能计量仪表、2.0 级计费用的有功电度表及 2.0 级的无功电度表,应配用不低于 0.5 级的互感器。仅作为企业内部技术经济考核而不计费的 2.0 级有功电度表及 3.0 级的无功电度表,宜配用不低于 1.0 级的互感器。

(3)变配电装置中各部分仪表的装置

供电系统变配电装置中各部分仪表的配置要求如下:

①在供电负荷的电源进线上,经供电部门同意的电能计量点,必须装设计费的有功电度表和无功电度表,而且宜采用全国统一标准的电能计量柜。为了解负荷电流,进线上还应装设 1 只电流表。

②变配电所的每段母线上,必须装设电压表测量电压。在中性点不接地(即小接地电流的)系统中,各段母线还应装设绝缘监视装置。如出线很少时,绝缘监视电压表可不装设。

③35～110/6～10 kV 的电力变压器,应装设电流表、有功功率表、无功功率表、有功电度表和无功电度表各 1 只,装在哪一侧视具体情况而定。6 kV 的电力变压器,在其一侧装设电流表、有功和无功电度表各 1 只。6～10/0.4 kV 的电力变压器,在高压侧装设电流表和有功电度表各 1 只,如为单独经济核算单位的变压器,还应装设 1 只无功电度表。

④3～10 kV 的配电线路,应装设电流表、有功和无功电度表各 1 只。如不是送往单独经济核算单位时,可不装无功电度表。当线路负荷在 5 000 kV·A 及其以上时,可再装设 1 只有功功率表。

⑤380 V 的电源进线或变压器低压侧,各相应装 1 只电流表。如果变压器高压侧未装电度表时,低压侧还应装设有功电度表 1 只。

⑥低压动力线路上,应装设 1 只电流表。低压照明线路及三相负荷不平衡率大于 15% 的线路上,应装设 3 只电流表分别测量三相电流。如需计量电能,一般应装设 1 只三相四线有功电度表。对负荷平衡的动力线路,可只装设 1 只单相有功电度表,实际电能按其计量的 3 倍计。

⑦并联电力电容器组的总回路上,应装设 3 只电流表,分别测量三相电流,并应装设 1 只无功电度表。

图 7.10 是低压 220/380 V 照明线路上装设的电测量仪表电路图。

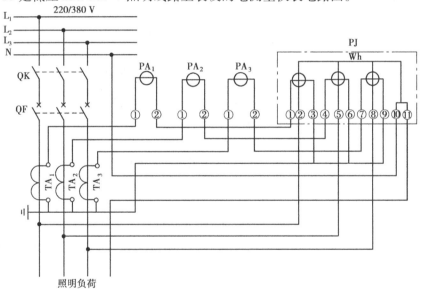

图 7.10 220/380 V 照明线路电测量仪表电路图

TA₁～TA₃—电流互感器;PA₁～PA₃—电流表;PJ—三相四线有功电度表

图 7.11 是 10 kV 高压线路上装设的电测量仪表电路图。

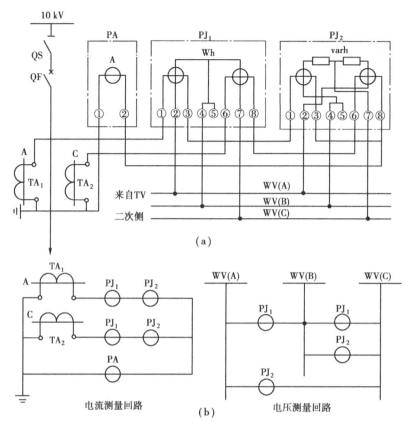

图 7.11　10 kV 高压线路电测量仪表电路图

(a)接线图;(b)展开图

TA₁,TA₂—电流互感器;TV—电压互感器;PA—电流表;

PJ₁—三相有功电度表;PJ₂—三相无功电度表;WV—电压小母线

7.4.2　绝缘监视装置

　　绝缘监视装置用于小接地电流的系统中,以便及时发现单相接地故障,设法处理,以免故障发展为两相接地短路,造成停电事故。6～10 kV 母线的电压测量和绝缘监视电路见图7.12。

　　35 kV 系统的绝缘监视装置,可采用 3 个单相双绕组电压互感器和 3 只电压表,接成如图4.30c 所示的接线,也可采用 3 个单相三绕组电压互感器或者 1 个三相五芯柱三绕组电压互感器,接成如图 4.30d 所示的接线。接成 Y 的二次绕组,其中 3 只电压表均接各相的相电压。当一次电路某一相发生接地故障时电压互感器二次侧的对应相的电压表指零,其他两相的电压表读数则升高到线电压。由指零电压表的所在相即可知该相发生了单相接地故障,但不能判明是哪一条线路发生了故障,因此这种绝缘监视装置是无选择性的,只适于出线不多的系统及作为有选择性的单相接地保护的一种辅助装置。图 4.30d 中电压互感器接成开口三角(△)的辅助二次绕组,构成零序电压过滤器,供电给一个过电压继电器。在系统正常运行时,开口三角的开口处电压接近于零,继电器不动作。当一次电路发生单相接地故障时,将在开口三角的开口处出现近 100 V 的零序电压,使电压继电器动作,发出报警的灯光信号和音响信号。

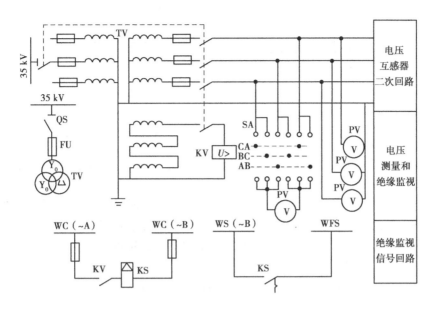

图 7.12 6~10 kV 母线的电压测量和绝缘监视电路

TV—电压互感器;QS—高压隔离开关及其辅助触点;SA—电压转换开关;PV—电压表;KV—电压

继电器;KS—信号继电器;WC—控制小母线;WS—信号小母线;WFS—预告信号小母线

必须注意:三相三芯柱的电压互感器不能用来监视绝缘。因为在一次电路发生单相接地时,电压互感器各相的一次绕组将出现零序电压,从而在互感器铁芯内产生零序磁通.如果互感器是三芯柱的,而三相零序磁通是同相的,则零序磁通不可能在铁芯内闭合,只能经附近气隙或铁壳闭合,如图 7.13a 所示。由于这些零序磁通不可能与互感器的二次绕组及辅助二次

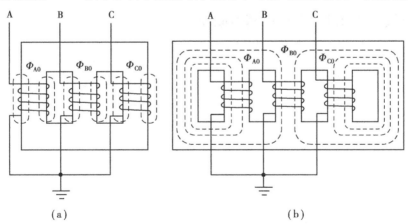

图 7.13 电压互感器中的零序磁通(只画出互感器的一次绕组)

(a)三相三芯柱铁芯;(b)三相五芯柱铁芯

绕组交链,因此在二次绕组和辅助绕组内不能感应出零序电压,从而无法反应一次系统的单相接地故障。如果互感器采用如图 7.13b 所示的五芯柱铁芯,则零序磁通可经过 2 个边柱闭合,这样零序磁通能与二次绕组和辅助二次绕组相交接,在二次绕组和辅助二次绕组内感应出零序电压,从而可实现绝缘监视。

7.5　电力线路的自动重合闸装置

7.5.1　概述

运行经验表明,电力系统的故障特别是架空线路上的故障大多是暂时性的,在断路器跳闸后,多数能很快地自行消除。例如雷击闪击或鸟兽造成的线路短路故障,往往在雷击过后或鸟兽烧死后,线路大多能恢复正常运行。因此,如采用自动重合闸装置 ARD,使断路器自动重新合闸,迅速恢复供电,从而大大提高供电可靠性,避免因停电而给国民经济带来巨大的损失。

一端供电线路的三相 ARD,按其不同特征有各种不同的分类方法。按自动重合闸的方法分,有机械式和电气式;按组成元件分,有机电型和晶体管型;按重合次数分,有一次重合式、二次重合式和三次重合式等。

机械式 ARD 适于采用弹簧操作机构的断路器,可在具有交流操作电源或虽有直流跳闸电源而无直流合闸电源的变配电所中采用。

电气式 ARD 适于采用电磁操作机构的断路器,可在具有直流操作电源的变配电所中采用。

供配电系统中采用的 ARD,一般都是一次重合式(机械式或电气式),因为一次重合式 ARD 比较简单经济,而且基本上能满足供电可靠性的要求。运用经验证明,ARD 的重合成功率随着重合次数的增加而显著降低。对于架空线路来说,一次重合成功率可达 60% ~ 90%,而二次重合成功率只有 15% 左右,三次重合成功率仅 3% 左右。因此,一般只采用一次 ARD。

7.5.2　电气一次自动重合闸的基本原理

图 7.14 是说明一次自动重合闸的原理电路图。

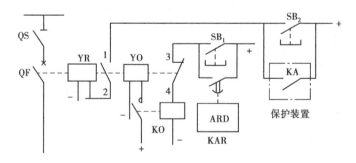

图 7.14　电气一次 ARD 的原理电路

YR—跳闸线圈;YO—合闸线圈;KO—合闸接触器;KAR—重合闸
继电器;KA—保护装置出口触点;SB$_1$—合闸按钮;SB$_2$—跳闸按钮

手动合闸时,按下 SB$_1$,使合闸接触器 KO 通电动作,从而使合闸线圈 YO 动作,使断路器 QF 合闸。

当一次线路上发生短路故障时,保护装置 KA 动作,接通跳闸线圈 YR 回路,使断路器 QF 自动跳闸。与此同时,断路器辅助触点 QF(3,4)闭合,而且重合闸继电器 KAR 启动,经整定的时限后其延时常开触点闭合,使合闸接触器 KO 通电动作,从而使断路器重合闸。如果一次线路上的短路故障是瞬时性的,已经消除,则重合成功。如果短路故障尚未消除,则保护装置又要动作,KA 的触点闭合又使断路器再次跳闸。由于一次 ARD 采取了防跳措施(图上未表示),因此不会再次重合闸。

7.5.3　电气一次自动重合闸装置示例

图 7.15 是 DH—2 型重合闸继电器的电气一次自动重合闸装置展开式原理电路图(图中仅绘出了与 ARD 有关的部分)。该电路的控制开关 SA_1 采用表 LW2—Z—1a·4·6a·40·20·20·4/F8 型,它的合闸(ON)和跳闸(OFF)操作各具有 3 个位置:准备跳、合闸,正在跳、合闸,跳、合闸后,SA_1 的两侧箭头"→"指向就是此操作顺序。选择开关 SA_2 采用 LW2—1·1/F4—X 型,只有合闸(ON)和跳闸(OFF)2 个位置,用来投入和解除 ARD。

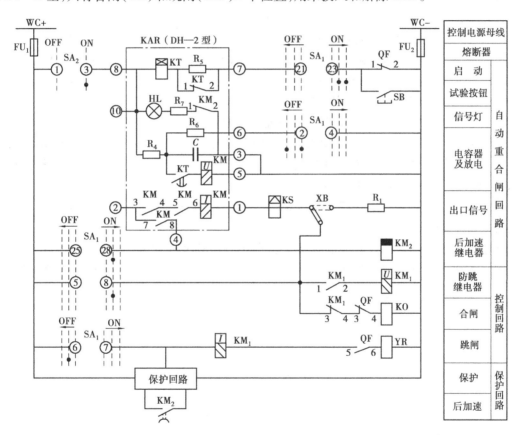

图 7.15　电气式一次自动重合闸装置展开图

WC—控制小母线;SA_1—控制开关;SA_2—选择开关;KAR—DH—2 型重合闸继电器(内含 KT 时间继电器、KM 中间继电器、HL 指示灯及电阻 R、容器 C 等);KM_1—防跳继电器(DZB—115 型中间继电器);KM_2—后加速继电器(DZS—145 型中间继电器);KS—DX—11 型信号继电器;KO—合闸接触器;YR—跳闸线圈;XB—连接片;QF—断路器辅助触点

1) ARD 的工作原理

线路正常运行时,SA_1 和 SA_2 都扳到合闸(ON)位置,ARD 投入工作。这时重合闸继电器 KAR 中的电容器 C 经 R_4 充电,同时指示灯 HL 亮,表示控制 WC 的电压正常,C 已在充电状态。

当断路器 QF 因一次电路故障跳闸时,其辅助触点 QF(1,2)闭合,而 SA_1 仍处在合闸位置,从而接通 KAR 的启动回路,使 KAR 中的时间继电器 KT 经它本身的常闭触点 KT(1,2)而动作。KT 动作后,其常闭触点 KT(1,2)断开,串入电阻 R_5,使 KT 保持动作状态。串入 R_5 的目的是限制流入 KT 线圈的电流,避免线圈过热,因为 KT 线圈不是按长期接上额定电压设计的。

时间继电器 KT 动作后,经一定延时,其延时闭合的常开触点 KT(3,4)闭合。这时电容器 C 就对 KAR 中的中间继电器 KM 的电压线圈放电,使 KM 动作。

中间继电器 KM 动作后,其常闭触点 KM(1,2)断开,使 HL 熄灭,这表示 KAR 已经动作,其出口回路已经接通。合闸接触器 KO 由控制母线 WC 经 SA_2,KAR 中的 2 对触点 KM(3,4),KM(5,6)及 KM 的电流线圈、KS 线圈、连接片 XB,触点 KM(3,4)和断路器辅助触点 QF(3,4)而获得电源,从而使断路器 QF 重新合闸。

由于中间继电器 KM 是由电容器 C 放电而动作的,但 C 的放电时间不长,因此为了使 KM 能够自保持,在 KAR 的出口回路中串入了 KM 的电流线圈,借 KM 本身的常开触点 KM(3,4)和 KM(5,6)闭合使之接通,以保持 KM 处于动作状态。在断路器合闸后,断路器的辅助触点 QF(3,4)断开而使 KM 的自保持解除。

在 KAR 的出路回路中串联信号继电器 KS,是为了记录 KAR 的动作,并为 KAR 动作发出灯光信号和音响信号。

继电器重合成功以后,所有继电器自动返回,电容器 C 又恢复充电。

要使 ARD 退出工作,可将 SA_2 扳到断开(OFF)位置,同时将出口回路的连接片 XB 断开。

2) 一次 ARD 一些基本要求

(1) 一次 ARD 只能重合闸 1 次

如果一次电路故障为永久性的,断路器在 KAR 作用下重合后,继电保护动作又会使断路器自动跳闸。断路器第二次跳闸后,KAR 又要启动,使时间继电器 KT 动作。但由于电容器 C 还来不及充好电(充电时间需 15 ~ 25 s),所以 C 的放电电流很小,不能使中间继电器 KM 动作,从而 KAR 的出口回路不会接通,这就保证了 ARD 只重合 1 次。

(2) 用控制开关断开断路器时 ARD 不应动作

如图 7.15 所示,通常在停电操作时,先操作选择开关 SA_2,其触点 SA_2(1,3)断开,使 KAR 退出工作。同时控制开关 SA_1 的手柄扳到"预备跳闸"和"跳闸后"位置时,其触点 SA_1(2,4)闭合,使 C 先对 R_6 放电,从而使中间继电器 KM 失去动作电源。因此,即使 SA_2 没有扳到跳闸位置(使 KAR 退出的位置),在用 SA_2 操作跳闸时,断路器也不会自行重合闸。

(3) KAR 必需的"防跳"措施

当 KAR 出口回路中的中间继电器 KM 的触点被粘住时,应防止断路器多次重合发生永久性故障的一次电路上。

图 7.15 所示电路中,采取了 2 种"防跳"措施:

①在 KAR 的中间继电器 KM 的电流线圈回路(即其自保持回路)中,串接了它自身的两对常开触点 KM(3,4),KM(5,6),这样,万一其中一对常开触点被粘住,另一对常开触点仍能正常工作,不致发生断路器"跳动"现象。

②为了防止在 KM 的 2 对触点 KM(3,4),KM(5,6)万一同时被粘住时断路器仍有可能"跳动"的情况,在断路器的跳闸线圈 YR 回路中,又串接了防跳继电器 KM_1 的电流线圈。在断路器跳闸时,KM_1 的电流线圈同时通电,使 KM_1 动作。当 KM 的 2 对串联的常开触点 KM(3,4),KM((5,6)被同时粘住时,KM_1 的电压线经 KM_1 自身常开触点 1,2,XB,KS,KM 电流线圈及其 2 对常开触点 KM(3,4),KM(5,6)而带电自保持,因此 KM_1 在合闸接触器 KO 回路中的常闭触点 KM_1(3,4)也同时保持断开,使合闸接触器 KO 不致接通,从而达到"防跳"的目的。因此这防跳继电器实际就是一种跳闸保持继电器。

在采用了防跳继电器以后,即使用控制开关 SA_1 操作断路器合闸,只要一次电路存在着故障,当断路器自动跳闸以后,也不会再次合闸。如图 7.15 所示,当 SA_1 的手柄在"合闸"位置时,其触点 5,8 闭合,合闸接触器 KO 通电,断路器合闸。但因一次电路存在着故障,所以继电保护动作使断路器自动跳闸。在跳闸回路接通时,防跳继电器 KM_1 起动,这时即使 SA_1 手柄扳在"合闸"位置,由于 KO 回路中 KM_1 的常闭触点 3,4 断开,因此 SA_1 的触点 5,8 也不会再次接通 KO,而是接通 KM_1 的电压线圈使 KM_1 自保持,从而可避免断路器再次合闸,达到"防跳"的要求。当 SA_1 回到"合闸后"位置时,其触点 5,8 断开,使 KM_1 的自保持随之解除。

3)ARD 与继电保护装置的配合

假设线路上装设有带时限的过电流保护和电流速断保护,则在线路末端短路时,过电流保护应该动作,因末端是速断保护的"死区",速断保护不会动作。过电流保护使断路器跳闸后,由于 KAR 动作,将使断路器重新合闸。如果短路故障是永久性的,则过电流保护又要动作,使断路器再次跳闸。但由于过电流保护带有时限,因而将使故障延续时间延长,危害加剧。为了减轻危害,缩短故障时间,因此要求采取措施来缩短保护装置动作时间。在供电系统中,多采取重合闸后加速保护装置动作的方案。

由图 7.15 可知,在 KAR 动作后 KM 的常开触点 KM(7,8)闭合,使加速继电器 KM_2 动作,其延时断开的常开触点 KM_2 立即闭合。如果一次电路故障为永久性的,则由于 KM_2 闭合,使保护装置启动后,不经时限元件,而接触点 KM_2 直接接通保护装置出口元件,使断路器快速跳闸。ARD 与保护装置的这种配合方式,称为 ARD 后加速。

由图 7.15 还可看出,控制开关 SA_1 还有一对触点 25,28,它在 SA_1 手柄在"合闸"位置时接通。因此,当一次电路存在着故障而 SA_1 手柄在"合闸"位置时,直接接通加速继电器 KM_2,也能加速故障电路的切除。

7.6　备用电源自动投入装置

在要求供电可靠性较高的变配电所中,通常设有 2 路及其以上的电源进线。在车间变电所低压侧,一般也设有与相邻车间变电所相连的低压联络线。如果在作为备用电源的线路上装设备用电源自动投入装置 APD,则在工作电源线路突然断电时,利用失压保护装置使该线路的断路器跳闸,而备用电源线路的断路器则在 APD 作用下迅速合闸,使备用电源投入运行,从而大大提高供电可靠性,保证对用户的不间断供电。

7.6.1 备用电源自动投入的基本原理

图 7.16 是说明备用电源自动投入的原理电路图。

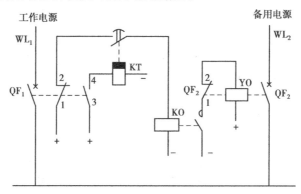

图 7.16 备用电源自动投入原理电路

QF₁—工作电源进线 WL₁ 上的断路器;QF₂—备用电源进线 WL₂ 上的继路

器;KT—时间继电器;KO—合闸接触器;YO—QF₂ 的合闸线圈

假设电源进线 WL₁ 在工作,WL₂ 为备用,其断路器 QF₂ 断开,但其两侧隔离开关是闭合的(图上未绘隔离开关)。当工作电源 WL₁ 断电引起失压保护动作使 QF₁ 跳闸时,其常开触点 QF₁(3,4)断开,使原通电动作的时间继电器 KT 断电,但其延时断开触点尚未及时断开。这时 QF₁ 的另一常闭触点 1,2 闭合,从而使合闸接触器 KO 通电动作,使断路器 QF₂ 的合闸线圈 YO 通电,使 QF₂ 合闸,投入备用电源 WL₂,恢复对变配电所的供电。WL₂ 投入后,KT 的延时断开触点断开,切断 KO 的回路,同时 QF₂ 的联锁触点 1,2 断开,防止 YO 长期通电(YO 是按短时大功率设计的)。由此可见,双电源进线又配以 APD 时,供电可靠性是相当高的。但当母线发生故障时,整个变配电所仍要停电,因此对某些重要负荷,可由 2 段母线同时供电,如图 4.34 的 2 号车间变电所所示。

7.6.2 备用电源自动投入装置 APD 的电路示例

1) 双电源 APD 示例

图 7.17 是高压双电源互为备用的 APD 电路,采用的控制卡 SA₁,SA₂ 均是 LW2—Z—la · 4 · 6a · 40 · 20/F8 型。其触点 5,8 只在"合闸"时接通,触点 6,7 只在"跳闸"时接通。断路器 QF₁ 和 QF₂ 均采用交流操作的 CT7 型弹簧操作机构。

假设电源 WL₁ 在工作,WL₂ 为备用,即 QF₁ 在合闸位置,QF₂ 在跳闸位置。这时控制开关 SA₁ 在"合闸后"位置,SA₂ 在"跳闸后"位置,它们的触点 5,8 和 6,7 均断开,触点 SA₁(13,16) 接通,而触点 SA₂(13,16)断开。指示灯 RD₁(红)亮,GN₁(绿)灭,RD₂(红)灭,GN₂(绿)亮。

当工作电源 WL₁ 断电时,电压继电器 KV₁ 和 KV₂ 动作,其触点返回闭合,接通时间继电

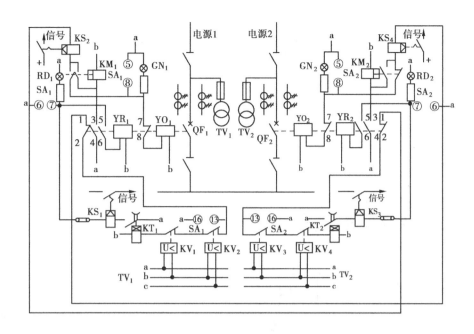

图 7.17 高压双电源互为备用的 APD 电路

WL_1，WL_2—电源进线；QF_1，QF_2—断路器；TV_1，TV_2—电压互感器（其二次电压相序 a，b，c）；SA_1，SA_2—控制开关（LW2—Z—1a·4·6a·40·20/F8）；KV_1～KV_4—电压继电器（DJ—13/60C）；KT_1，KT_2—时间继电器（DS—122/220 V）；KM_1，KM_2—中间继电器；（DZ—52/22，220 V）；KS_1～KS_4—信号继电器（DX—11/1A）；YR_1，YR_2—跳闸线圈；YO_1，YO_2—合闸线圈；RD_1，RD_2—红色指示灯；GN_1，GN_2—绿色指示灯

器 KT_1，其延时常开触点闭合，接通信号继电器 KS_1 和跳闸线圈 YR_1，使断路器 QF_1 跳闸，同时给出跳闸信号，红灯 RD_1 因 QF_1 的触点 5，6 同时断开而熄灭，绿灯 GN_1 因 QF_1 的触点 7，8 同时闭合而发光。与此同时，断路器 QF_2 的合闸线圈 YO_2，因 QF_1 的触点 1，2 闭合而通电，使断路器 QF_2 合闸，从而使备用电源 WL_2 自动投入，恢复变配电所的供电。同时红灯 RD_2 亮，绿灯 GN_2 灭。

反之，如运行的 WL_2 又断电时，同样地 KV_3，KV_4 将使 QF_2 跳闸，使 QF_1 合闸，使 WL_1 又自动投入。

2)低压双电源 APD 示例

采用 APD 的应急照明控制回路见图 7.18。

采用双电源自动转换自投自复控制电路见图 7.19，常用控制与保护开关电器 KBO 系列产品。

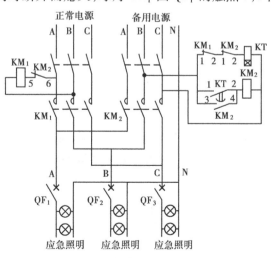

图 7.18 采用 APD 的应急照明控制回路

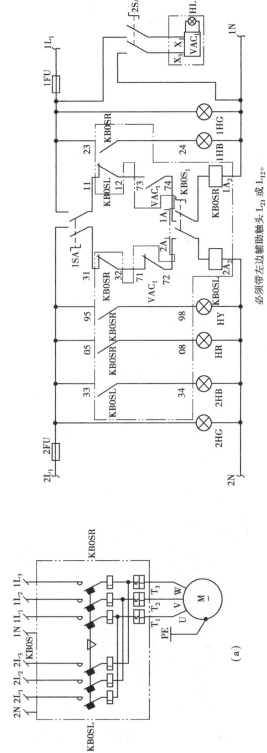

必须带左边辅助触头 L_{21} 或 L_{12}。

(b)

(a)

序号	符号	名 称	型号及规格	数量	备 注
1	1,2FU	熔断器	RT18—32X/4A	2	带熔断指示
2	KBOS1	双电源自动转换开关	KBOS1—□□□□□□	1	
3	1SA,2SA	通、断旋钮开关	LAY3—X/2(二位定位式)	2	
4	1,2HG	绿色信号灯	AD11—22/20~220 V	2	按需要增减
5	1,2HB	蓝色信号灯	AD11—22/20~220 V	2	按需要增减
6	HR	红色信号灯	AD11—22/20~220 V	1	按需要增减
7	HY	黄色信号灯	AD11—22/20~220 V	1	按需要增减

(c)

图 7.19 双电源自动转换自投自复控制电路图

(a)主电路;(b)二次回路展开图;(c)材料表

7.7 供配电系统的远动装置简介

7.7.1 概述

随着工业生产的发展和科学技术的进步,大型供配电系统的控制、信号和监测工作,已开始由人工管理、就地监控发展为远动化就是用电负荷中心调度室对本系统所属各变配电所或其他动力设施的运行智能化,实现遥控、遥信和遥测。

供配电系统实现远动化以后,不仅可提高供配电系统管理的自动化水平,而且可在一定程度上实现供配电系统的优化运行,能够及时处理事故,减少事故停电时间,更好地实现供配电系统的安全经济运行。

供配电系统的远动装置,现在多采用微机来实现。

7.7.2 微机控制的供电系统"三遥"装置简介

微机控制的供电系统"三遥"装置,由调度端、执行端及联系两端的信号通道等3部分组成,如图7.20所示。

（1）调度端

调度端由操纵台和数据处理用微机组成。

操纵台包括:

①供电系统模拟盘1块,盘上绘有供电系统电路图,电路图上每台断路器都装有跳、合闸状态指示灯。在事故跳闸时,相应的指示灯还要闪光,指出跳闸的具体部位,同时发出音响信号和灯光信号。

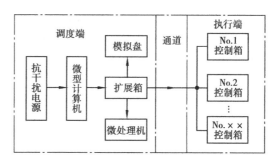

图7.20 微机控制的工厂供电系统"三遥"装置框图

②数据采集和控制用计算机系统1套,包括:主机1台,用以直接发出各项指令进行操作;打印机1台,可根据指令随时打印出所需的数据资料;彩色CRT显示器1台,用以显示系统全部或局部的工作状态和有关数据以及各种操作命令和事故状态等。

③若干路就地常测入口,通过数字表,将信号输入计算机,并用以随时显示全厂电源进线的电压和功率。

④通信借口,用以完成与数据处理用微机之间的通信联络。

数据处理用微机的功能主要有:

①根据所记录的全天小时平均负荷绘出全厂用电负荷曲线。

②按全厂有功电能、功率因数及最大需电量等计算每月总电费。

③统计全厂高峰负荷时间的用电量。

④根据需要,统计各配电线路的用电情况。

⑤统计和分析运行及事故情况等。

（2）信号通道

信号通道是用来传递调度端操纵台与执行端控制箱之间往返的信号用的通道，一般采用带屏蔽的电话电缆，控制距离小于 1 km 时，也可采用控制电缆或塑料绝缘导线。通道的敷设一般采用树干式，各车间变电所通过分线盒与之相联，如图 7.21 所示。

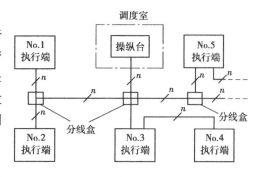

图 7.21 "三遥"装置通道敷设示意图

（3）执行端

执行端是用逻辑电路和继电器组装而成的成套控制箱。每一被控点至少要装设 1 台。它的主要功能是：

①遥控：对断路器进行远距离跳、合闸操作。

②遥信：其中一部分反应被控断路器的跳、合闸状态以及事故跳闸的报警；另一部分反应事故预告信号，可实现过负荷、过电压、变压器瓦斯保护及超温等的报警。

③遥测：包括电流遥测、电压遥测，其中可设一路电流为常测，其余为定时巡回检测或自动选测。

④电能遥测：可分别测量有功和无功电能。电能量的信号分别取自有功和无功电度表，表内装有光电转换单元，将铝盘的转数转换成脉冲信号送回调度端。

微型电子计算机在供配电系统中的推广运用，可大大提高供电系统的运行水平，使供电系统的运行更加安全、可靠、优质、经济和合理。

电气照明

8.1 概 述

照明可分为天然照明和人工照明。充分利用天然照明,当夜幕降临或天然光线不足时,辅以恰当的人工照明。现代的人工照明是由电光源来实现的,光源随时可用、明暗可调、光线稳定、美观洁净,以满足人们的视觉要求。

电气照明的目的是创造一个合适的光环境。一方面是创造一个满足视觉生理要求的光环境,使人眼无困惑、无损害,舒适高效地从事视觉工作;另一方面是创造一个具有一定气氛、格调的照明环境,满足视觉心理要求以及人们的精神享受,这已成为电气照明不可忽视的组成部分。照明在满足人类物质文明方面不断向前发展而成为现代照明。它不仅延长白昼、改变自然,而且还美化环境、装饰建筑、点缀房间、制造和谐气氛和喜气空间,从而满足人们的生理和心理等方面的需求。随着时代的进步,现代照明早已超出照明本身而成为科技进步的一部分。电气照明工程学是一门边沿学科,现代照明与心理学、材料科学、建筑学、环境科学、文化艺术及计算机应用等都有着密切关系。

1)电气照明的组成

电气照明由配电系统和照明系统2套系统组成。

(1)配电系统

配电系统是指电能的产生、输送、分配、控制和耗用的系统。它由电源(市电电源、自备发电机或蓄电池组)、导线、控制和保护设备(开关、熔断器等)和用电设备(各种电光源等)组成。

前面的章节已对此做了相关介绍。

（2）照明系统

照明系统是指光能的产生、传播、分配（反射、折射和透射）和消耗吸收的系统。它由电光源、灯具、室内外空间、建筑内表面和工作面等组成。

配电系统和照明系统既相互独立,但又紧密联系。它们所遵循的基本理论、依据的基本物理量、采用的计算方法都不相同,但2套系统又通过光源紧密联系。光源既是配电系统的末端,又是照明系统的始端。光源的技术参数同时采用电量（W）和光通量（lm）来表示。

2）电气照明设计的原则

电气照明设计的原则是:安全、适用、经济、美观。

8.2　照明基础知识

8.2.1　光

照明技术就是光的应用技术。因此,必须首先掌握光的基本知识。

（1）光

光是能量的一种存在形式,当一个物体（光源）发射出这种能量,即使没有任何中介媒质,也能向外传播,这种能量的发射和传播过程,称为辐射。光是一种辐射能,当光在一种介质中传播时,它的传播路径是直线,称之为光线。

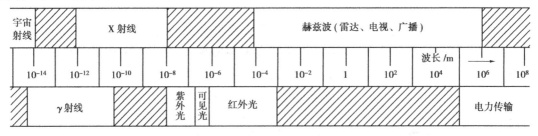

图8.1　电磁波波谱图

光在传播过程中显示出波动性,光在与物质的相互作用中显示出微粒性（光量子）。光是以电磁波的形式进行传播的,不同的电磁波在真空中的传播速度虽然相等,但它们的振动频率和波长各不相同,将各电磁波按波长（或频率）依次排列,可画出电磁波波谱图,如图8.1所示。

人们平时所指的光是指人眼可以看见的可见光,是波长在380～780 nm范围的辐射不同波长的光而引起人的不同色觉,将可见光谱展开,依次呈现红、橙、黄、绿、青、蓝、紫。波长为10～380 nm的电磁波叫紫外线,波长为780 nm～1 mm的电磁波叫红外线。可见光光谱,见图8.2。

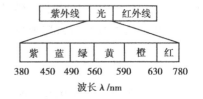

图8.2　可见光谱

（2）光谱光效率

光谱光效率用来评价人眼的视觉灵敏度。不同波长的光在人眼中产生光感觉的灵敏度不同。人眼对波长为 555 nm 的黄绿光感受效率最高，对其他波长的光感受比较低，故称 555 nm 为峰值波长，以 λ_m 表示。用来度量辐射能所引起的视觉能力的量叫光谱光效能。任意波长可见光的光谱光效能 K_λ 与 555 nm 可见光的光谱光效能 $K_m = 683$ lm/W 之比，称为光谱光效率，用 V_λ 表示，它随波长而变化，即

$$V_\lambda = \frac{K_\lambda}{K_m}$$

式中，K_λ——给定波长 λ 时的光谱光效能；

K_m——峰值波长 λ_m 时的最大光谱光效能；

V_λ——给定波长 λ 时的光谱光效率。

光谱光效率曲线，如图 8.3 所示。

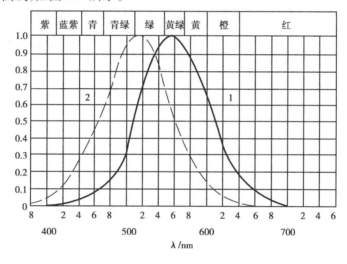

图 8.3　光谱光效率曲线

1—明视觉；2—暗视觉

视觉与亮度的关系是：亮度在 10 cd/m² 以上时人眼为明视觉，若再增加亮度，则眼睛的反应不受影响；亮度在 $10^{-6} \sim 10^{-2}$ cd/m² 之间时，光谱光效率曲线的峰值要向短波长的方向移动，其最大灵敏度值出现在 507 nm 处。

（3）光谱能量分布

光源发出的光由许多不同波长的辐射组成，其中各个波长的辐射能量（功率）也不同。光源的光谱辐射能量（功率）按波长的分布称为光谱能量（功率）分布。用任意值表示的光谱能量分布称为相对光谱能量分布。图 8.4 为常用照明电光源的相对光谱能量分布图。

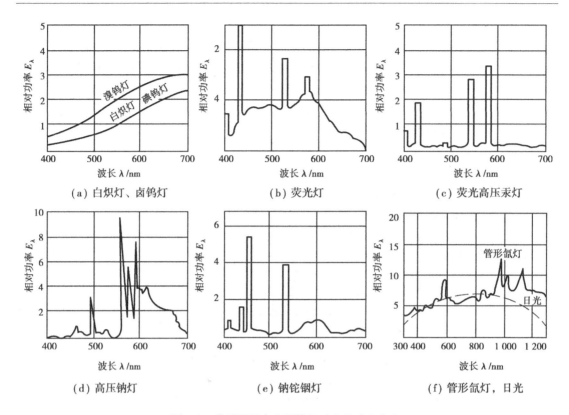

图 8.4　常用照明电光源的相对光谱功率分布

8.2.2　常用的光的度量

在照明设计和评价时,必然会遇到光的定量分析、测量和计算,因此有必要介绍常用的光的度量。

(1)光通量

光通量是光线的时间速率,是指单位时间内光辐射能量的大小。光通量一般就视觉而言,涉及辐射体发出的辐射通量的光谱光效率 V_λ 被人眼所接受,若辐射体的光谱辐射量为 $\Phi_{e,\lambda}$,其光通量 Φ 的表达式为:

$$\Phi = K_m \int_{380}^{780} \Phi_{e,\lambda} V_\lambda \mathrm{d}\lambda \tag{8.1}$$

式中,Φ——光通量;

$\Phi_{e,\lambda}$——光谱辐射通量,即给定波长为 λ 的附近无限小范围内单位时间内发出辐射能量的平均值,$\mathrm{W \cdot nm^{-1}}$。

光通量的单位是流[明](lm)。在国际单位制和我国法定计量单位中,它是一个导出单位。1 lm = 1 cd · sr,即发光强度为 1 cd 的均匀点光源在 1 sr 内发出的光通量。

在照明工程中,光通量是说明光源发光能力的基本量。常用 Φ_s 表示光源的初始光通量。例如,1 只 220 V、40 W 的白炽灯初始光通量为 350 lm,1 只 220 V、40 W 的荧光灯初始光通量为 2 100 lm,初始光通量 Φ_s 一般由制造厂提供光度数据时提供。

(2)发光强度

发光强度为光通量的角密度概念,是指辐射体在不同方向上光通量的分布特性,以符号 I

表示,如图8.5所示。

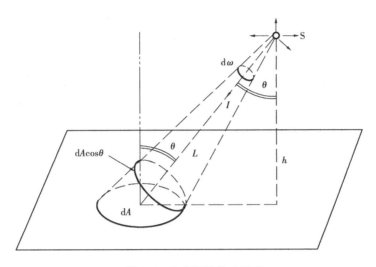

图8.5 点光源的发光强度

S 为点状发光体,它向各个方向辐射光通,若在某方向取微小立体角 dω,在此立体角内所发出的光通量为 dΦ,则 I 为:

$$I = \frac{\mathrm{d}\varPhi}{\mathrm{d}\omega} \tag{8.2}$$

若光源辐射的光通量 $\varPhi_\omega$ 是均匀的,则在立体角 ω 内的平均光强度 I 为:

$$I = \frac{\mathrm{d}\varPhi}{\omega} \tag{8.3}$$

立体角的定义是任意一个封闭的圆锥面内所包含的空间。立体角的单位为(sr)球面度,即以锥顶为球心,以 l 为半径作一圆球,若锥面在圆球上截出面积 A 为 r^2,则该立体角即为单位立体角称为球面度,其表达式为:

$$\omega = \frac{A}{l^2} \tag{8.4}$$

发光强度的单位是 cd(坎[德拉]),在数量上 1 cd = 1 lm/sr。

坎[德拉]是国际单位制和我国法定计量单位制的基本单位之一,其他光度量都是由它导出的。1979 年 10 月第 10 届国际计量大会通过的坎[德拉]定义为:一个光源发出频率为 540×10^{12} Hz 的单色辐射(对应于空气中波长为 550 nm 的单色辐射),若在一定方向上的辐射强度为 $\frac{1}{683}$(W/sr),则光源在该方向上的发光强度为 1 cd。

发光强度常用于说明光源和灯具发出的光通量在空间各方向或在选定方向上的分布密度。例如,1 只 220 V,40 W 白炽灯发出 350 lm 光通量,它的平均光强度为 28 cd。若在该裸灯泡上装 1 盏白色搪瓷平盘灯罩,则灯的正下方发光强度能提高到 70 ~ 80 cd。如果配上 1 个聚焦合适的镜面反射罩,则灯下方的发光强度可以高达数百坎[德拉]。

(3)照度

光通量的面积密度,是指被照面上光的强弱。取微小面积 dA,入射的光通量为 dΦ,则照度 E 为:

$$E = \frac{\mathrm{d}\Phi}{\mathrm{d}A} \tag{8.5}$$

对于任意大小的表面积 A，若入射光通量为 Φ，则表面积 A 上的平均照度为：

$$E_{av} = \frac{\Phi}{A} \tag{8.6}$$

照度的单位为 lx(勒[克斯]),1 lx 的照度是比较小的,在此照度下仅能大致辨认周围物体。例如晴朗的满月夜地面照度约为 0.2 lx,白天采光良好的室内照度约为 100~500 lx,晴天室外太阳散射光(非直射)下的地面照度为 1 000 lx,中午太阳光照射下地面照度可达到100 000 lx。

(4)亮度

发光体在视线方向单位投影面积上的发光强度,称为发光体的表面亮度,如图8.6所示。符号 L,单位有 cd/m^2,nt(尼[特])。

表面亮度定义式为:

$$L_\theta = \frac{I_\theta}{\mathrm{d}A\cos\theta} \tag{8.7}$$

亮度的定义对于一次发光体和二次发光体是同等适用。亮度是一个客观量,但它直接影响人眼的主观感觉。目前在国际上有些国家是将亮度作为照明设计的内容之一。晴天天空的亮度为 $0.5\times10^4 \sim 2\times10^4$ cd/m^2,白炽灯灯丝的亮度为

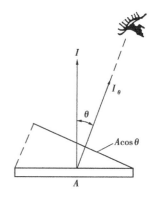

图8.6　说明亮度的示意图

$300\times10^4 \sim 1\,400\times10^4$ cd/m^2,荧光灯灯管的表面亮度仅为 $0.6\times10^4 \sim 0.9\times10^4$ cd/m^2。

8.2.3 光和视觉

1)眼睛

照明与眼睛的关系最直接。眼睛的构造如图8.7所示。视网膜上的感光细胞锥状体和杆状体的分布位置和功能各异。视网膜中央窝部位的锥状体只在明亮的环境下(亮度约 1.0 cd/m^2以上)起作用,这时它能分辨出物体的细部和颜色,并对环境的明暗变化做出迅速的反应。视网膜边缘部位居多的杆状细胞感光性强,在微光环境中(亮度 0.01 cd/m^2以下)仍能感光,但不能分辨颜色,杆状细胞对明暗变化反应缓慢。

2)视觉

(1)暗视觉

在微弱的照度下(视场亮度在 $10^{-6} \sim 10^{-2}$ cd/m^2),视网膜上的锥状体细胞不工作,只有杆状细胞工作的视觉状态称为暗视觉。

(2)明视觉

当视场亮度在 10 cd/m^2 以上时,锥状体细胞的工作起主要作用,这种视觉状态称为明视觉。

(3)中介视觉

当视场亮度在 $10^{-2} \sim 10$ cd/m^2时,杆状体细胞和锥状体细胞同时起作用,这种视觉状态称

为中介视觉。

3)视觉特性

光线射入人眼睛后产生了视觉,是人能够看到物体的形状、色彩和运动,并通过光照作用所产生的明暗关系,使人感受到物体的立体感、质感、空间变化和色彩的变化。只有对光进行合理科学的设计,才能满足人的生理和心理的需求,所以应从视觉特性入手研究,认识视觉特性,方能得到合理光环境设计的正确依据。

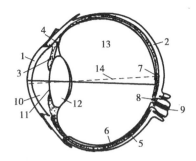

图8.7 眼睛的构造
1—角膜;2—巩膜;3—虹膜;
4—睫状体;5—脉络膜;6—视网膜;
7—中央凹;8—盲点;9—视神经;
10—前房;11—瞳孔;12—晶状体;
13—玻璃体;14—视轴

(1)识别阈限

视觉器官有很大的自调能力,可以在很大的强度范围内感受光的刺激,但也有一个最低限度,当低于这一限度时,就不再能引起视觉器官对光的感觉了。引起光感觉的最低限度的光量,就称为视觉识别阈限,一般用亮度来度量,故又称为亮度阈限。视觉的亮度阈限与诸多因素有关,例如物体的大小、物体和光的颜色、观察时间等。

(2)视野

人的视觉有一定的范围,称之为视野或视场。

(3)视觉适应

当亮度不同时,人的视觉器官感受性也不同,亮度有较大变化时,感受性也随着变化,这种对光刺激变化相顺应的感受性称为视觉适应。视觉适应有明适应、暗适应。人眼从数万勒[克斯](阳光下)到百分之几勒[克斯](月光下)这样宽广的亮度环境下,要能看清识别对象,其感受性也必须随之变化。变化的过渡过程与杆状体和锥状体2种细胞工作替换有关,有的与瞳孔扩大、缩小以及视网膜上的化学变化等因素有关。

①暗适应

暗适应是指由光亮处进入黑暗处视觉的适应过程。暗适应所需过渡时间较长,为30 s~30 min。

②明适应

明适应是指由暗处到亮处视觉的适应过程。明适应所须过渡时间较短,为1~30 s。

在照明设计时,要考虑到人的明适应和暗适应特性,注意过渡空间和过渡照明的设计。在照明设计标准中规定,工作区与非工作区之间有直通门时,其照度之比应控制在5:1以内(最好是3:1)。

(4)后像

视觉不会瞬时产生,也不会瞬时消失,特别是在高亮度的闪光之后往往还可感到有一连串的影像,以不规则的强度和不断降低的频率正负交替出现,在视网膜上仍残留着原物体的影像,这种视觉现象称为后像。正后像是亮的,是与原物体的亮度和色调相同的后像;负后像比较暗,是与原物体的亮度和色调正好相反的后像。

(5)眩光

视场中有极高的亮度或强烈的亮度对比时,就造成视觉降低和人的眼睛不舒适甚至疼痛的感觉,这种视觉现象称为眩光。按其评价的方法,前者称为失能眩光,后者称为不舒适眩光。眩光是评价照明质量的重要标准之一。

失能眩光产生的原因是由于眼内光的散射,从而使像的对比下降,形成了失能眩光。不舒适眩光与瞳孔活动有密切联系,但其资料尚不能满足应用于工程实践。因此,大多数不舒适眩光的评价是根据视场内眩光源的尺寸、亮度、数量、位置,以及背景亮度等因素进行分析。

①影响眩光的原因:

a.周围环境较暗时,眼睛的适应亮度很低,即使是亮度较低的光也会有明显的眩光。

b.光源表面或灯具反射面的亮度越高,眩光越显著。

c.在视场内,光源面积越大,数目越多,眩光越显著。

②影响眩光的生理原因:

a.由于高亮度的刺激,使瞳孔缩小。

b.由于角膜和晶状体等眼内组织产生光散射,在眼内形成光幕。

c.由于视网膜受高亮度的刺激,使顺应状态破坏,眼睛能承受的最大亮度值为 10 ~ 6 cd/m²。如果超过此值,视网膜将会受到损伤。

眩光还可分成直射眩光和反射眩光。光幕反射是反射眩光的一种。眩光是影响照明质量的最重要的因素,因此防止眩光并尽量减少眩光就成为设计人员首要考虑的问题。

以上所述的视觉特性,存在个体差别,即使是同一个人也存在着变异性。除此之外,视觉特性还有视力、对比敏感度、识别速度、视觉疲劳等。

8.2.4 材料的光学性质

材料对光线都具有反射、透射和吸收的作用。反射率(ρ)、透射率(τ)、吸收率(α)三者之和为一,即

$$\rho + \tau + \alpha = 1 \tag{8.8}$$

常见建材的反射和透射推荐值,见表8.1:

表8.1 常见建材的反射和透射推荐值

材料类型	材料名称	反射率/%	吸收率/%
定向反射材料	银	92	8
	铬	65	35
	铝(普通)	60 ~ 73	27 ~ 40
	铝(电解抛光)	75 ~ 84(无光) 62 ~ 70(有光)	
	镍	55	45
	玻璃镜	82 ~ 88	12 ~ 18

续表

材料类型	材料名称	反射率/%	吸收率/%
漫反射材料	硫酸钡	95	5
	氧化镁	97.5	2.5
	碳酸镁	94	6
	氧化氩镁	87	13
	石膏	87	13
	无光铝	62	38
	铝喷漆	35 ~ 40	65 ~ 60
建筑材料	木材(白木)	40 ~ 60	60 ~ 40
	抹灰、白灰粉刷墙壁	75	25
	红砖墙	30	70
	灰砖墙	24	76
	混凝土	25	75
	白色瓷砖	65 ~ 80	35 ~ 20
	透明无色玻璃(1 ~ 3 mm)		
涂料及其他	白色搪瓷	60 ~ 70	35 ~ 25
	白色无光漆	84	16
	白色有光漆	60 ~ 80	40 ~ 15
	象牙色、淡黄色油漆	65 ~ 70	35 ~ 25
	白色塑料	91	9

材料可分为 3 类:定向的反射、透射材料;扩散的反射、透射材料;混合的反射、透射材料。

8.2.5 光的颜色及光源的显色性

颜色视觉正常的人,在光亮条件下能看见光谱的各种波长颜色的光,其波长 λ 范围在 380 ~ 780 nm。

光谱波长变化时,颜色也随之变化。图 8.4 表示常用照明电光源的相对光谱能量(功率)分布。

表达颜色的方法很多,有孟塞尔表色系统、CIE 表色系统等。在照明工程中人们利用黑体加热到不同温度所发出的不同光色来表达一个光源的颜色,称为光源的颜色温度,简称色温。也就是说,一个光源所发出的光的颜色与黑体在某一温度下所发出的颜色相同时,则黑体的这个温度就称为光源的色温,K,各种光源的色温见表 8.2。

表8.2　各种光源的色温

光源	色温/K	光源	色温/K
太阳(大气外)	6 500	钨丝白炽灯(1 000 W)	2 920
太阳(地表面)	4 000 ~ 5 000	荧光灯(昼光等)	6 500
蓝色天空	18 000 ~ 22 000	荧光为(白色)	4 500
月亮	4 125	荧光灯(暖白色)	3 500
蜡烛	1 925	金属卤化物灯	
煤油灯	1 920	钠铊铟灯	4 200 ~ 5 500
弧光灯	3 780	镝铟灯	6 000
钨丝白炽灯(10 W)	2 400	钪钠灯	3 800 ~ 4 200
钨丝白炽灯(100 W)	2 740	高压钠灯	2 100

　　光源显现被照物体颜色的性能称为显色性。CIE 制定了一种评价光源显色性的方法,它是用"显色指数 Ra"表示光源的显色性。光源的显色指数用被测光源下物体的颜色与参照光源下物体颜色相等程度来衡量,标准光源显色指数 Ra 定为 100,常用照明电光源的显色指数 $Ra \leqslant 100$。显色指数越高,显色性越好,一般认为 $Ra = 100 \sim 80$,显色性优良;$Ra = 79 - 50$,显色性一般;$Ra < 50$,显色性较差。常见光源的色温和显色指数,见表8.3。

表8.3　常见光源的色温和显色指数

光源名称	色温/K	显色指数 Ra
白炽灯(500 W)	2 900	95 ~ 100
荧光灯(日光色 40 W)	6 600	70 ~ 80
荧光高压汞灯(400 W)	5 500	30 ~ 40
镝灯(1 000 W)	4 300	85 ~ 95
高压钠灯(400 W)	2 000	20 ~ 25

　　室内的色彩设计是影响室内视觉舒适感的另一个重要因素,色彩只有在创造既生动又富于变化的环境时才是令人满意的。光源和物体的最佳色表往往与室内的照明水平、背景等有着密切的联系。经验表明,所用光源的光色和亮度对室内各表面的色彩有很大的影响。蓝色表面在红色光的照射下可能会呈现绿色,所以在一些特殊的场所,光源的颜色及显色性特别重要,光源与室内设计的色调的密切配合,才能得到满意的设计方案和理想的视觉效果。

8.2.6　照度标准

　　制定照度标准的主要依据是视觉功效特性,同时考虑视觉疲劳、现场主观感觉和照明经济性等因素。随着我国国民经济的发展,对照明的质量越来越重视,制定了众多的照度标准。

　　1956 年国家建委批准并颁发了我国第一部《工业企业人工照明暂行标准》(GB 106—56);

　　1979 年国家建委批准并颁发了《工业企业照明设计标准》(TJ 34—79);

1990 年建设部批准并颁发了《民用建筑照明设计标准》（GB 133—90）；

1992 年建设部批准并颁发了《工业企业照明设计标准》（GB 50034—92）；

所有的建筑设计规范中设有照度标准，例如《中小学建筑设计规范》、《商店建筑设计规范》等；在建筑电气设计规范中也设有照度标准，例如《民用建筑电气设计规范》（GB JG/J16—92）。

在照度标准方面，我国与经济发达国家相比有一定的差距，新编的照明设计标准已考虑了与国际标准的一致性。同时因为我国地域辽阔，各地区经济条件、民族习惯和建筑物使用效率不同，照度标准值给出由 3 个相邻照度等级组成的照度范围，以利于设计人员灵活应用。见附录表 16。

任何照明装置获得的照度，在使用过程中都会逐渐降低。这是由于灯的光通量的衰减，光源、灯具和房间表面受污染造成的。在实际工作场所中，常常不以初始照度作为设计标准，而采取使用照度、维持照度等。

8.3 照明电光源

在照明工程中，使用各种各样的电光源。电光源按其工作原理主要可分为 2 大类：热辐射光源：利用电能使物体加热到白炽的程度而发光的光源，如白炽灯、卤钨灯；气体放电光源：利用气体或蒸气的放电而发光的光源，如荧光灯、荧光高压汞灯、高压钠灯金属卤化物灯等。

通常制造厂给出一些参数来说明光源的特性，以便用户选用光源。说明光源特性的光电参数如下：

（1）额定工作电压（U_e）

光源只能在额定工作电压下才能获得各种规定的特性。光源如低于额定电压使用，光源的寿命虽然可以延长，但发光强度不足；如在高于额定电压下工作，发光强度变强，但寿命缩短。

（2）功率（P_D）

功率是指光源工作额定时消耗的电功率。

（3）光通量（$\varPhi_s$）

在额定工作电压下，灯泡辐射出的额定光通量，一般是指点燃放 100 h 后灯泡的初始光通量。由于灯丝形状的变化，真空度的下降，钨丝蒸发/灯泡壳蒙灰等因数，光源在使用过程中光通量会衰减。生产厂家一般都提供其初始光通量 $\varPhi_s$。

（4）发光效率（η）

灯泡发光效率是指灯泡消耗单位电功率所发出的光通量。

（5）寿命（T）

一般指光源的平均寿命。光源的寿命受电源电压的影响。

（6）光谱能量（相对功率）分布

各种光源光谱能量分布见图 8.4。

（7）启动时间（τ）和再启动时间（τ_1）

（8）色温

色温是指人眼看到光源发出的光的颜色。当光源的颜色与黑体加热到一定温度时所发出的光的颜色相同时,这时黑体的温度就称为该光源的色温。

（9）显色指数（Ra）

显色指数是指在光源的照射下,与具有相同或相近色温的黑体或日光的照射下相比,各种颜色在视觉上的失真程度。

（10）频闪效应

气体放电光源由于交流电周期性的变化,所输出的光通量 Φ_s 也随之周期性地变化,使人眼产生闪烁的感觉,就是频闪效应。频闪效应使人产生错觉而造成事故或视觉的不舒适感,应采取措施将它减轻或消除。

（11）亮度（L）

电光源的表面亮度也是不容忽视的参数,荧光灯就是因为表面亮度低而被广泛采用。

本节着重介绍各种光源的主要工作特性、类型、适用范围等。

8.3.1　白炽灯

白炽灯是第一代光源,白炽灯由玻璃壳、灯丝、芯柱、灯头等组成,如图8.8所示。

白炽灯中用得最多的形式是梨形透明玻璃泡白炽灯,其特点是结构简单、价格低廉,但表面亮度大,易产生眩光。这种白炽灯的派生系列包括磨砂玻璃或乳白玻璃做成的玻璃泡白炽灯,它能使灯光柔和;或形状改成蘑菇形、烛光形及其他异形,增强装饰性。也有采用彩色玻璃做玻璃泡的,作为节日彩灯。

另外各种不同类型的特殊的白炽灯,例如在玻璃上部涂有反射膜的反射型白炽灯,能承受2.5 MPa的水下彩玻白炽灯,采用安全电压（6,12,36 V）的低压白炽灯以及球形白炽灯等。

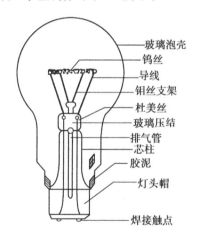

近年来,出现了一些新型的白炽灯,例如灯丝用双螺旋甚至三螺旋钨丝制成,可以提高白炽灯的发光效率。又如采用充氮气制成的普通白炽灯,可以减少对流损失和抑制钨的蒸发,进一步提高了光效和延长了寿命。

图8.8　白炽灯结构图

普通白炽灯是住宅、宾馆、商店等照明的主要光源,一般有梨形、蘑菇形玻璃壳。玻璃壳大都是透明的,也有磨砂及涂乳白色的,目前国外采用乳白色灯泡的发展趋势很快。常用普通照明的白炽灯的光电参数,见附录表17。

装饰灯的泡壳外形千姿百态、色彩多变,与建筑灯具相配,形成多种艺术风格,目前国内生产最多的是蜡烛形和节日灯泡。

反射型灯泡是采用内壁镀有反射层的泡壳制成的,能使光束定向发射,适用于灯光广告、橱窗、体育设置、展览馆等需要光线集中的场合。

白炽灯的特点如下:

①有高度的集光性,便于光的再分配。

②适于频繁开关,点灭次数对性能及寿命影响较小。

③辐射光谱连续,显色性好。

④使用安装方便。

⑤光效最低。

⑥色温在 2 700 ~ 2 900 K,适于用家庭、旅馆、饭店以及艺术照明、信号照明、投光照明等。

⑦白炽灯发出的光与自然光相比呈橙红色。

⑧白炽灯灯丝温度随着电源电压变化而变化,当外接电压高于额定值时,灯泡的寿命大大缩短,而光通量、功率及发光效率均有所增加,否则相反。

⑨磨砂玻璃壳白炽灯的光通量要降低 3%,内涂白色玻璃壳白炽灯的光通量要降低 15%,乳白色玻璃壳白炽灯的光通量要降低 25%。

⑩白炽灯的启动时间为 0 s,瞬时启动。

8.3.2 卤钨灯

卤钨灯是在白炽灯基础上改进而得。卤钨灯主要由电极、灯丝、石英灯管组成。为了提高工作温度,获得高光效,灯丝绕得很密,灯管采用石英玻璃或含硅量很高的硬玻璃制成,管内抽真空后充以微量的卤素(碘化物、溴化物)和氩气。当卤钨灯启燃后,灯丝温度升高,蒸发的钨与卤化物生成卤化钨,卤化钨在高温(灯丝附近)分解成钨和卤化物,钨沉积回到灯丝上,这样蒸发的钨和分解的钨达到一个平衡,形成一个卤钨循环,从而大大抑制灯丝的挥发,提高了寿命。

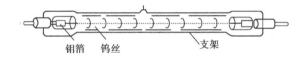

（a）二端引出

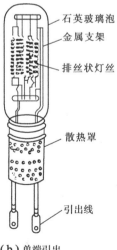

（b）单端引出

图 8.9　卤钨灯外形

卤钨灯有单端引出和双端引出 2 种,构造如图 8.9 所示。

卤钨灯的特点及使用时的注意事项如下：

①寿命较长,最高可达 2 000 h,平均寿命 1 500 h,是白炽灯的 1.5 倍。

②发光效率较高,光效可达 10 ~ 30 lm/W。

③显色性好。

④灯管在使用前应用酒精擦去手印和油污等,否则会影响发光效率。

⑤卤钨灯与一般白炽灯比较,其优点是:体积小、效率高、功率集中,因而可使照明灯具尺寸缩小,便于光控制。适用于体育场、广场、会场、舞台、厂房车间、机场、火车、轮船、摄影等场所。

⑥维持正常的卤钨循环,管形卤钨灯工作时需水平安装,倾角不得大于 ± 4°,以免缩短灯的寿命。

⑦管形卤钨灯正常时管壁温度 200 ℃ 左右,不能与易燃物接近,且灯脚引入线应采用耐高温导线,灯脚与灯座之间的连接应良好。

⑧卤钨灯灯丝细长又脆,要避免震动和撞击。

近年来出现了小型低功率卤钨灯,其中最突出的就是小型卤钨冷光灯,又称 MR 灯。

一些主要品种的卤钨灯的光电参数,见附录表18。

8.3.3 荧光灯

荧光灯是第二代电光源的代表作,具有光色好、光效高、寿命长、光通分布均匀、表面亮度低和温度低等优点,广泛应用于各类建筑的室内照明中,并适用于照度要求高和长时间进行紧张视力工作的场所。

1)荧光灯的构造及工作原理

直管式荧光灯的外形如图8.10所示。

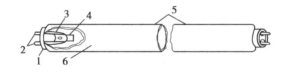

图 8.10　荧光灯结构
1—灯头;2—灯脚;3—芯柱;4—灯丝(钨丝);
5—玻管(充惰性气体,内壁涂荧光粉);6—汞(少量)

荧光灯管的主要部件是灯头、热阴极和内壁涂有荧光粉的玻璃管。热阴极为涂有热发射电子物质的钨丝,玻璃管在真空后充入气压很低的汞蒸汽和惰性气体氩。在管内壁涂上不同的荧光粉,可制成月光色、白色、暖白色以及三基色的荧光灯等。

荧光灯工作线路有预热式线路,电子镇流器的线路,冷阴极启动式线路快速启动式线路。荧光灯工作电路,如图8.11所示。

随着电子工业的发展,电子镇流器已投放市场,大大改善了荧光灯的工作条件。电子镇流器与电感镇流器相比有如下优点:

①在电源电压较低(不低于130 V)、环境温度较低(- 10 ℃ 左右)的情况下都能使荧光灯一次快速启辉(不用启辉器),灯管无闪烁、镇流器本身无噪音。

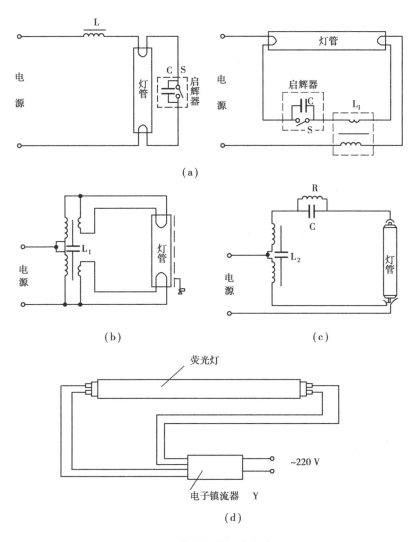

图 8.11　荧光灯的工作电路图

(a)常用的预热式线路;(b)快速启动线路;(c)冷阴极瞬时启动线路;
(d)荧光灯采用电子镇流器的工作线路
L₁—有副线圈的镇流器;L₂—漏磁镇流器;R—泄放电阻

②节约电能,电子镇流器本身的损耗很小,再加上灯管工作条件改善了,故发出同样的光通量所消耗的电功率相应减少了30%左右。

③功率因数大于0.9(用电感镇流器时为0.33～0.52)且阻抗呈容性,故能改善电网功率因数,提高供电效率。

④体积小、质量轻、安装方便,可以直接安装在各种灯具上。

荧光灯的光电参数,见附录表19。

2)荧光灯的特点

①荧光灯的光效高、寿命长。

②开关频繁会缩短灯管寿命,故荧光灯不宜用于开关频繁的场所。电压偏移对荧光灯的

寿命和光效影响较大;还会使荧光灯启动困难,甚至不能启动。

③荧光灯的点燃需经1~3 s的预热,即不是瞬时启动。

④环境温度和湿度对荧光灯的工作影响大,环境温度低于 + 10 ℃启动困难,高于 + 35 ℃则光效下降。在相对湿度超过80%的环境中,启动困难。

⑤荧光灯的灯管、镇流器和启辉器应配套使用,以免造成不必要的损坏。

⑥荧光灯工作在交流电源下,灯管两端不断变化电压极性,当电流过零时,由此会产生闪烁感。这种闪烁感由于荧光粉的余辉作用,人们在灯光下并没有明显感觉,但在灯管老化和近寿终前能明显地感觉出来。荧光灯这种变化的光线用来照明周期性运动物体时就会降低视觉分辨能力,这种现象称为频闪效应。消除频闪可在双管或三管灯具中采用分相供电,在单相电路中可采用电容移相的方法等。

⑦荧光灯的光线柔和,灯管发光面积大,表面光亮度低,眩光小。

⑧荧光灯的光谱成分好,可用不同的荧光粉调和成各种不同的颜色,以适应不同场所的需要。

3)荧光灯的主要类型

荧光灯应用广、发展快,类型多。

(1)直管型荧光灯

直管形荧光灯作为一般照明用,其产量和使用量均是最大的。直管荧光灯的品种很多,除前文所述的日光色荧光灯,冷白色、暖白色、三基色荧光灯之外,还有彩色荧光灯,它们采用不同的荧光粉,可以分别发出蓝、绿、黄、橙、红色光,用作装饰照明或其他特殊用途。

近年来出现了一些新型的直管荧光灯,与普通直管荧光灯相比,管径减小了,光效提高了,寿命延长了,是广泛推广应用产品。

(2)异形荧光灯

目前常用的异形荧光灯主要有 U 形和环形等,改变了原来只有一种类型的局面,使用普遍。如图8.12所示。

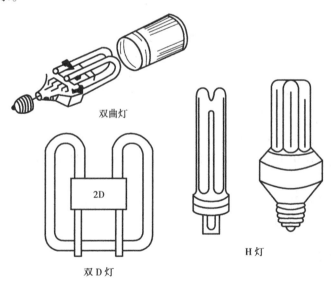

双曲灯

2D

双 D 灯

H灯

图 8.12　荧光灯的主要类型

（3）紧凑型荧光灯

紧凑型荧光灯是近年发展迅速的光源，称为节能灯。已经采用的外形有：双 U 型、双 D 型、H 型等，由于这些灯管具有体积小、光效高、造型美观，又常制成高显色暖色调荧光灯，灯头做成螺口式，可与白炽灯灯座共用，有逐步代替低光效的白炽灯的趋势。

8.3.4　高压汞灯

高压汞灯又称高压水银灯，是一种较新型的电光源。高压汞灯主要优点是发光效率高、寿命长、省电、耐震，广泛用于街道、广场、车站、施工工地等大面积场所的照明。高压汞灯的构造，如图 8.13 所示。

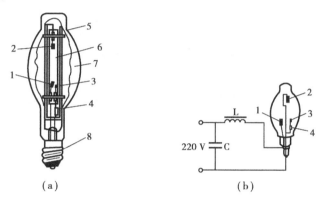

图 8.13　高压汞灯

1—第一主电极；2—第二主电极；3—启动电极；4—限流电极；
5—金属支架；6—内层石英玻璃（放电管，内充适量汞和氩）；
7—外层石英玻壳（内壁涂荧光粉，内外玻壳间充氮）；8—灯头

高压汞灯由灯头、石英放电管和玻璃外壳等主要部件组成，石英放电管抽成真空后，充入一定量的汞和少量的氩气，管内封装由钨制的主电极 E_1、E_2 和辅助电极 E_3。工作时放电管内的压力可升高至 $0.2 \sim 0.6$ MPa，高压汞灯也由此而得名。灯的玻璃外壳内壁涂有荧光粉，它还起着将放电管与外界隔离和保温作用。

高压汞灯按结构不同，可分为自镇流和外镇流 2 种；按玻璃外壳的构造不同分为普通型和反射型 2 种。自镇流高压汞灯是一种改进型的高压汞灯。它利用放电管、钨丝白炽体和荧光粉 3 种发光要素同时发光，是一种混合光源，其光色得到了改善，同时利用钨丝兼作镇流器，在使用时不用外接镇流器。它适用于车站、礼堂、展览馆的室内照明和车站、广场、街道和码头等室外照明。

高压汞灯的特点如下：

①必须串接镇流器。由于 220 V 电压时可使用电感镇流器，如用于 110 V 电压时则必须采用高漏磁电抗变压器式镇流器。

②整个启动过程从通电到放电管完全稳定工作，大约需 $4 \sim 8$ min，灯熄灭之后不能立即启动，需 $4 \sim 8$ min 后才能再启动。

③荧光高压汞灯的闪烁指数为 0.24，再加上起动时间过长，故不宜用在频繁开关或比较重要的场所，也不宜接在电压波动较大的供电线路上。高压汞灯的光色为蓝绿色，与日光的差别大，显色性差。

④价格低。

8.3.5 高压钠灯

高压钠灯是利用钠蒸气放电的气体放电灯,具有光效高、耐震、紫外线辐射小、寿命长、透雾性好、亮度高等优点。适合需要高亮度和高光效的场所使用。如交通要道、机场跑道、航道、码头等场所的照明用。高压钠灯构造,如图 8.14 所示。

高压钠灯是由灯头、玻璃外壳、陶瓷放电管、双金属片和加热线圈等主要部件构成。高压钠灯的光电参数见附录表20。

高压钠灯的特点如下:

①高压钠灯受电源电压变化的影响要比其他气体放电灯大。其中,光通量的变化是电压变化率的 2 倍;电压突然下降超过额定电压的5%,灯泡会自行熄灭。

②高压钠灯以黄、红光为主,故透雾性好。高压钠灯在 -40 ~ +100 ℃环境下均能正常工作,光通量维持良好。

③高压钠灯必须配以专用灯具,以免灯具的反射光回射在灯管上,否则会使放电管温度过高,影响寿命且容易自行熄灭。

④应使用配套的镇流器。

⑤对安装位置有一定要求,一般灯头在上。当灯头在下时,灯泡轴线与水平线夹角不宜超过20°。

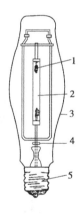

图 8.14 高压钠灯结构
1—主电极;2—半透明陶瓷放电管
(内充钠、汞及氙或氙氩混合气体);
3—外玻壳(内外两层间充氮);
4—消气剂;5—灯头

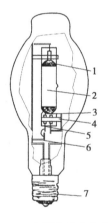

图 8.15 金属卤化物灯结构
1—保温罩;2—放电管
(内充汞、稀有气体及金属卤化物);
3—主电极;4—消气剂;5—启动电极;
6—启动电阻;7—灯头

8.3.6 金属卤化物灯

金属卤化物灯是近几年发展起来的第三代光源。其优点是光效高、光色好,适用于电视摄影、印染、体育馆及需要高照度、高显色性的场所。

(1)金属卤化物灯的构造

金属卤化物灯主要由一个透明的玻璃外壳和耐高温的石英玻璃管组成。壳和管之间充入氮气和其他惰性气体、汞蒸气和金属卤化物(碘化钠、碘化铊、碘化铟等),目前常用的金属卤化物有镝灯、钠铊铟灯、氙灯等。该灯结构如图8.15所示。

镝灯是在高压汞灯的基础上改进而得到的,它的构造大体与高压汞灯相同,只是为了改善启动性能,在主电极 E_2 旁边多加1个辅助电极 E_4。它的工作原理也与高压汞灯相同,但由于充入碘化镝,使灯管的工作电压和启动电压都升高了。因此,要采用380 V的交流电源供电,如采用220 V电源时,需配用相应的漏磁升压器。

氙灯是较理想的一种光源,光谱能量分布图形接近于太阳光谱,点燃方便,不需要镇流器,自然冷却,能瞬时启动,适用于广场、海港、机场的照明,点燃时会产生一定的紫外线辐射。氙灯根据性能主要分为4种:直管形氙灯、水冷式氙灯、管形汞氙灯、长弧氙灯。

(2)金属卤化物灯的特点和使用注意事项

①当放电管工作时,金属卤化物被气化并在电弧中心处被分解为金属原子和卤素原子,由于金属原子的参加,被激发的原子数目大大增加,使光效提高很多。同时,在放电辐射中,金属光谱占支配地位,适当选择几种金属卤化物并控制好它们的比例,则可得到很理想的光色。

②电源电压变化会引起光效、光色的变化,电压变化时,比高压汞灯更易引起自熄,故 $\eta_{\Delta U}$ 不应超过 ±5%

③除了JZG—400钠铊铟灯可配用高压汞灯镇流器外,其余的应配套使用专用的镇流器、漏磁变压器或触发器。

④应按产品的具体规范进行安装,否则影响光色、寿命等。

金属卤化物灯的光电参数,见附录表21。

8.3.7 低压钠灯

低压钠灯是基于在低气压钠蒸气放电中钠原子被激发而发光的原理制成的,以波长为589 nm的黄光为主体,在这一波长范围内,人眼接收谱光效率很高,所以低压钠灯光效很高,可达150 lm/W以上。低压钠灯的结构,见图8.16。

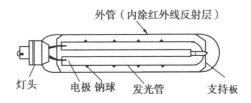

图8.16 低压钠灯结构

低压钠灯由钪钠玻璃制成的,放电管放在圆筒形的外套管内。放电管内除封入钠以外,还充入氖氩混合气体以便于启动。为减少热损失提高发光效率,外套管内部抽真空,且在其内壁涂上氧化铟之类透明红外线反射层。

低压钠灯的点燃是以开路电压较高的漏磁变压器进行直接启动,冷态启燃时间约为8~10 min,热态下的再启燃时间不到1 min。低压钠灯的寿命2 000~5 000 h,点燃次数对灯寿命影响很大,并要求水平点燃,否则也会影响寿命。

低压钠灯的显色性很差,Ra为20~25,一般不宜作室内照明光源,可用于显色性要求不高的厂区、道路等室外照明。由于黄光透雾性好,用于隧道及道路等场所的照明将优于其他光源。

常用低压钠灯的光电参数,见附录表22。

8.3.8 霓虹灯

霓虹灯又称氖气灯,它是一种辉光放电光源,主要由灯管、电极和引入线组成。霓虹灯常用于建筑装饰,在娱乐场所、商业及广告中应用尤其普遍,是一种用途广泛的装饰用光源。

霓虹灯的灯管是一根密封的玻璃管,常用的管径是 6 ~ 20 mm。灯管内抽成真空后充入氖、氩、氦等惰性气体中的 1 种或多种,还可充入少量的汞。灯管的玻璃可以是无色的,也可以是彩色的,管内壁还可以涂上荧光粉。根据充入的气体、管玻璃的色彩和荧光粉性质,可得到多种不同光色的霓虹灯。

霓虹灯玻璃管的两端装有电极,电极多采用铜制成,表面经过一定的化学处理,可防止被腐蚀。由电极引出与电源相连的引入线,要求与玻璃具有基本相同的热膨胀性能。为了防止玻璃破裂,一般采用镍铁合金制成。

当通过工作变压器将 10 ~ 15 kV 高压加在霓虹灯两端时,管内气体被电离激发,使管内气体导通,发出彩色的辉光。加在霓虹灯两极的电压大小取决于灯管的直径和长度,并与管内充气体的种类和气压有关。应加的电压基本上反比于灯管直径,正比于灯管长度。霓虹灯用的变压器是高漏磁的变压器,有较高的开路电压保证了霓虹灯灯管的导通。一旦导通后,由于漏磁的存在,电压会下降,限制了灯管电流,其作用类似于荧光灯的镇流器。这种变压器即使二次侧短路,由于漏磁增大,短路电流也比正常工作电流高 15% ~ 25%。当变压器二次侧开路电压高于 7 500 V 时,因二次侧绕组一般设有中心抽头,并接地,可以减小变压器二次侧在工作状态下的对地电压,因而可减少危险性。例如常用的霓虹灯变压器容量为 450 V·A,一次侧电压 220 V,电流 2 A;二次侧电压 15 000 V,工作电流 24 mA,短路电流 30 mA。这种变压器能点亮管径为 12 mm,长约 12 m 的充氖气灯管。若改充氩气和少量汞则可点亮同直径的、长 14.5 m 的灯管,或充氦气长 8 m 的灯管。

为了使由多个霓虹灯组成的图案不断变化,可以采用不同的控制方法,如热控式、滚筒控制式,凸轮控制式、电子控制式等。

8.3.9 新型照明介绍

自 20 世纪 90 年代以来,推出很多照明的新材料、新技术、新光源。紧凑型荧光灯、高频无级荧光灯、金属卤化物灯等新型电光源,光纤照明、激光灯、微波硫灯、LED 灯、介质柱挡放电的平面光源、超细管荧光灯、太空灯球、变色霓虹灯的出现,大大提高了照明光效和节能效果。

光触媒技术是将二氧化钛涂在光源或灯具表面形成防污和净化环境的膜层,利用它在光线的照射下对有机物产生分解的作用及光催化作用原理,实现光源和灯具防污和净化环境的技术。此技术在日本开始应用,效果良好。

纳米材料和技术是在光源或灯具表面涂上纳米材料膜层,不仅可以吸收紫外线,而且有防污与自洁的作用,任何粘在表面上的油污、有机物或细菌在光线照射下,由于纳米材料的催化作用,可分解为气体或易于清洗的物质。

LED 灯又称发光二极管,它利用固体半导体芯片作为发光材料,当两端加上正向电压,半导体中的载流子发生复合,放出过剩的能量而引起光子发射产生可见光。长期以来,由于LED 光效低的原因,其应用主要集中在各种显示领域。随着超高亮度 LED(特别是白光 LED)

的出现,其在照明领域的应用成为可能。据国际权威机构预测,21世纪将进入以 LED 为代表的新型照明光源时代,被称为第四代新光源。LED 半导体发光二极管,是国际公认的下一代固态照明光源,现已经在一些照明领域得到广泛应用,这将引发照明工业的新飞跃,给社会带来巨大的能源和环保效应。

由于 LED 光源具有发光效率高、耗电量少、使用寿命长、安全可靠性强、有利于环保等特性,近几年在城市灯光环境中得到了广泛的运用。目前已应用于数码幻彩、护栏照明、广场照明、庭院照明、投光照明、水下照明系列。LED 灯将是21世纪光源的最亮点。

8.3.10 电光源的比较选择

(1)电光源的性能比较

表8.4列出了电光源的性能比较。

表8.4 常用照明电光源的性能比较

性能 ＼ 种类 子类	白炽灯		荧光灯	荧光高压汞灯		高压钠灯		金属卤化物灯
	普通白炽灯	卤钨灯		普通型	自镇流型	普通型	高显性	
额定功率范围/W	15~1 000	500~2 000	6~125	50~1 000	50~1 000	35~1 000	35~1 000	125~3 500
发光效率/(lm·W⁻¹)	7.4~19	18~21	27~82	25~53	16~29	70~130	50~100	60~90
寿命/h	1 000	1 500	1 500~5 000	3 500~6 000	3 000	6 000~12 000	3 000~12 000	500~2 000
显色指数 Ra	99~100	99~100	60~80	30~40	30~40	20~25	70	65~85
色温/K	2 400~2 900	2 900~3 200	3 000~6 500	5 500	4 400	2 000~2 400	2 300~3 300	4 500~7 500
启燃时间	瞬时	瞬时	1~3 s	4~8 min	4~8 min	4~8 min	4~8 min	4~10 min
再启燃时间	瞬时	瞬时	瞬时	5~10 min	3~6 min	10~20 min	10~20 min	10~15 min
功率因数	1	1	0.33~0.53	0.44~0.67	0.9	0.44	0.44	0.44~0.61
频闪现象	不明显	不明显	明显	明显	明显	明显	明显	明显
表面亮度	大	大	小	较大	较大	较大	较大	大
电压变化对光通量的影响	大	大	较大	较大	较大	大	大	较大
温度变化对光通量的影响	小	小	大	较小	较小	较小	较小	较小
耐震性能	较差	差	较好	好	较好	较好	较好	好
所需附件	无	无	镇流器、启辉器	镇流器	无	镇流器、触发器	镇流器、触发器	镇流器、触发器

从表8.4可以看出:光效较高的有低压钠灯、高压钠灯、高压汞灯、金属卤化物灯和荧光灯等,显色性较好的有白炽灯、卤钨灯、荧光灯、金属卤化物灯等;寿命较长的光源有高压汞灯和高压钠灯;能瞬时启动、再启动的光源是白炽灯;输出光通量随电压波动变化最大的是高压钠灯、高压汞灯,影响最小的是荧光灯。维持气体放电对灯正常工作不至于自熄是很重要的,从实验得知,荧光灯当电压降至160 V,高强度气体放电灯电压降至190 V就要自熄。

(2)电光源的选用

选用电光源首先要考虑环境条件(空气的温度、湿度、含尘、有害气体、蒸气、热辐射等),其次要满足照明设施的使用要求(照度、显色性、色温、启动、再启动时间等),最后综合考虑初投资费用与年运行维护费用。

常用的光源有白炽灯和荧光灯。白炽灯光线明亮、色差小、显色性好、价格低廉、安装使用简便;缺点是耗电量大、光效低、寿命短。荧光灯的光线近似日光,光线柔和、光效高、寿命长、但需启动设备。低色温场所不宜配用预热式荧光灯,以免启动困难;有空调的房间不宜选用发热量大的白炽灯、卤钨灯等,以减少空调用电量;电源电压波动较大的场所,不宜选用容易自熄的高强度气体放电灯;机床设备旁的局部照明不宜选用气体放电灯,以免产生频闪效应;有振动的场所不宜采用卤钨灯等。

按照明设施的目的和用途不同,不同场所对电光源也有不同的要求。对显色性要求较高的场所,如美术馆、商店、化学分析实验室、印染车间等应选用平均显色指数 $Ra \geqslant 80$ 的光源;考虑环境舒适的场合,照度较低时(一般 $E \leqslant 100$ lx)宜适合低色温光源,照度较高时(200 lx)宜采用高色温光源;转播彩色电视的体育运动场所除满足照度要求外,对光源的色温及显色性也有所要求;频繁开关的场所宜采用白炽灯;需要调光的场所宜采用白炽灯和卤钨灯;要求瞬时点亮的场所,如事故照明就不能采用启动和再启动时间都较长的高强度气体放电灯;要求防射频干扰的场所对气体放电灯的使用要特别谨慎。

光源的光效对照明设施的灯具数量、电气设备费用、材料费及安装费等均有直接的影响。选用高光效的光源可减少投资和年运行费,选用长寿命光源可减少维护工作,降低运行费用。

8.4 照 明 器

照明器是根据人们对照明质量的要求,重新分布光源发出的光通、防止人眼受强光作用的一种设备,包括光源,控制光线方向的光学器件(反射器、折射器),固定和防护灯泡以及连接电源所需的组件,供装饰、调整和安装的部件等,是光源和灯具的总称。灯具的主要作用就是固定和保护电光源,并使之与电源安全可靠地连接,合理分配光输出,装饰和美化环境。

照明设计的一个重要环节就是根据照明要求和环境条件,选择合适的照明器或照明装置,并且要求照明功能和装饰效果的协调和统一。

8.4.1 照明器的特性

照明器的特性通常以光强分布、亮度分布及保护角、光输出比3项指标来描述。

1）光强的空间分布

照明器的光强空间分布是照明器的重要光学特性，也是进行照明计算的主要依据。照明器的光强在空间分布特性是用曲线来表示的。

有关配光的术语，如图 8.17 所示。

（1）配光

照明器在空间各个方向的光强分布称为配光，意即光的分配。光源本身也有配光，当光源装入灯具后，由于灯具的作用，光源原先的配光将会发生改变，成为照明器的配光。

（2）光特性

光源或照明器的光强在空间各方向上的分布可以用多种方法表示，例如可以用数学解析式表示、用表格表示或用曲线表示等。无论用哪一种方法表示的光强分布都可以认为是光源或照明器的配光特性。如果用曲线表示，则该曲线称为配光特性曲线，简称配光曲线。

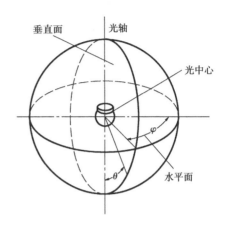

图 8.17　配光术语

（3）中心

把一个光源（或照明器）看成是一个点，该点所在的位置就称为光中心。大多数情况下，发光体的光中心就是该发光体的几何中心，对于敞开式的非透明灯罩组成的照明器，光中心指的是出光口的中心。

（4）光轴

通过光中心的竖垂线称为光轴。

（5）垂直角与垂直面

观察光中心的方向与光轴向下方向所形成的夹角称为垂直角，常用 θ 或 H 来表示。垂直角所在的平面称为垂直面。凡是包含光轴的任何平面均称为垂直面。

（6）水平角与水平面

如果选一垂直面为基准面，那么观察方向所在的垂直面与基准垂直面之间形成的夹角就是水平角，常用 φ 或 C 来表示。垂直于光轴的任意面均称为水平面。观察方向所在的垂直面与任意水平面的交线和基准垂直面与该水平面的交线之间的夹角就是水平角。

2）配光特性表示

照明器配光特性的表示方法有多种，它们各有各的特点和用途。这里只介绍室内照明中目前最常用的几种配光特性表示方法。

（1）极坐标表示法

极坐标表示法是应用最多的一种照明器光强空间分布的表示方法，它最适合于具有旋转对称配光特性的照明器。例如装有普通白炽灯、高压汞灯、高压钠灯及部分金属卤化物灯的照明器，只要其中灯具形状具有旋转对称性，则照明器的光强空间分布相对于光轴呈旋转对称形式。

具有对称配光特性的照明器，只要取其中一个垂直面，将照明器在这个垂直面上的光强分布画出来,再将画有光强分布的垂直面绕光轴旋转1周,就可以得到该照明器的光强空间分布了。现以乳白玻璃水晶吊灯为例来说明配光特性的极坐标表示法。这种照明器内装的光源是普通白炽灯,灯具形状又旋转对称,因此它发出的光强在空间的分布基本上是旋转对称,见图8.18。

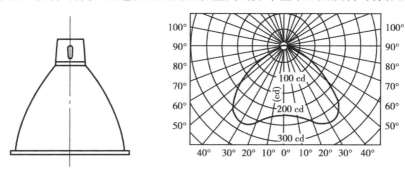

图8.18　旋转轴对称灯具的配光曲线

对具有非对称配光特性的照明器,例如直管荧光灯照明器,其光强空间分布还可以对光轴呈旋转对称,则应画出多个测光面的配光曲线。也可以采用等光强曲线(等烛光图)来表示其光分布,如图8.19所示。

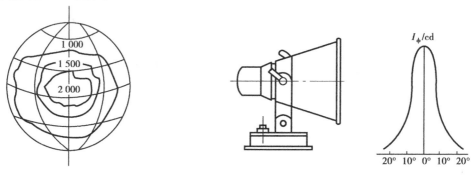

图8.19　等光强曲线图　　　　　图8.20　直角坐标配光曲线

室内照明灯具多数采用极坐标配光曲线来表示其光强的空间分布。

(2)直角坐标表示法

照明器的特性也可以表示在直角坐标上,纵坐标表示光强,横坐标表示垂直角。用直角坐标表示配光比较窄的照明器(聚光灯等),其坐标表示的光强分布与空间位置相一致,因此比较形象。见图8.20。

(3)标准理论光强分布

为了使照明计算标准化,并促使照明器的光强分布和外观趋向规范化,英国CIBS提出了10种理论光强分布。美国带域空腔法中提出了5类理论光强分布(A,B,C,D,E),见图8.21。

必须注意:无论是曲线还是用表格表示的配光曲线,其中的光强值并不是实际照明器的光强值,它是在照明器中的光源光通量输出为1 000 lm时的光强值。当实际装有的光源的光通量输出不是1 000 lm时,应进行换算。

3)照明器的亮度分布和保护角

照明器的亮度分布和保护角对照明质量的影响较大,它是评价视觉舒适感的重要依据。

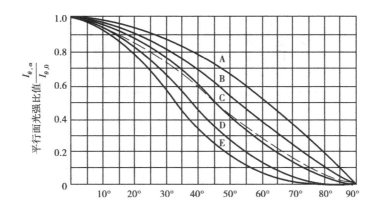

图 8.21 平行面光强分布的分类

(1)照明器的亮度分布

照明器的亮度分布是指照明器在不同观察方向上的亮度与表示观察方向的垂直角间的关系。照明器的亮度分布可以用极坐标或直角坐标表示。在实际应用中,照明器的亮度对照明质量产生影响主要发生在垂直角45°及其以上的范围内,因此常常只需画出该垂直角范围内的亮度分布曲线。CIE 给出了亮度限制曲线,见图 8.22。

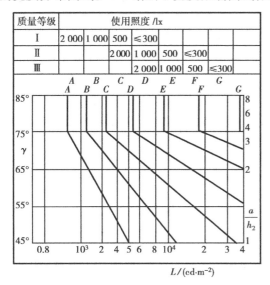

(a)适用于
①所有无发光侧面的灯具;
②有发光侧面的长条形的灯具,
　从纵向看(C_{90}—C_{270} 平面)

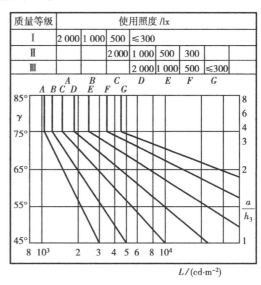

(b)适用于
①有发光侧面的所有非长条形灯具;
②有发光侧面的长条形灯具,从横
　向看(C_0—C_{180} 平面)

图 8.22　照明器的亮度限制曲线

(2)照明器的保护角

照明器的保护角 α 是指照明器出光口遮蔽光源发光体使之完全看不见的方位与水平线的夹角,如图 8.23 所示。

一般情况下,照明器的保护角 α 是光源的发光体与灯具出光口下沿的连线和水平线之间的夹角。格栅式灯具的保护角计量方法与一般照明器不同,它是一片格片上沿与相邻格片下

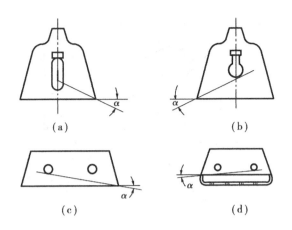

图 8.23　照明器的保护角

(a)透明灯泡;(b)乳白灯泡;(c)双管荧光灯下敞口控照型照明器;
(d)双管荧光灯下口透明控照型照明器

沿的连线和水平线的夹角。

从提高照明质量的要求出发,希望照明器的亮度低一些,保护角大一些为好,最好能达到45°。但保护角大的照明器,光源发出的光很大一部分将被灯具吸收,因此照明器的输出光通量被减少。一般来说,照明器的保护角范围应选在15°~30°范围内,这样就能控制照明器在60°~75°范围内的亮度。格栅式灯具的保护角常取25°~45°,保护角越大,照明器的光输出就越小。

4)照明器的效率

照明器的效率 η(亦称光输出比)是照明器的主要质量指标之一。光源在照明器内由于灯腔温度较高,光源发出的光通量比裸露点燃时或少或多,同时光源辐射的光通量经过照明器光学部件的反射和透射必然要引起一些损失,所以照明器光输出比总是小于1,其值可用下式计算:

$$\eta = \frac{\Phi_1}{\Phi_s} \times 100\% \qquad (8.9)$$

式中,Φ_1——照明器出射的光通量;

Φ_s——照明器裸露点燃时出射的光通量。

照明器的效率很大程度上取决于灯具,即使更换照明器内的光源,只要光源的形状和尺寸变化不大,那么照明器的效率也变化不大。照明器的效率与灯具的形状、所用的材料和光源在灯具内的位置有较大的关系。

投光灯(泛光灯)常用有效效率 $\eta_{有效}$ 来表示,它是指照明器发出的光束中,光强不小于1/10峰值光强范围内光束光通量与照明器内光源发出的总光通量之比。

8.4.2　照明器的分类

照明器种类繁多,其分类方法也很多,这里介绍几种主要分类。

1)按照明器结构分类

(1)开启型

光源裸露在外的照明器,灯具是敞口的或无灯罩的。照明器的效率较高。

（2）闭合型

透光罩将光源包围起来的照明器。但透光罩内外空气能自由流通,尘埃易进入罩内,照明器的效率主要取决于透光罩的透射比。

（3）封闭型

透光罩固定处加以封闭,使尘埃不易进入罩内,但当内外气压不同时空气仍能流通。

（4）密闭型

透光罩固定处加以密封,与外界可靠地隔离,内外空气不能流通。根据用途又分防水防潮型和防水防尘型,适用于浴室、厨房、潮湿或有水蒸气的车间、仓库及隧道、露天堆场等场所。

（5）防爆安全型

这种照明器适用于在不正常情况下可能发生爆炸危险的场所。其功能主要使周围环境中的爆炸性气体进不了照明器内,可避免照明器正常工作中产生的火花而引起爆炸。

（6）隔爆型

这种照明器适用于在正常情况下可能发生爆炸的场所。其结构特别坚实,即使发生爆炸,也不易破裂。

（7）防腐型

这种照明器适用于含有腐蚀性气体的场所。灯具外壳用耐腐蚀材料制成,且密封性好,腐蚀性气体不能进入照明器内部。

2）按安装方式分类

（1）吸顶式

照明器吸附在顶棚上。适用于顶棚比较光洁且房间不高的建筑内。这种安装型式常有一个较亮的顶棚,但易产生眩光,光通利用率不高。

（2）嵌入式

照明器的大部分或全部嵌入顶棚内,只露出发光面。适用于低矮的房间。一般来说顶棚较暗,照明效率不高。若顶棚反射比较高,则可以改善照明效果。

（3）悬吊式

照明器挂吊在顶棚上。根据挂吊的材料不同可分为线吊式、链吊式和管吊式。这种照明器离工作面近,常用于建筑物内的一般照明。

（4）壁式

照明器吸附在墙壁上。壁灯不能作为一般照明的主要照明器,只能作为辅助照明,富有装饰效果。由于安装高度较低,易成为眩光源,故多采用小功率光源。

（5）枝形组合型

照明器有多枝形灯具组合成一定图案构成,俗称花灯,一般为吊式或吸顶式,以装饰照明为主。大型花灯灯饰常用于大型建筑大厅内,小型花灯也可用于宾馆、会议厅等。

（6）嵌墙型

照明器的大部分或全部嵌入墙内或底板面上,只露出很小的发光面。这种照明器常作为地灯,用于室内作起夜灯用,或作为走廊和楼梯的深夜照明灯,以避免影响他人的夜间休息。

（7）台式

主要供局部照明用,如放置在办公桌、工作台上等。

(8)庭院式

主要用于公园、宾馆花园等场所,与园林建筑结合,无论是白天或晚上都具有艺术效果。

(9)立式

立灯又称落地灯,常用于局部照明,摆设在沙发和茶几附近。

(10)道路、广场式

主要用于广场和道路照明。

(11)建筑化照明

是将光源隐藏在建制结构或装饰内,并与之组合成一体。通常有发光顶棚、光带、光梁、光柱、光檐等。

3)按配光分类

根据照明器上射光通量和下射光通量占照明器输出光通量的比例进行分类,又称为 CIE 配光分类,见表 8.5。

表 8.5　照明器 CIE 分类

灯具类别	直接	半直接	直接—间接(漫射)		半间接	间接
光强分布						
光通分配 /% 上	0~10	10~40	40~60		60~90	90~100
下	100~90	90~60	60~40		40~10	10~0

(1)直接型

灯具由反光良好的非透明材料制成,如搪瓷、抛光铝或铝合金板和镀银镜面。直接型照明器的效率较高,但因上射光通量几乎没有,故顶棚很暗,与明亮的灯容易形成强烈的对比,又因光线方向性强,易产生较重的阴影。

(2)半直接型

这种照明器的灯具常用半透明材料制成,下方为敞口形,它能将较多的光线直接照射到工作面,又可使空间环境得到适当的亮度,改善了房间内的亮度比。

(3)直接间接型(漫射型)

上射光通量和下射光通量基本相等的照明器即为直接间接型。照明器向四周均匀透光的型式称为漫射型,它是直接间接型的一个特例,乳白玻璃球形照明器属于典型的漫射型。这类照明器采用漫射材料制成封闭式的灯罩,造型美观,光线均匀柔和,但是光损失较多,光通量利用率较低。

(4)半间接型

半间接型的灯具上半部分用透明材料或敞口形式,下半部分用漫射材料制成。由于上射光通量的增加,增强了室内散射光的照明效果,使光线更加均匀柔和。在使用过程中,灯具上部很容易积灰,照明器效率较低。

（5）间接型

这类照明器光线几乎全部经顶棚反射到工作面,因此能很大程度地减弱阴影和眩光,光线极其均匀柔和。但用这种照明器照明时,缺乏立体感,且光损失很大,极不经济。常用于剧场、美术馆和医院。若与其他型式的照明器混合使用,可在一定程度上扬长避短。

对于直接型照明器,还可以按照其配光的宽窄来分类,这种分类方法是根据照明器的允许距高比 λ 的值来分,也叫按距高比分类。还可以按照外壳的防护等级（IP）来分类。

此外,照明器按照用途来分可分为以功能为主的灯具、以装饰为主灯具以及专业用灯;照明器还可以按触电保护等级分类、按安装面材料的可燃与不可燃性等要求来分类。

随着电光源工业的发展,新的高效节能灯具的出现,对各种照明场所、照明原理的深入研究,新的作业场所的出现,新技术和新工艺的使用,新型灯具不断涌现,给灯具工业的发展提供了有利的条件。

4）国际近期发展趋势

①大力发展节能照明灯具。使灯具体积更小、效率更高。如细管径荧光灯、紧凑型荧光灯、高压钠灯、金属卤化物灯等,以及 T8,PR,MR 等形式的灯具。

②开发新的照明场所所需的灯具。如现代化办公室照明、新的作业面的照明、室内墙面和天花板上均匀照明用的各种灯具。

③改善灯具的照明质量:如采用块板灯具、格栅灯具、棱晶灯具等。

④特种应用灯具。紫外线、红外线灯具已应用于工农业、医疗保健、国防军事等场所。

⑤应用电子学技术,开发灯用附件,以集成元件做的电子镇流器、电子调光器、电子启辉器等。

⑥应用高新技术开发新灯具。如可变光束颜色的投光灯等。

总之,照明器产品发展的总趋势是节能、高效、长寿命、环保,控制电路电子化以及灯和控制电路整体化,向着高技术、高难度、成套性强的方向发展,以适应现代智能建筑的需要。照明器的选用可查阅《灯具设计安装图册》以及各生产厂家的产品样本。

5）照明设计中选用照明器的基本原则

①符合使用场所的环境条件。

②合适的光特性:光强分布、照明器的表面亮度、保护角等。

③外型与建筑相协调。

④经济性:照明器光输出比、电气安装容量、初投资及维护运行费用等。

灯具在室内起着重要的装饰作用,因此,在选择灯具时应符合室内空间的用途和格调,要同室内空间的体量和形状相协调,还应根据个人的爱好、结合房间的总体设计加以考虑。民用灯具种类很多,其造型、图案及与房间所体现的风格有很大关系。如果房间的总体设计偏向于古朴典雅,可尽量选用具有我国民族传统的以仿古宫灯、有国画图案的,或灯座用竹片、藤芯制作的灯具;如果房间的总体设计偏向于活泼、明快,可选择有现代感、造型明快简洁、有几何图案的各类灯具;需要装饰华丽的场所,可选用仿金电镀灯架及透明或刻花喷金的玻璃灯罩等。灯具的大小应当和居室面积以及家具规格的大小相适应,以求整体布局的和谐。

美国在 1991 年正式提出绿色照明工程计划,目的是为了节约照明用电和减少生产和使用期间以及使用后的环境污染。照明节电的概念是在不降低人们生活环境照明质量的前提下采用的措施。目前照明节电的途径有二:其一是合理设计布局照明,减少无效照明;其二是大量采用高效节能灯具和新光源及节能器件,达到实用、高效、艺术、节能的目的。我国近年来也逐步推行绿色照明工程。

8.4.3 照明器的布置

照明器的布置是照明设计的一个重要环节。布置方式与照明效果有密切的关系,照明器的布置可从高度布置和水平布置2方面着手。

1)高度布置

考虑到安全、灯具的光通利用率及眩光的要求,按《建筑电气设计技术规程》(JGJ 16—82),照明器的安装最低悬挂高度,见表8.6。

表8.6 室内一般照明器最低的悬挂高度

序号	光源种类	照明器型式	照明器的保护角	光源功率/W	最低悬挂高度/m
1	白炽灯	有反射罩	10°~30°	≤60	2.0
				100~150	2.5
				200~300	3.5
				≥500	4.0
		乳白玻璃漫射罩		≤100	2.0
				150~200	2.5
				300~500	3.0
2	卤钨灯	有反射罩	10°~30°	≤500	6.0
				1 000~2 000	7.0
		有反射罩带格栅	30°	≤500	5.5
				1 000~2 000	6.5
3	荧光灯	无反射罩		≤40	2.0
				>40	3.0
		有反射罩		≤40	2.0
4	荧光高压汞灯	有反射罩	10°~30°	>125	2.0
				125~250	5.0
				≥400	6.0
		有反射罩带格栅	30°	≤250	4.0
				≥400	5.0
5	高压钠灯	搪瓷反射罩	10°~30°	250	6.0
		铝抛光反射罩		400	7.0
6	金属卤化物灯	搪瓷反射罩	10°~30°	250	6.0
		铝抛光反射罩		1 000	7.5

2) 水平布置

照明器的水平布置可分为选择性布置和均匀布置。布置应满足的要求是:

①规定的照度。

②工作面上的照度均匀。

③光线的射向适当,无眩光,无阴影。

④光源安装容量减至最小。

⑤维护方便。

⑥布置整齐美观,并与建筑空间相协调。

照明器布置是否合理,主要取决于灯具的间距 S 和计算高度 h 的比值,在 h 已定的情况下,S/h 值小,经济性差,S/h 值大,则不能保证照度均匀度。通常每个照明器都有一个"最大允许距高比",表8.7列出了部分照明器的最大允许距高比。

表8.7 常用照明器的最大允许距高比

照明器	型号	光源种类及容量/W	最大允许距高比 S/h		最低照度系数
			A—A	B—B	
配照型照明器	GC1—A	B150	1.25		1.33
	GC1—B	G125	1.41		1.29
广照型照明器	GC3—A/B—2	G125	0.98		1.32
		B200,150	1.02		1.33
深照型照明器	GC5—A/B—3	B300	1.40		1.29
		G250	1.45		1.32
	GC5—A/B—4	B300,500	1.40		1.31
		G400	1.23		1.32
简式荧光灯	YG1—1	1×40	1.62	2.22	1.28
	YG2—1	1×40	1.42	1.28	1.29
	YG2—2	2×40	1.33	1.28	1.29
吸顶式荧光灯	YG6—2	2×40	1.48	1.22	1.29
	YG6—3	3×40	1.5	1.26	1.30
嵌入式荧光灯	YG15—2	2×40	1.25	1.20	—
	YG15—3	3×40	1.07	1.05	1.30
搪瓷罩卤钨灯	DD3—1000		1.25	1.40	—
	DD1—1000	1 000	1.08	1.33	
	DD6—1000		0.62	1.33	
房间较低且反射条件较好		灯排数≤3	—		1.15~1.2
		灯排数>3			1.10
其他白炽灯布置合理时			—		1.1~1.2

在实际设计中,因为要考虑房间的设备位置、屋架、大梁型式、建筑结构等因素。一般很难求得理想的 S/h 值,只能做到尽量合理,实际上要经过反复计算才能确定较合理的 S/h 值。

为了使整个房间有较好的亮度分布,照明器的布置除选择合理的距高比外,还应注意与天棚的距离。当采用均匀漫反射配光的照明器时,照明器与天棚的距离和工作面与天棚的距离之比宜在 0.2~0.5。照明器布置要与建筑结构形式、工艺设备,其他管道布置情况相适应以及满足安全维修等要求。厂房内照明器一般安装在屋架下弦,但在高大厂房中,为了节能以及提高垂直照度,也可采用顶灯和壁灯相结合的形式,但不能只装壁灯而不装顶灯,造成空间亮度明暗悬殊。在民用公共建筑中,特别是大厅、商店等场所,不能要求照度均匀,而主要考虑装饰美观和体现环境特点,以多种形式的光源和灯具作不对称布置,造成琳琅满目的繁华活跃气氛。

传统意义上的照明设计,以工作面达到规定的水平照度为设计目标,忽视灯光环境的质量。现代灯光环境设计认为,无论对视觉作业的光环境,还是用于休息、社交、娱乐的光环境,都要从深入分析设计对象入手,全面考虑对照明有影响的功能、形式、心理和经济等因素,在此基础上再制定设计方案。由此可见,灯光环境是通过照明来实现的,照明器的位置、方向、大小、形式以及和音乐、背景的配合,与建筑结构、建筑装饰的配合都有很大的关系。

8.4.4 建筑化照明

建筑化照明是指光源或灯具与建筑结构合为一体,或与室内装饰结合为一体的照明形式。这样一方面,对建筑及室内的设计效果来说,可以达到完整统一,不会破坏室内装饰的整体性;另一方面,光源一般都比较隐蔽,可以避免眩光,产生良好的光照环境。

(1)发光顶棚

室内吊顶部分或大部分为透光材料,并在吊顶内部均匀设置光源,这种可发光的吊顶叫发光顶棚。

发光顶棚应具有均匀的亮度,吊顶内的光源要求排列均匀,并保持合理的间距,间距过大发光顶棚的亮度就不均匀,间距过小又浪费能源,并使顶棚过亮。设计发光顶棚时还要注意考虑灯具与顶棚的距离等。

发光顶棚内的光源,一般选用荧光灯。顶棚表面材料可选各类格栅、漫射型透光板,如有机玻璃板、磨砂玻璃等。发光顶棚的优点是使室内空间能获得均匀的照度,无眩光、无阴影,整个空间开放、明亮。

(2)暗灯槽

它是利用建筑结构或室内装修结构对光源进行遮挡,使光投向上方或侧方,并通过其反射使室内得到照明,光线柔和、有层次感。

发光灯槽所采用的光源多为荧光灯,有时也用白炽灯、霓虹灯及发光二极管等。发光灯槽主要起装饰作用,不宜作为室内的主要照明。

(3)光带

在顶棚空间一部分区域装设格栅、透光板,形成带状、块状、矩形、椭圆形等发光部分。

(4)檐口照明

利用不透光的檐板遮住光源,使墙面或某个装饰立面明亮的照明形式。檐口照明富有层次感,并使比较狭窄的空间产生通透感,从而改善空间的视觉尺度感,同时也可以强调装饰品、壁画、布幔等,以达到更好的装饰效果。

8.4.5　照明器的安装

　　室内照明器的安装方式,主要是根据配线方式、室内净高以及对照度的要求来确定,作为安装工作人员则是依据设计图纸进行。常用安装方式如图8.24所示。

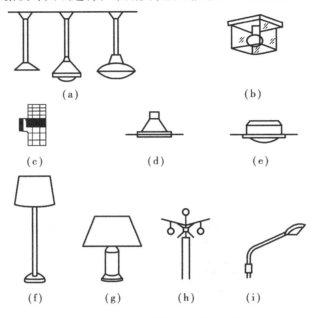

图 8.24　照明灯具按安装方式分类
(a)悬吊式;(b)吸顶式;(c)壁式;(d)嵌入式;(e)半嵌入;
(f)落地式;(g)台式;(h)庭院式;(i)道路广场式

　　灯具安装一般在配线完毕之后进行,其安装高度一般不低于 2.5 m,在危险性较大以及特别危险场所,应采取保护措施,或采用 36 V 及其以下安全电压供电。具体要求可见相应安装施工规程规范。

8.5　照明计算

　　照明计算是照明设计的重要内容之一。它包括照度计算、亮度计算、眩光计算等照明功能上的各种效果计算。由于亮度计算和眩光计算很复杂,且在很大程度上取决于照度,本节主要介绍照度计算,介绍光通量法和逐点计算法。从研究动向看,照明计算方法主要向 2 个方面发展:

　　①力求简单、迅速。经常是将事先计算好的,在各种可能条件下的结果编制成图表、曲线,供设计人员查用;

　　②力求准确。由于需考虑的因素增加,使计算复杂,现采用相应的计算软件使问题较容易解决。

8.5.1 光通量法

光通量法也称流明法,具体有利用系数法、概算曲线法、单位容量法等。

1)利用系数法

利用系数法是按光通量计算照度的,它计算的是平均照度。

(1)基本计算公式

落到工作面上的光通可分为2部分:一是从照明器发出的光通中直接落到工作面上的部分(直接部分);一是从照明器发出的光通经室内表面反射后最后落到工作面上的部分(间接部分)。它们二者之和即为照明器发出的光通最后落到工作面上的部分 Φ_f,该值被工作面面积除,即为工作面上的平均照度。对于每个照明器来说,由光源发出的光通 Φ_s 与最后落到工作面上的光通 Φ_f 之比值称为光源光通量利用系数。

$$U = \frac{\Phi_f}{\Phi_s}$$

引入利用系数的概念,使复杂的计算简单化,事先计算出各种条件下的利用系数,供设计人员直接查用。为了求利用系数,许多国家都形成了一套自己的计算方法,英国的球带法、美国的带域-空间法、法国的实用照明计算法、国际照明委员会的 CIE 法等。我国目前采用的方法基本上是按美国带域-空间法求得的。

有了利用系数,则室内平均照度可由下式计算

$$E_{av} = \frac{KUN\Phi_s}{A} \tag{8.10}$$

式中,E_{av}——工作面平均照度;

Φ_s——每个照明器中光源的初始光通量;

N ——照明器数;

U ——利用系数;

A ——工作面面积;

K ——维护系数,是考虑到照明器在使用过程中由于光源光通量的衰减、灯具和房间的污染而引起照度下降。有的书上称为照度补偿系数、减光系数,其值为维护系数的倒数。比较清洁的环境 K 取 0.8,一般 K 取 0.7,清洁环境差和污染大的环境 K 取 0.6。

利用系数法的计算公式在实际运用过程中可变换其形式:

$$N = \frac{E_{av}A}{UK\Phi_s} \tag{8.11}$$

$$\Phi_s = \frac{E_{av}A}{KUN} \tag{8.12}$$

(2)与利用系数有关的概念

①空间系数。为了表示房间的空间特征,引入空间系数的概念。房屋空间的划分,如图8.25所示。

将一矩形房间分为3部分,灯具出光口平面到顶棚之间的空间叫顶棚空间;工作面到地面

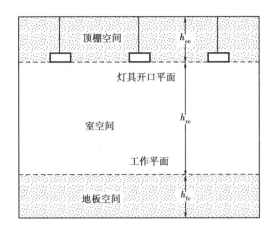

图 8.25　房间空间的划分

之间的空间叫地板空间;灯具出光口平面到工作面之间的空间叫室空间。上述 3 个空间系数定义如下:

$$室空间系数:RCR = \frac{5h_{rc}(l+w)}{lw}$$

$$顶棚空间系数:CCR = \frac{5h_{cc}(l+w)}{lw}$$

$$地板空间系数:FCR = \frac{5h_{fc}(l+w)}{lw}$$

②有效空间反射比。灯具出光口平面上方空间中,一部分光被吸收,一部分光经过多次反射从灯具出光口平面射出。为了简化计算,把灯具出光口平面看成一个具有有效放射比为 ρ_{cc} 的假想平面,光在这假想平面上的反射效果同在实际顶棚空间的效果等价。同样,地板空间的反射效果也可以用一个假想平面来表示,其有效反射比为 ρ_{fc}

有效空间反射比 ρ_e 可由以下经验公式求得:

$$\rho_e = \frac{\rho A_0}{A_s - \rho A_s + \rho A_0} \tag{8.13}$$

式中,A_0——顶棚(或地板)平面面积;

A_s——顶棚(或地板)空间内所有表面的总面积;

ρ——顶棚(或地板)空间各表面的平均反射比。

假如空间由 i 个表面组成,以 A_i 表示第 i 个表面面积,以 ρ_i 表示第 i 个表面的反射比,则平均反射比由下式求得:

$$\rho = \frac{\Sigma \rho_i A_i}{\Sigma A} \tag{8.14}$$

(3)确定利用系数的步骤

①确定房间的各空间系数 RCR,FCR,CCR。

②确定顶棚空间有效反射比 ρ_{cc}。

③确定墙壁平均反射比 ρ_w。

④确定地板空间有效反射比 ρ_{fc}。

⑤确定利用系数 U:从所选灯具的计算图表中查得其利用系数 U。RCR,ρ_{cc},ρ_w 不是图表

中分级的整数时,可用内插法求出对应值。(注:利用系数表中一般未加说明则表示是按 $\rho_{\mathrm{fc}} = 20\%$ 求得的利用系数)

例 8.1 有一教室长 6.6 m,宽 6.6 m,高 3.6 m,在离顶棚 0.5 m 的高度内安装 8 只 YG2—1 型 40 W 荧光灯,课桌高度为 0.8 m。教室内各表面的反射比见图 8.26 所示。试计算课桌面上的平均照度(40 W 荧光灯光通量取 2 200 lm)。YG2—1 型荧光灯计算图表见附录表 23。

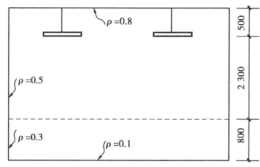

图 8.26 各表面的反射比

解:用利用系数法求平均照度

1.求空间系数:

$$RCR = \frac{5h_{\mathrm{Rc}}(l+w)}{l \cdot w} = \frac{5 \times 2.3 \times (6.6+6.6)}{6.6 \times 6.6} = 3.48$$

2.求顶棚空间有效反射比:

顶棚空间由五个表面组成,平均反射比为:

$$\rho = \frac{\sum_1^5 A_i \rho_i}{\sum_1^5 A_i} = \frac{4(0.5 \times 6.6) \times 0.5 + 0.8(6.6 \times 6.6)}{4(0.5 \times 6.6) + (6.6 \times 6.6)} = 0.73$$

顶棚空间有效反射系数

$$\rho_{\mathrm{cc}} = \frac{\rho A_0}{A_{\mathrm{s}} - \rho A_{\mathrm{s}} + \rho A_0} = \frac{0.73 \times 43.56}{56.8 - 0.73 \times 56.8 + 0.73 + 43.56} = 0.675$$

地板空间反射系数近似取 $\rho_{\mathrm{fc}} = 20\%$。

3.墙面平均反射系数:

按图示及墙面的详细资料,ρ_{w} 取 50%

4.根据附录表 23,用插值法得 $U = 0.58$;查附录表,取 $K = 0.8$。

5.计算平均照度:

$$F_{\mathrm{ace}} = \frac{KUN\Phi_{\mathrm{s}}}{A} = \frac{0.8 \times 0.58 \times 8 \times 2\,200}{6.6 \times 6.6} = 187.5 \text{ lx}$$

2)概算曲线法与单位容量法

为简化计算,把利用系数法计算的结果制成曲线,假设被照面上的平均照度为 100 lx 时,求出房间面积与所用照明器数量的关系曲线称为概算曲线。各种照明器的概算曲线可查阅有关产品手册、图表。

在实际工作中估算照明用电量常采用"单位容量法",即将不同类型的灯具、不同的室空间条件、不同的功能场所,列出"单位面积光通量 a（lm/m²）"或"单位面积安装电功率 b（W/m²）"的表格,以方便查用。

8.5.2 直射照度计算

计算受照面某点的照度,通常采用逐点计算法。

由光源直接入射到受照点所在的面元上的光通量所产生的照度称为直射照度,由顶棚和墙壁等室内表面的反射光所产生的照度称为反射照度。分别求出直射照度和反射照度,然后将两者相加的方法称为逐点计算法。当采用多盏灯照明时,计算点的照度应为各个灯对该点所产生照度的总和。逐点计算法包括点光源直射照度的计算、线光源直射照度的计算、面光源直射照度的计算等。

1）点光源直射照度计算（平方反比法）

当发光体的直径小于它至被照面距离的 1/5 时,或线状发光体的长度小于照射距离的 1/4 时,在照度计算中可把它们视为点光源,如图 8.27 所示。

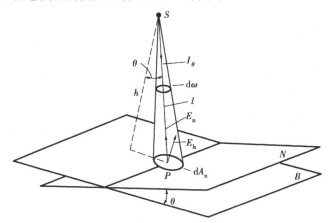

图 8.27　点光源直射照度计算

点光源在水平面上产生的直射照度应符合平方反比定律。如图所示点光源 S 投射到包括 P 点的指向平面（与入射光方向垂直的平面）上某很小的面积（面元）dA_n 上的光通量为:

$$d\Phi = I_\theta d\omega$$

其中 $d\omega$ 为面元 dA_n 对光源 S 所张的立体角。按立体角的定义可知:

$$d\omega = \frac{dA_n}{l^2}$$

故光源在指向平面上 P 点产生的照度为 E_n（法线照度）为:

$$E_n = \frac{d\Phi}{dA_n} = \frac{I_\theta}{l^2}$$

光源在水平面上 P 点产生的水平照度 E_h 为:

$$E_h = \frac{I_\theta}{l^2}\cos\theta$$

$$E_h = \frac{I_\theta}{h^2}\cos^3\theta$$

由于照明器的配光曲线是按光源光通量为 1 000 lm 给出的,并考虑维护系数 K,上式应改写成:

$$E_h = \frac{K\Phi_s I_\theta}{1\,000 l^2}\cos\theta \qquad (8.15)$$

$$E_h = \frac{K\Phi_s I_\theta}{1\,000 h^2}\cos^3\theta \qquad (8.16)$$

在实际计算中为了减少计算工作量,往往预先编制各种图表供设计人员使用,现介绍如下:

(1)空间等照度曲线

对采用旋转对称配光的照明器场所,可利用"空间等照度曲线"进行水平面照度的计算。

已知计算高度 h 和计算点到照明器间的水平距离 l,可直接从"空间等照度曲线"图上查得该点的水平照度值 e。当照明器内光源总光通量为 Φ_s,且计算点是由若干个照明器共同照射时,被照点的照度应为:

$$E_h = \frac{K\Phi_s}{1\,000}\sum e \qquad (8.17)$$

图 8.28,给出了 CDG 101—NG 400 型照明器的空间等照度曲线。一般常用的照明器的空间等照度曲线可查阅有关手册。

(2)平面相对等照度曲线

对非对称配光的照明器可利用"平面相对等照度曲线"进行计算。

根据计算点的 l/h,照明器对计算点的水平位置角 β,从"平面相对等照度曲线"上可查的"相对照度 ε",由于曲线是在假设高度为 1 m 而绘制的,所以求计算面上的实际照度应按下式计算:

$$E_h = \frac{K\Phi_s}{1\,000 h^2}\sum \varepsilon \qquad (8.18)$$

一般照明器的平面相对等照度曲线可查阅有关手册。图 8.29 给出了 YG2—2 型荧光灯的平面相对等照度曲线。

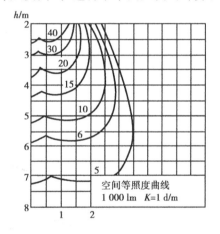

图 8.28 CDG 101—NG400 型照明器
的空间等照度曲线

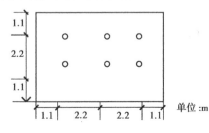

单位:m

例 8.2 有一接待室长 6.6 m,宽 4.4 m,净高 3.0 m,采用 JXDS—2 平圆吸顶灯 6 只,$\Phi_s = 1\,250$ lm,房间顶棚的反射比为 70%,墙面的平均反射比为 50%,求房间 A 点桌面上的照度(桌面距地 0.8 m)。

解: 1.逐点计算法:
(1)灯 1,6 对 A 点产生的照度

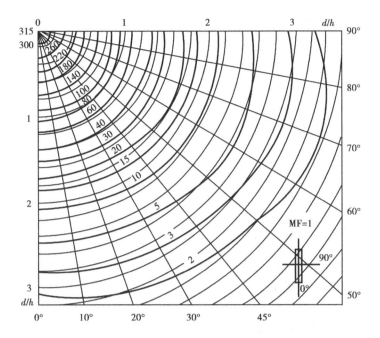

图 8.29 YG2—2 型简式荧光灯照明器平面相对等照度曲线(1 000 lm)

$$l = \sqrt{2.2^2 + 1.1^2} \text{ m} = 2.46 \text{ m}$$

$$\cos\theta = \frac{h}{l} = \frac{2.2 \text{ m}}{2.46 \text{ m}} = 0.89$$

$$\theta = 26.57°$$

查附录表 24，$I_{26.57} = 79.1$ cd

(2)灯 2,5 对 A 点产生的照度

查附录表 24，$I_{48.19} = 65.2$ cd

(3)灯 3,4 对 A 点产生的照度

$$l = \sqrt{2.2^2 + 2.46^2} \text{ m} = 3.3 \text{ m}$$

$$\cos\theta = \frac{h}{l} = \frac{2.2 \text{ m}}{3.3 \text{ m}} = 0.67$$

$$\theta = 48.19°$$

$$e_{2,5} = \frac{65.2}{3.2^2} \times 0.67 \text{ lx} = 4.01 \text{ lx}$$

$$l = \sqrt{2.2^2 + 4.54^2} \text{ m} = 5.04 \text{ m}$$

$$e_{1,6} = \frac{I_\theta}{l^2} = \frac{79.1}{2.46} \times 0.89 \text{ lx} = 11.64 \text{ lx}$$

$$\cos\theta = \frac{2.2 \text{ m}}{5.04 \text{ m}} = 0.44$$

查附录表 23，$I_{64.15} = 53$ cd

$$e_{3,4} = \frac{53}{5.04^2} \times 0.44 \text{ lx} = 0.92 \text{ lx}$$

(4)A 点的实际照度

$$E_A = \frac{K\Phi_s}{1\,000}(2e_{1,6} + 2e_{2,5} + 2e_{3,4})$$

$$= \frac{0.8 \times 2 \times 1\,250}{1\,000}(11.64 + 4.01 + 0.92)\ \text{lx} = 33.1\ \text{lx}$$

2. 利用空间等照度曲线求解：

按 $d = 1.1$ m，$h = 2.2$ m 查附录表 25 中的空间等照度曲线得：$e_{1,6} = 12$ lx

按 $d = 2.46$ m，$h = 2.2$ m 查得：$e_{2,5} = 4.2$ lx

按 $d = 4.54$ m，$h = 2.2$ m，$e_{3,4} = 0.9$ lx

$$E_A = \frac{K\Phi_s \sum e}{1\,000} = \frac{0.8 \times 1\,250 \times 2(12 + 4.2 + 0.9)}{1\,000}\ \text{lx} = 34.1\ \text{lx}$$

2）线光源直射照度的计算（方位系数法）

若长度为 l，宽度为 b 的发光体，它与工作面的垂直距离为 h，当 $l \geq h/2$ 且 $b \leq h/2$，则在照度计算时应将发光体视为线状光源。

线光源的点照度计算方法有几种，本书仅介绍方位系数法。所谓方位系数法是将线光源分成无数段发光线元 $\mathrm{d}l$，通过积分计算出整条线光源对计算点产生的照度。

在实际设计中，方位系数法已图表化，见表 8.8。

方位系数是根据计算点与线光源所形成的方位角 β 以及线光源纵轴的光强 I_γ 分布形状来决定的，见图 8.30。

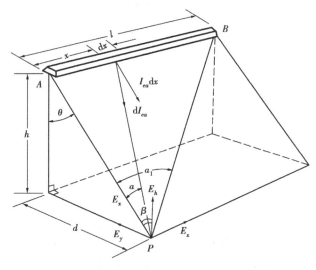

图 8.38　线状光源在 P 点产生的照度计算图

按线光源在其纵轴上的光强分布的形状，线光源可分为 5 类，如图 8.21 所示。其中

A 类，$I_\gamma = I_\theta \cos\gamma$，如一般筒式或带漫射照的荧光灯。

B 类，$I_\gamma = I_\theta(\cos\gamma + \cos^2\gamma)/2$，如浅格栅类型的荧光灯。

C 类，$I_\gamma = I_\theta \cos^2\gamma$，如浅格栅类型的荧光灯。

D 类，$I_\gamma = I_\theta \cos^3\gamma$，如深格栅类型的荧光灯。

E 类，$I_\gamma = I_\theta \cos^4\gamma$，如深格栅类型的荧光灯。

表8.8 线光源平行面方位系数

方位角 β/(°)	照明器类别					方位角 β/(°)	照明器类别				
	A	B	C	D	E		A	B	C	D	E
0	0.000	0.000	0.000	0.000	0.000	46	0.625	0.623	0.595	0.549	0.510
1	0.017	0.017	0.017	0.018	0.018	47	0.660	0.630	0.601	0.553	0.512
2	0.035	0.035	0.035	0.035	0.035	48	0.668	0.637	0.606	0.556	0.515
3	0.052	0.052	0.052	0.052	0.052	49	0.675	0.643	0.612	0.560	0.517
4	0.070	0.070	0.070	0.070	0.070	50	0.683	0.649	0.616	0.563	0.519
5	0.087	0.087	0.087	0.087	0.087	51	0.690	0.655	0.621	0.566	0.521
6	0.105	0.104	0.104	0.104	0.104	52	0.697	0.661	0.625	0.568	0.523
7	0.122	0.121	0.121	0.121	0.121	53	0.703	0.666	0.629	0.571	0.524
8	0.139	0.138	0.138	0.138	0.137	54	0.709	0.671	0.633	0.573	0.255
9	0.156	0.155	0.155	0.155	0.154	55	0.715	0.675	0.636	0.575	0.527
10	0.173	0.172	0.172	0.171	0.170	56	0.720	0.679	0.639	0.577	0.528
11	0.190	0.189	0.189	0.187	0.186	57	0.726	0.684	0.642	0.578	0.528
12	0.206	0.205	0.205	0.204	0.202	58	0.731	0.688	0.645	0.580	0.529
13	0.223	0.222	0.221	0.219	0.218	59	0.736	0.691	0.647	0.581	0.530
14	0.239	0.238	0.237	0.234	0.233	60	0.740	0.695	0.650	0.582	0.530
15	0.256	0.256	0.253	0.250	0.248	61	0.744	0.698	0.652	0.583	0.531
16	0.272	0.270	0.269	0.265	0.262	62	0.784	0.701	0.654	0.584	0.531
17	0.288	0.286	0.284	0.280	0.276	63	0.752	0.703	0.655	0.585	0.532
18	0.304	0.301	0.299	0.295	0.290	64	0.756	0.706	0.657	0.586	0.532
19	0.320	0.316	0.314	0.309	0.303	65	0.759	0.708	0.658	0.586	0.532
20	0.335	0.332	0.329	0.322	0.316	66	0.762	0.710	0.659	0.587	0.533
21	0.315	0.347	0.343	0.336	0.329	67	0.764	0.712	0.660	0.587	0.533
22	0.366	0.361	0.357	0.349	0.341	68	0.767	0.714	0.661	0.588	0.533
23	0.380	0.375	0.371	0.362	0.353	69	0.769	0.716	0.662	0.588	0.533
24	0.396	0.390	0.385	0.374	0.364	70	0.772	0.718	0.663	0.588	0.533
25	0.410	0.404	0.398	0.386	0.375	71	0.774	0.719	0.664	0.588	0.533
26	0.424	0.417	0.410	0.398	0.386	72	0.776	0.720	0.664	0.589	0.533
27	0.438	0.430	0.423	0.409	0.396	73	0.778	0.721	0.665	0.589	0.533
28	0.452	0.443	0.435	0.420	0.405	74	0.779	0.722	0.665	0.589	0.533
29	0.465	0.456	0.447	0.430	0.414	75	0.78	0.723	0.666	0.589	0.533
30	0.478	0.473	0.458	0.440	0.423	76	0.781	0.723	0.666	0.589	0.533
31	0.491	0.480	0.469	0.450	0.431	77	0.782	0.724	0.666	0.589	0.533
32	0.504	0.492	0.480	0.459	0.439	78	0.782	0.724	0.666	0.589	0.533
33	0.517	0.504	0.491	0.468	0.447	79	0.783	0.724	0.666	0.589	0.533
34	0.529	0.515	0.501	0.476	0.454	80	0.784	0.725	0.666	0.589	0.533
35	0.541	0.526	0.511	0.484	0.460	81	0.784	0.725	0.667	0.589	0.533
36	0.552	0.537	0.520	0.492	0.466	82	0.785	0.725	0.667	0.589	0.533
37	0.564	0.546	0.528	0.499	0.472	83	0.785	0.725	0.667	0.589	0.533
38	0.574	0.556	0.538	0.506	0.478	84	0.785	0.725	0.667	0.589	0.533
39	0.585	0.565	0.546	0.513	0.483	85	0.786	0.725	0.667	0.589	0.533
40	0.596	0.575	0.554	0.519	0.488	86					
41	0.606	0.584	0.562	0.525	0.492	87					
42	0.615	0.591	0.569	0.530	0.496	88	与85°值相同				
43	0.625	0.598	0.576	0.535	0.500	89					
44	0.634	0.608	0.583	0.540	0.504	90					
45	0.643	0.616	0.589	0.545	0.507						

要鉴别线光源属于何种类型时,可先计算出不同角度所对应的 I_γ/I_θ 值,并与图中的加以比较,即可确定该线光源属于哪种类型。在确定方位系数后,即可进行照度计算。计算公式:

$$E_\mathrm{h} = \frac{K\Phi_\mathrm{s}I_\theta}{1\ 000L}\cos^2\theta A_\mathrm{F} \tag{8.19}$$

式中,E_h——P 点的直射水平照度,lx;

  l ——线光源的长度,m;

  A_F——平行面方位系数,见表 8.6;

  Φ_s——线光源的光通量,lm。

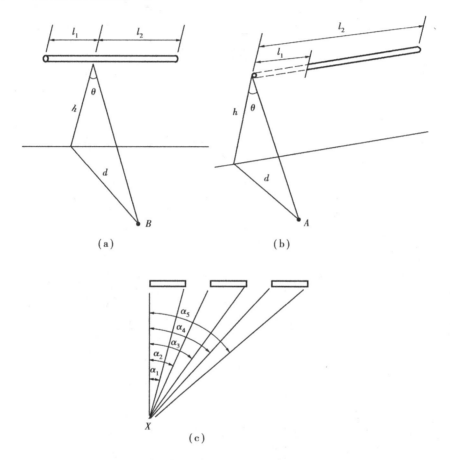

图 8.31 线状光源分成 2 段或延长

(a)线光源组合计算(一);(b)线光源组合计算(二);(c)照明器间隔布置图

使用上式应注意以下几点:

①上式仅适合于计算点处在线光源的端部垂面上;

②上式中的方位系数 A_F 是以平行面(纵轴)为基准时的方位系数,也称为平行面方位系数,用来计算水平面上的点的直射照度。若要计算垂直面上的点的直射照度,需采用垂直面方位系数 A_F。

③当照明器的纵向间距不超过 $\dfrac{h}{4\cos\theta}$ 时,仍可看成为连续线光源,但计算时应乘以折算系数 z。不然应逐一光源进行计算。其中:

$$z = \frac{l_1 n}{l} \qquad (8.20)$$

④当计算点不在线光源的端部垂面上时,应把线状光源分成2段或延长,参见图8.31。

8.6 照明设计基础

电气照明设计是建筑电气设计的重要组成部分,其设计质量的优劣直接关系到人们的工作效率、工作质量、身体健康和精神情绪等。现代照明设计还应烘托建筑物的造型、美化环境,更充分地发挥建筑的功能和体现建筑艺术美学。

电气照明设计的原则是"安全、适用、经济、美观"。所谓适用,是指能提供一定数量和质量的照明,保证规定的照度水平,满足工作、学习和生活的需要。照明装置的设计必须考虑照明设施的安装、维护的方便、安全以及运行的可靠。环境条件对照明设施有很大的影响。要使照明与环境空间相协调,需要正确选择照明方式、光源种类、光色、光源功率、灯具的数量、灯具的形式,使照明在改善空间立体感、形成环境气氛等方面发挥积极的作用。

电气照明设计由照明光照设计和照明电气设计2部分组成。电气照明设计是利用现代照明技术及照明设备来实现使用人的要求,是设计工程师具有创造性的活动过程。它的内涵非常广泛,通常按以下步骤进行设计:

①了解建设单位的要求,如作业性质、投资水平、豪华程度、照明标准等。明确该单位的设计意图。

②收集有关部门技术资料及技术标准。了解土建等专业情况,如建筑平面图、立面图、结构情况、电源进线的方位、空间环境、潮湿情况、设备有无易燃易爆物品等。

③照度标准。首先遵照国家规定的照度标准范围,再参照用户的要求取上限或下限等。

④根据建设单位和工程的要求,选择光源,确定照明方式,确定灯具种类、安装方式、灯具部位及安装方法。

⑤进行照度计算,确定灯具的功率,调整平面布局。

⑥计算照明设备总容量,以便选择电表及各种控制设备。

⑦对于比较复杂的大型工程进行方案比较,评价技术和经济情况,确定最佳方案。

⑧进行配电线路的设计,分配三相负载,使其尽量平衡。计算干线的截面,选择型号及敷设部位。选择变压器、配电箱、配电柜和各种高低压电器的型号规格。

⑨绘制照明平面图和系统图,照明光彩工程、景观照明等需绘出照明效果图。图中需标注型号规格及尺寸,必要时绘制设备安装大样图,注意配电箱留墙洞的尺寸要准确无误等。

⑩绘制材料总表,编制工程概算或预算。

⑪编写设计施工说明书。说明建筑概况、进线方式、主要材料及施工要求等。

⑫测量与鉴定。照明系统建成后,对使用中的光环境进行现场测量,并征询使用人的意见。

8.6.1 照明方式和照明种类

1)照明方式

照明方式有一般照明、分区一般照明和局部照明。

（1）一般照明

为照亮整个场地设置的基本均匀布置的照明方式,一般照明可获得均匀的水平照度。如车间、办公室、体育馆、教室、会议室、营业大厅等。

（2）分区一般照明

根据房间内工作面布置的实际情况,将照明器集中或分组集中,均匀布置在工作区上方,根据需要提高特定区域照度的一般照明称为分区一般照明,可有效地节约能源。

（3）局部照明

局部地点需要高照度或对照射方向有要求时常采用局部照明。如工厂检验、划线、钳工台及机床照明;民用建筑中的卧室、客房的台灯、壁灯等。

（4）混合照明

一般照明与局部照明的综合运用。

2)照明种类

（1）正常照明

在正常工作时使用的室内、外照明。一般可单独使用,也可与应急照明、值班照明同时使用,但控制线路必须分开。

（2）应急照明

①备用照明:正常照明因故障熄灭后,供事故情况下暂时继续工作而设置的照明称为备用照明。下列场所应设置备用照明:

正常照明因故障熄灭后,如不进行及时操作,可能会引起火灾、爆炸、中毒等严重事故,或导致生产流程混乱、破坏,或使已加工、处理的贵重产品报废的场所,如化工、石油生产、金属冶炼、航空航天及其他精密加工等。

正常照明因故障熄灭后,不能进行视看和操作,可能会造成较大的政治、经济损失的场所。如重要的通讯枢纽,发电、变配电系统及控制中心,重要的动力供应站,重要的供水设施,指挥中心,铁路、航空等交通枢纽,国家和国际会议中心,宾馆、贵宾厅、体育场馆等。

由于建筑物火灾引起正常照明断电,不能进行视看和操作,将妨碍消防工作进行的场所。如消防监控中心、楼宇自控中心、消防泵房、应急发电机房等。

正常照明因故障熄灭后,黑暗中可能造成现金、贵重物品被劫的场所。如银行、商场、储蓄所等。

备用照明的照度不低于一般照明的 50%,高层建筑的消防控制中心、消防泵房、排演机房、配电室和应急发电机房、电话总机房以及发生火灾时仍需坚持工作的场所,备用照明的照度应保持正常照明的照度。备用照明电源的切换时间,不应超过 15 s,对商业不应超过 1.5 s;备用电源的连续供电时间,一般场合不小于 20 ~ 30 min,高层建筑的消防控制中心需维持 1 ~ 2 h,而通讯枢纽、变配电所等要求连续工作到正常照明恢复。

②安全照明:正常照明因故障熄灭后,为确保人们的安全而设置的照明,称为安全照明。对下列须确保处于潜在危险之中人员安全的场所,需设置安全照明。

正常照明因故障熄灭后,使医疗抢救工作无法进行而危及患者生命,或延误时间而增加抢救困难的场所。如急救中心、手术室、危重病人急诊室、外科处置室等。

正常照明因故障熄灭后,容易引起人们惊慌的场所,如电梯内等;地面复杂不平,有地坑、平台或溶液池的车间。

安全照明的照度不应低于该场所正常照明照度的5%。特别危险的作业场所应提高到10%。安全照明电源大切换时间不应超过0.5 s。电源连续供电时间按工作特点和实际需要确定。

③疏散照明:正常照明因故障熄灭后,在事故情况下为确保人员安全地从室内撤离而设置的照明,称为疏散照明。下列场所应设置疏散照明:

a. 一、二类建筑的疏散通道和公共出口应设置疏散指示标志。如疏散楼梯、防烟楼梯间前室、消防电梯及前室、疏散走道应设疏散照明。

b. 人员密集的公共建筑,如礼堂、会场、影剧院、体育馆、饭店、旅馆、展览馆、美术馆、大型图书馆、候车厅等通向走道和楼梯的出口,以及通向室外的出口均应装设出口标志灯。较长的疏散通道和公共出口应设置疏散指示标志灯。

c. 地下室和无天然采光的无窗厂房,建筑的主要通道、出入口等应设置疏散标志和疏散照明。疏散照明的地下水平照度不应低于0.4。疏散照明电源的切换时间不应超过15 s。用蓄电池供电的疏散照明持续时间,一般不应小于20 min,对高度超过100 m的高层建筑,疏散照明的持续供电时间一般不应小于30 min。

d. 应急照明必须采用能瞬时点燃的可靠电源,如白炽灯、低压卤钨灯、荧光灯。但安全照明和要求快速点燃的备用电源,不宜采用荧光灯。当应急照明作为正常照明的一部分,经常点燃且发生事故不需要切换电源时,也可用其他气体放电灯。

(3)值班照明

宜在非三班制生产的重要车间、仓库或大型商场、银行等处设置。

(4)警卫照明

用于警卫地区周界附近的照明。

(5)障碍照明

装设于飞机场附近的高层建筑、烟囱上或船舶航行的河流两岸的建筑物上。

(6)装饰照明

装饰照明有着丰富空间内容、装饰空间艺术、渲染空间气氛的作用,一般用于宾馆、饭店、商场、娱乐场所、展览会大厅内外等场所,大型建筑物立面照明,大型树木泛光照明也属于装饰照明,装饰照明在广告中得到广泛应用,如各种装饰灯箱。

(7)艺术照明

光与影本身就是一种特殊的艺术。光影的造型是千变万化的,在恰当的部位,以恰当的形式,突出主题思想,获得良好的艺术照明效果。一般多用于专业摄影场所、舞台、商业场所,如橱窗等。

(8)泛光照明

(9)景观照明

(10)水下照明

除此之外,照明种类还有定向照明、适应照明、过渡照明、造型照明、立体照明等。

8.6.2 照明质量

照明设计的优劣主要是用照明质量来衡量,在进行照明设计时应全面考虑和恰当处理下列各种照明质量的指标:

(1)照度标准

照度标准是国家有明文规定的参数。不同的建筑环境,不同的场所,照度的要求也不相同;即使是同一场所,由于不同部位的功能不同,要求的照度值也有所不同。确定恰当的照度标准是照明设计的基础。

(2)亮度及其分布

作业环境中各表面上的亮度及其分布是照明设计的补充,是决定物体可见度的重要因素之一。

视野内有合适的亮度分布是舒适视觉的必要条件。相近环境的亮度应当尽可能低于被观察物的亮度,CIE 推荐被观察物的亮度如为它相近环境的 3 倍时,视觉清晰度较好,即相近环境与被观察物本身的反射比最好控制在 0.3 ~ 0.5 的范围内。

在工作房间,为了减弱灯具同其他周围及顶棚之间的亮度对比,特别是采用嵌入式暗装灯具时,因为顶棚上的亮度来自室内多次反射,顶棚的反射比要尽可能高(不低于 0.6);为避免顶棚显得太暗,顶棚照度不应低于作业面照度的 10%。此外,适当地增加作业对象与作业背景的亮度对比,较之单纯提高工作面上的照度能更有效地提高视觉功能,而且比较经济。

(3)照度均匀度

根据我国国标,照度均匀度可用给定工作面上的最低照度与平均照度之比来衡量,即 $E_{\min}/E_{av}$。CIE 推荐,在一般情况下,工作区域最低照度与平均照度之比通常不应小于 80%,工作房间整个区域的平均照度一般不应小于工作区平均照度的 33%,相邻房间的平均照度不应超过 5∶1 的变化,例如照度为 100 lx 的办公室外面的走廊的照度至少要有 20 lx。但对于室外道路照明等,照明均匀度可允许更低的数值。我国《民用建筑照明设计标准》规定:工作区内一般照明的均匀度不应小于 70%,工作房间内交通区的照度不宜低于工作面照度的 20%。

为了获得满意的照明均匀度,灯具布置间距不应大于所选灯具最大允许距高比。当要求更高时,可采用间接型、半间接型照明器或光带等方式。

(4)阴影

定向光照射到物体上将产生阴影及反射光,此时应根据具体情况分别评价其好坏。当阴影构成视看的障碍时,对视觉是有害的;当用阴影可把物体的造型和材质感表现出来时,适当的阴影对视觉又是有利的。

在要求避免阴影的场合宜采用漫射光照明。在设计工业厂房照明时,要尽量避免工业设备或其他构件形成的阴影。对以直射光为主的照明可使用宽配光的照明器均匀布置,以获得适当的漫射照明。

利用阴影"造型"要注意物体上最亮的部分与最暗的部分的亮度比,以 3∶1 最为理想。而且"造型"效果的好坏与光的强弱、方向以及观察者视线方向等有关。当被照物体表面凹凸不平时,可以利用照明的效果将其所产生的细小阴影突出出来,以此表现出不同质地的材质感。

一般情况下,用指向性光源从斜方向照射,即能达到这种效果。此外,对检验照明、建筑物立面照明、商店照明等都应注意有效地利用阴影,以取得较好的视觉效果和心理效果。

(5)眩光

眩光是照明设计质量非常重要的指标之一。因此,抑制眩光就成为设计人员首要考虑的问题。

眩光是在视野内有亮度极高的物体或强烈的亮度对比时所引起的视觉不舒适感、视觉降低的现象。眩光可以是直射的,也可以是反射的。直射眩光是由于观察者在正常视觉范围内出现过亮的表面引起的。如果观察者看到一个光源在光滑表面的映像,那么这就是反射眩光。眩光对人的生理和心理都有明显的影响,而且会较大地影响工作效率和生活质量,严重的还会产生恶性事故,所以对眩光的研究有着非常重要的意义。

在室内照明的实践中,不舒适眩光出现的机率要比失能眩光多,眩光可能产生多种感觉,从轻度的不舒适到瞬间失明,感觉的大小与眩光光源的尺寸、数目、位置、亮度的大小以及眼睛所适应的亮度有关。

直接型照明器应根据灯的亮度和限制眩光等级选择适当的保护角。我国规定的最小保护角见相应手册。

控制直射眩光的方法不一定对反射眩光有效,受遮挡而看不见的光源,有可能会在光滑的工作面上或附近的镜反射看到,特别是在作业面相对于发光面的位置不正确时。当在工作面上出现反射光影,其反射清晰度并不是很高,反射的发光面部分是模糊的,像是一层由光组成的幕布,使物体细部变得模糊,这称为光幕反射。最好的解决办法是使反射光不在人的视觉范围之内,光的入射方向可以和观看方向相同或从侧边入射到工作面上。

在复杂的环境中,比如有许多人并且具有不同性质的工作环境,以某部分人的工作位置来设计总体照明就很难满足所有的工作位置和方向,这时低亮度的灯具就有助于减少出现眩光的机会,而对于工作面可以增加局部照明,以满足工作面所需照度。另外,无论什么地方都应该尽可能避免有光泽的或高反射比的表面。

产生眩光的另一个原因是视觉范围内不合理的亮度分布,周围环境的亮度(顶棚、墙面、地面等)与照明器的亮度形成强烈的对比就会产生眩光,对比数值越大,尤其是顶棚,眩光越严重。解决这一眩光现象的方法是提高顶棚和墙面的亮度,可以采用较高反射比的饰面材料。另外还可以采用半直接型照明、半间接型照明、漫射照明、吊灯、吸顶灯等,以增加顶部的亮度,并使整个空间布光均匀。

我国规定民用建筑照明对直射眩光的质量等级分为3级,控制直射眩光主要是控制光源在γ角45°~90°范围内的亮度。对此有2种办法:

①选择透光材料,即用漫射材料或表面做成一定的几何形状的材料将光源遮蔽,γ角范围内靠上边的部分施加严格的限制。

②控制保护角,使90°-γ部分变得小于受灯具结构控制的预定的保护角。

由于照明器造型复杂等原因,在计算照明器亮度确有困难时,可通过限制照明器的最低悬挂高度来限制直射眩光。

对工作面的反射眩光和作业面上的光幕反射要加以有效抑制。抑制最有效的方法是适当安排工作人员和光源的位置,力求使工作照明来自适宜的方向,使光源反射的光线不是指向人眼而是指向远处或侧方。也可使用发光表面面积大、亮度低的照明器和在视线方向反射光通小的特殊配光照明器。同时视觉工作对象和工作房间应尽量采用粗糙的表面。

（6）光的颜色

室内的色彩设计是影响室内的视觉舒适感的一个重要因素。

应用颜色对比，能提高视觉舒适感。尤其是在亮度对比差的时候，在同一场所可采用合适光谱的2种或2种以上的光源混合的混光照明。颜色对比除取决于灯的显色性能外，还包括环境及人们对色彩的爱好，需要考虑光色的物理效果、心理效果、生理效果。

为了得到高效率的照明，主要表面应该采用淡颜色，顶棚通常是白色或近似白色，其他如墙面、地面、家具、陈设等表面通常是有色的。虽然人对色彩的喜好随年龄、性别、气候、社会风气甚至种族差异而不同，但还是能够总结出许多关于表面颜色和光源色标的一般规律来。

①"暖色"表面的物体在"暖色"光照射下比在"冷色"光照射下看起来要更愉快些，而缺乏短波能量的暖色光或多或少地"压制"冷色调颜色，使冷色调的颜色无法正确显现。

②背景（如墙、顶棚和大面积物体）的最佳颜色不是白色就是饱和度非常低的淡色，这种颜色可以成为"安全"的背景颜色。当希望产生对比时，非常暗的背景颜色是可以接受的。

③人们普遍喜欢的颜色是蓝色、蓝绿色和绿色，其次是红色、橙色和黄色，这与光源的色表和背景的颜色无关。另外，大多数女性通常喜欢红色、橙色、黄色，而男性则喜欢米色和绿色。

④通常认为食品的颜色在暖色光之下比在冷色光之下好。

⑤色彩只有在创造既生动又富于变化的环境时才是令人满意的，虽然某种色彩本身是令人愉快的，但大量地重复这种颜色设计就会导致不愉快和单调，产生与愿望相反的效果。

（7）照度的稳定性

照明变化引起忽亮忽暗的不稳定照明，给人的视觉带来不舒适感，从而影响工作。照度的变化主要是由于光源的光通量的变化，而光通量的变化主要是由于电源电压的波动，因此必须采取措施保证供电电压的质量。此外，也可能由于气流等形成照明器的摆动，这也是不允许的。

在频闪效应对视觉工作条件有影响的场所，必须降低气体放电灯频闪效应，可将单相供电的2根灯管采用移相接法或三相电源分相接3根灯管，也可以在转动的物体旁加装白炽灯为光源的局部照明来弥补。

8.7 照明实践

照明设计的最终目的是创造一个既满足人们视觉的生理要求，又满足人们视觉的心理享受的光环境。

照明实践内容繁多，分为室内照明和室外照明。具体有住宅照明、办公室照明、工厂照明、商业照明、学校照明、宾馆酒店照明、体育运动场所照明、道路照明、建筑物立面照明，景观照明、水下照明、背景照明等。

8.7.1 住宅照明

住宅照明的基本要求是：

①满足各项功能的照度。

②保持空间各部分的亮度平衡。

③照明器要有一定的装饰性。

④满足使用功能上的要求。

住宅照明一般由住户自行维护,在设计时应注意以下几个方面:

①安装位置适当。

②选择易拆装的照明器。

③开关的位置适当。

④注意安全性。

住宅包含了门厅、起居室、卧室、书房、餐厅、厨房、浴室、卫生间,其照明方式及要求各不相同。要求合理和平衡各空间的关系,为人们创造一个多变舒适的照明环境和气氛。具体参见相应书籍。

8.7.2　办公室照明

随着社会的日益文明和现代化进程的不断加快,人们要求办公环境不仅有足够的工作照明,而且要创造一个舒适的视觉工作环境。从照明技术的角度出发,办公室照明一般要求有较高的照度(100 ~ 500 lx),且在照明器与空调器的组合、消防对照明电源的控制和疏散诱导照明的要求、顶棚声学等方面应予以足够的重视。办公室照明一般可从以下方面考虑:

①充分利用天然光。

②选择合适的照度。

③减少光源的直射眩光。

④室内装饰和光源的显色性。

⑤室内亮度的合理分布。

⑥设计一个良好的建筑环境,如房间的形状、窗户大小、室内绿化、户外景观等都是创造一个舒适视觉环境必不可少的条件。

办公室可分为个人专用办公室、普通办公室、大空间办公室、营业办公室以及会议室等。个人专用办公室的照明较之于一般办公室,更多的是能达到一定的艺术效果或气氛,一般照明应覆盖办公桌及其周边环境,而房间的其余部分由辅助照明来解决,给设计师留有充分的余地运用装饰照明来处理。普通办公室、写字间强调的是明亮、庄重,只需提供一般照明即可。会议室的照明主要是解决会议桌上的照度值及其照度均匀度,当然,还需考虑会议室的家具布置以及周边环境的气氛照明。营业性办公室是指银行、证券营业大厅,汽车、铁路、民航的售票厅以及对外营业的办公场所,这种办公室层高较高,空间较大,照度值应在 750 ~ 1 500 lx 为宜,并且适当提高服务台内外的垂直照度。由于营业厅一般顶棚较高,因此要设计便于维护的照明器,最好是顶棚能够进人,并在顶棚内进行维护工作。具体参见相应书籍。

8.7.3　学校照明

学校照明的目的是给视觉工作提供一个满足光的数量和质量的光环境。一个良好的照明环境,不仅仅是能够看清文字,它还会带来更多的辅助作用。对于学生来说,降低视觉疲劳,集中注意力;对于教师来说,黑板清晰,讲课轻松,注意面广,教学效果好;对于管理来说,环境好,设备利用率高,节能,并且防止事故发生。主要考虑的因素如下:

①选择足够的照度。

②减少眩光,注意亮度分布,减少眼睛的视觉疲劳。

③考虑黑板的垂直照度和眩光。

④灯具的选择和布置应尽量减少光幕反射的作用。

学校照明含普通教室、阶梯教室、黑板、绘图室、图书馆阅览室及书库等的照明。具体参见相应书籍。

8.7.4 工厂照明

工厂照明的目的是确保安全、提高劳动生产率、创造舒适的作业环境。主要考虑的因素如下:

①确保工作面上所需的照度。

②考虑灯具的恰当安装位置。

③考虑眩光、阴影的影响。

④维护检修方便。

工厂照明的范围很广,从粗加工到精细的显微电子工业的超净车间,对照明的要求是截然不同的。有一般厂房、高大厂房、控制室、无窗厂房、多尘厂房、腐蚀性厂房、爆炸危险厂房等,具体见《工业企业照明设计标准》。

8.7.5 商业照明

商业照明的目的是吸引顾客并提高他们的购买欲。商业照明包括店前照明、橱窗照明、店内一般照明、局部照明等,具体参见相应书籍。照明效果必须以顾客为主体来综合考虑,主要考虑的因素如下:

①要反映商店的经营种类和特色。

②创造一个舒适明快的购物环境,提高顾客的购买欲。

③一般照明和局部照明相互配合、相互协调。

④考虑一定的灵活性及可变性。

⑤注意节能。

8.7.6 宾馆照明

宾馆的外观、气氛和装饰对旅客的视觉有很大的影响,"照明创造了宾馆的形象"。具体有室外、门厅、大堂、接待区、休息室、宴会厅、餐厅、酒吧间、客房、卫生间、走道等照明。照明除了要满足一定的功能要求以外,更重要的是通过照明的手段,对宾馆、酒店的风格和特色加以渲染和补充,让顾客在这样的照明环境中有舒适、安全和温馨的感觉,应考虑视觉的心理享受。具体可参见相应的宾馆、酒店设计书籍。

8.7.7 体育运动场所照明

体育运动场所是一个复杂的综合的建筑整体,包括的类型有赛车场、赛马场、田径场、篮球场、排球场、拳击场、乒乓球房、游泳馆、体操馆、多功能体育场等。照明除了满足运动员的视觉高要求外,还要满足工作人员和观众的视觉要求,对照度、亮度、眩光、阴影、光色、照度的稳定性及供电的可靠性等的要求都非常高。体育馆建设量大而面广,做好体育馆的照明设计及灯光控制设计具有普遍的现实意义。

我国《民用建筑照明设计标准》(GBJ 133—90),对体育建筑照明的照度标准、照明质量、光源及灯具的选用等都有明确的规定,详细设计可参见相应书籍。

8.7.8 道路照明

道路照明是为了使各种车辆的驾驶者在夜间行驶时能辨认出道路上的各种情况,并且不感到过分疲劳,以保证行车安全,为驾驶员创造一个较舒适愉快的行车环境。道路有城市主干道、郊区道路、生活区道路及立交桥等。具体考虑的因素如下:

①亮度水平。

②亮度的均匀性。

③眩光。

④视觉引导。

常见道路照明布置方案,见表8.9。

表8.9　几种常用的路灯布置方案

	单侧布灯	交错布灯	相对布灯	中心悬吊	丁字路口布灯	十字路口布灯	十字路口布灯	弯道布灯
路灯布置方式								
适用条件	$w \le h$ 住宅道路市区小路	$w=(1-1.5)h$ 市区一般街道	$w > 1.5h$ 市区主干道、高速车道	二侧有房的窄路,悬挂灯具的钢索固定在房屋侧墙上。一般厂内或居民区小路			高杆照明其杆高为20 m以上。立体交叉路口大多能用	$w < 1.5h$ 考虑到视觉引导布置在外侧,弯道处灯间距为直线段的(0.5 ~ 0.75)

8.7.9 建筑物立面照明

通过光与色彩的合理运用,使建筑物继白天之后再现迷人的夜景。具体考虑的因素如下:

①照度选择及投光灯的选用。

②光色的确定。

③灯的安装位置。

常见建筑物立面照明布灯方案,见图8.32。

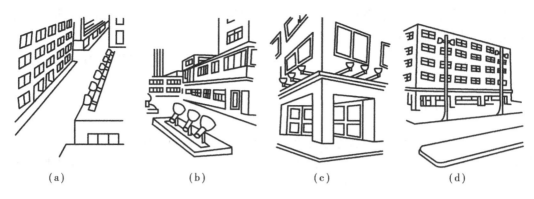

图 8.32　常见建筑物立面照明布灯方案
(a)在邻近建筑物上安装;(b)在靠近建筑物地面上安装;
(c)在建筑物本体上安装;(d)在附近设置投光灯柱

8.7.10　施工工地照明

良好的施工工地照明为保证工程质量、加快施工进度、保证施工安全、提高劳动生产率等提供了重要的条件。对施工现场的照明设计应注意以下几点:

①照明要充分满足施工的需要,设计要充分考虑周围环境。

②视觉工作的环境必须舒适。有足够的照度,保证环境明亮,以减少精神疲劳、保证工程质量与人身安全。

③应易于维护检修,对维护检修要保证足够的明亮度。

④特别危险的地方要安装警戒标志灯。

随着社会的进步,现代城市的公园、广场、商业中心等公共场所,为配合周围的建筑、假山、园林、雕塑,设置了丰富多彩的照明设施,提供以明视、治安为主的明视照明,显示与白天完全不同的夜景饰景照明、城市光彩工程等室外照明。此外,还有一些特殊场合的照明,例如舞厅、夜总会等娱乐场所的照明,其设计参见相应设计手册。

8.8　照明电气设计

电气照明设计由照明光照设计和照明电气设计2部分组成。电气设计应满足光照设计要求,而光照设计应与建筑设计紧密配合。照明电气设计是本书前面部分讲述的供配电知识的具体应用,就是把照明灯具、日常民用电器等作为一个供电负荷,进行供配电。

8.8.1　照明供配电系统

照明供配电系统由电源、负荷、导线、控制及保护设备组成。在正常环境中,我国照明电压采用交流 220 V,少数情况下采用交流 380 V,110 V,24 V 等。

照明供电方式有放射式、树干式、混合式3种,详见第5章。

(1)照明配电线路

照明器一般由照明配电箱以单相支线供电,但也可以由两相或三相的分支线对许多灯供电(灯分别接于各相上)。可参见 JGJ/T 16—92,如从照明配电箱接出的单相分支线所接的灯数不宜过多,一般每路单相回路电流不超过 16 A,出线口(包括插座)不超过 20 个,最多不超过 25 个,但花灯、彩灯、大面积照明回路除外。室外照明器数量较多时,可用三相四线供电。每个配电箱和线路上的各相负荷分配应尽量均衡。局部照明负荷较大时可设置局部照明配电箱,当无局部照明配电箱时,局部照明可从常用照明配电箱或事故照明配电箱以单独的支线供电。供手提行灯接用的插座,一般采用固定的干式变压器供电。当插座数量很少,且不经常使用时,也可以采用工作附近的 220 V 插座,手提行灯通过携带式变压器接电,此时 220 V 插座应采用带接地极的三孔插座。重要厅室的照明配线,可采用 2 个电源自动切换方式或由 2 路电源各带一半负荷的方式交叉配线,其配电装置和管路应分开。

(2)照明控制方式

照明控制主要满足安全、节能、便于管理和维护等要求。

①室内照明控制

生产厂房内的照明一般按生产组织(如加工段、班组、流水线等)分组集中在分配电箱上控制,但在出、入口应安装部分开关。在分配电箱内可直接用分路单级开关实行分相控制。照明采用分区域或按房间就地控制时,分配电箱之间可只装分路保护设备。大型厂房或车间宜采用带自动开关的分配电箱,分配电箱应安装在便于维修的地方,并尽量靠近电源侧或所供照明场地的负荷中心。在非昼夜工作的房间中,分配电箱应尽量靠近人员入口处。配电箱严禁装设在有爆炸危险的场所,可放在邻近的非爆炸危险房间或电气控制间内。不得已时可用密封型分配电箱装在 Q-3 级防爆危险房间内。在 H-1 及 H-2 级有火灾危险场所内安装的照明配电箱可用防尘型;H-3 级场所则可用保护型。一般房间照明开关装在入口处的门把手旁边的墙上,偶尔出入的房间(通风室、储藏室等),开关宜装在室外,其他房间均宜装在室内。房间内照明器数量为 1 个以上时,开关数量不宜少于 2 个。天然采光照度不同的场所,照明宜分区控制。

②室外照明控制

工业企业室外的警卫照明、露天堆场照明、道路照明、户外生产场地照明及高大建筑物的户外灯光装置均应单独控制。大城市的主要街道照明,可用集中遥控方式控制高压开关的分合,以及通断专用照明变压器可达到分片控制的目的。大城市的次要街道和一般城市街道照明采用分片区的控制方式。道路照明和警卫照明宜集中控制,控制点一般设在有值班人员的变配电所或警卫室内。

8.8.2 照明负荷

照明负荷按其重要性可将负荷分成 3 级。一级负荷、二级负荷、三级负荷。分类的方法及各级负荷对供电的要求在前面已做过介绍。照明负荷的计算与前面负荷计算所述方法一样。照明计算负荷的确定通常也采用需要系数法。各种建筑的照明负荷需要系数,可参见相关手册。

8.8.3 照明线路

照明线路设计主要考虑环境条件、运行电压、敷设方法,以及经济性、可靠性方面的要求。
照明线路常用的导线形式有:
①BBLX,BBX:棉纱编制橡皮绝缘铝芯、铜芯电线。
②BLV,BV:塑料绝缘铝芯、铜芯电线。

③BLVV,BVV:塑料绝缘塑料护套铝芯、铜芯电线。

④BLXF,BXF,BLXY,BXY:橡皮绝缘、氯丁橡胶护套或聚氯乙烯护套铝芯、铜芯电线。

⑤VLV,VV:聚氯乙烯绝缘、聚氯乙烯护套铝芯、铜芯电力电缆,又称全塑电缆。

⑥YJLV,YJV:交联聚氯乙烯绝缘、聚氯乙烯护套铝芯、铜芯电力电缆。

⑦XLV,XV:橡皮绝缘、聚氯乙烯护套铝芯、铜芯电力电缆。

8.8.4 照明线路的保护

照明线路一般装设过负荷保护、过流保护、漏电保护。照明线路的过负荷和过流保护一般采用熔断器或自动空气开关。保护的选择及其整定计算详见第 6 章。

(1)保护类型设置原则

①所有照明线路均应装有短路保护。

②下列场合还应设过负荷保护:

a.住宅、重要的仓库、公共建筑、商店、工业企业办公、生活用房,有火灾或爆炸危险的房间;

b.当有延燃性外层的绝缘导线明敷在易燃体的建筑结构上时。

(2)保护装置的安装位置

①分配电箱和其他配电装置的出线处。

②向建筑物供电的进线处(当建筑物进线由架空支线接入,线路保护采用 20 A 及以下的保护设备保护时,其支线可不装保护装置)。

③220/(12～36) V 变压器的一、二次压侧。

④线路截面减小的始端(当前段保护设备能保护截面减小的后端线路,或后段线路截面大于前段线路截面的一半时,可不装设保护装置)。

8.8.5 照明线路的敷设

照明线路最常见的敷设方式有明敷、暗敷 2 种,见图 8.33。

8.8.6 照明电器

在照明系统中,用于控制及保护的设备是一些常用的低压电器。它们在电路中主要起着通断、保护、控制或调节作用。如熔断器、自动空气开关、漏电保护器、照明开关、插座、照明配电箱等。照明线路的过流保护一般采用熔断器或自动空气开关,有关熔断器和自动空气开关的类型及动作电流的整定计算已在第 6 章介绍。下面介绍常见日用低压电器。

(1)日用电器

日用电器的种类繁多,《日用电器产品型号》将日用电器分为 9 大类:空调器具、冷冻器具、厨房器具、清洁器具、取暖器具、整容器具、电气装置、电声器具及其他。其中,除电气装置外,均是用电器具,但用电容量较小。

①固定式日用电器的电源线应装设隔离电器和短路、过载及接地故障保护电器。

②移动式日用电器的电源线及插座线路,宜装设隔离电器和短路、过载及接地故障保护电器。

③功率在 25 W 及其以下的电感性负荷或 1 kW 及其以下的电阻性负荷的日用电器,可采用插头和插座作为隔离电器,并兼作功能性开关。

④接地故障保护及漏电保护应符合现行国家标准《低压配电设计规范》(GB 50054—95)

及行业标准《民用建筑电气设计规范》(JGJ/I 16—9)的规定。

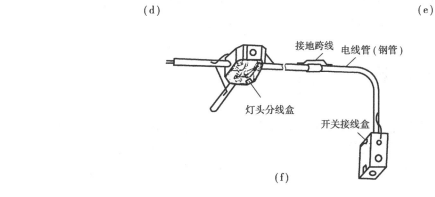

图 8.33　照明线路的各种敷设方式示意图

(a)瓷珠布线;(b)瓷瓶布线;(c)瓷夹布线;(d)线槽布线;(e)铅卡片布线;(f)电线管敷设

(2)照明开关

照明开关按其安装方式可分为明装开关和暗装开关 2 种;按其开关操作方式又有拉线开关、跷板开关、床头开关等;按其控制方式有单控开关和双控开关等。

照明开关安装位置应便于操作,开关边缘距门框的距离宜为 0.15～0.2 m;开关距地面高度宜为 1.3 m。

为了装饰美观,安装在同一建筑物(构筑物)内的开关,宜采用同一系列的产品,开关通断位置应一致,且操作灵活、接触可靠。并列安装的相同型号开头距地面高度应一致,高度差应不大于 1 mm;同一室内安装的开关高度差应不大于 5 mm;并列安装的拉线开关的相邻间距不宜小于 20 mm。

跷板开关为暗装开关,应与开关盒配套一起安装。开关芯和盖板连成一体,安装比较方便,埋设好开关盒,将导线接到接线柱上,将盖板用螺钉固定在开关盒上,注意不应横装。跷板上部顶端有压制条纹或红色标志的应朝上安装。当跷板或面板上无任何标志时,应装成跷板下部按下时,开关处在合闸位置;跷板上部按下时,开关处在断开位置。

(3)插座

插座是各种移动电器的电源接取口,如台灯、电视机、电风扇、洗衣机等多使用插座。插座的安装高度应符合用户使用方便的要求。

(4)照明配电箱

照明配电箱有标准型和非标准型2种。标准配电箱可按设计要求直接向生产厂家购买,常见照明配电箱型号种类繁多,新型照明配电箱还带有通信接口等,详细参见相应的设计手册及厂商样本。非标准配电箱可自行制作。照明配电箱安装方式一般有悬挂式明装和嵌入式暗装。

照明配电箱的安装高度应符合施工图纸要求。若无要求时,一般底边距地面为 1.5 m,安装垂直偏差应不大于 3 mm。配电箱上应注明用电回路名称等。

8.8.7 照明设计施工图要求

照明设计施工图要求:

《电气装置安装工程 1 kV 及以下配线工程施工及验收规范》(GB 50258—96)。

《电气装置安装工程电气照明装置施工及验收规范》(GB 50259—96)。

照明设计中常用的图形符号及制图标准可参见 GB 6988—86,GB 4728 中规定,如果采用 GB 4728 标准中未规定的图形符号时,必须加以图例说明。

8.9　照明设计实例——住宅照明电气设计

住宅照明电气设计是一项政策性极强的工作,它不仅标志着国力水平、人文修养、生态环境保护、社会化的进程,同时也关系到科技进步、传统"住宅"概念的突破等一系列新观念的建立。作为居住建筑电气设计的最本质和核心部分应当是如何适应不断增长的用电负荷。

1)普通住宅的电气设计

(1)负荷用电指标

普通住宅楼每栋用电负荷标准可参考表 8.10 设计。

表 8.10　住宅负荷用电指标

居室类别	户型	建筑面积/m²	计算负荷 /(kW·户⁻¹)	计算电流 (电能表规格)/A
一类	一室一厅	45 ~ 56	2.0 ~ 6.0	5(30)
二类	二室一厅	60 ~ 72	2.5 ~ 6.0	10(40)
三类	三室一厅	75 ~ 88	4.0 ~ 10.0	10(40)
四类	四室一厅	90 ~ 102	8.0 ~ 20.0	20(40)

(2)需要系数选定

当以基本户型(二室一厅)为负荷计算依据时,需要系数可见表 8.11 选取。

表 8.11 住宅负荷需要系数参考

按单相配电计算时所连接的基本户数	按三相配电计算时所连接的基本户数	需要系数	
		通用值	可采用值
—	—		
≤3	9	1	1
4	12	0.95	0.95
6	18	0.75	0.80
8	24	0.66	0.70
10	30	0.58	0.65
12	36	0.50	0.60
14	42	0.48	0.55
16	48	0.47	0.55
18	54	0.45	0.50
21	63	0.43	0.50
24	72	0.41	0.45
25 ~ 100	75 ~ 300	0.40	0.45
125 ~ 200	375 ~ 600	0.33	0.35
260 ~ 300	780 ~ 900	0.26	0.30

（3）住户配电系统

住户配电系统宜采用铜芯绝缘导线。"装表到户"、"三表出户"则是住宅设计的基本要求。

（4）主要电气设备装备及安全标准

①应在每栋住宅建筑的电源引入处设置总等电位联结；对潮湿场所，如卫生间等宜设置辅助等电位联结。

②采用铜芯绝缘导线并暗配线，导线截面不宜小于 $2.0~mm^2$。

③在起居室和大厅灯位处应预留有安装重型灯具的吊钩。

④厨房、卫生间等潮湿房间的照明灯具应采用瓷灯头或防潮性灯具。公共部位的灯具选型应以开启灯具为主，以方便光源的更换和维修。

⑤照明开关应采用跷板式，位置在易开启的地方，开关容量不宜低于 10 A。

⑥多层住宅的楼梯间有直接采光窗时，照明灯具开关可采用节电型的定时开关、双控开关、声控开关等。

⑦每户户门外应设有由户内控制的门灯，每户应设有门铃。

⑧每户总开关应选用可同时通断相-中性线并配有过压和欠压保护的开关。电源插座及专用插座支路应装设漏电保护。

图 8.34 为某住宅的配电平面图及系统图。

实际负荷用电指标可达 8 ~ 20 kW，电流表规格按过载能力的 4 ~ 6 倍的额定电流进行。

高标准住宅的设计标准不仅要考虑地区电力供应能力，同时还要结合住户所能承受的经济水平，用电指标较普通住宅有所提高，即考虑了每室皆可装家用空调、基本小家电、彩电、冰箱、洗衣机、微波炉，厨房则装微波炉、多功能破碎机、榨汁机等。每户实际负荷用电指标可达 8 ~ 20 kW，电流表规格按过载能力的 4 ~ 6 倍额定电流进行。

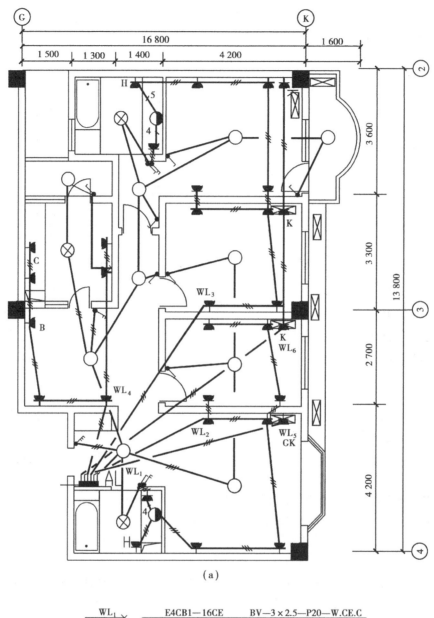

（a）

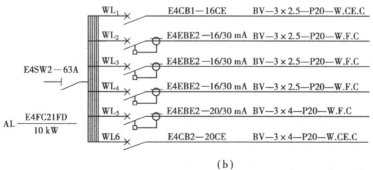

（b）

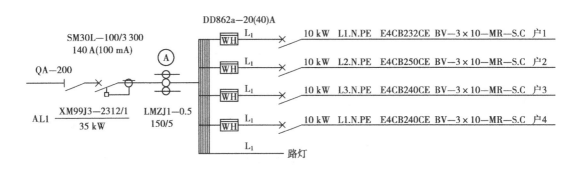

(c)

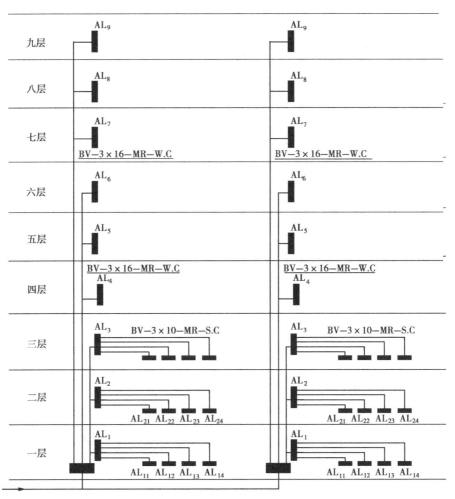

VV—3×35+2×25—G50—F.C

(d)

图 8.34　住宅楼照明平面图及系统图

(a)某住宅楼一住户配电配线平面图;(b)某住宅楼一住户控制箱系统接线;

(c)某住宅楼楼层电表箱接线;(d)住宅楼照明配电系统图

8.10 照明的计算机管理

照明的要求是在实现"安全、实用、经济、美观"的原则基础上,还要考虑"气氛、舒适、充足、方便、节能"等因素,这就需要精心设计的监控系统来完成。照明的计算机管理已经提到新的议事日程上来。

利用计算机管理大型舞台、体育场等场所的高要求照明环境,进行灯光指引、调节光线,配合声音综合管理等。现根据调光原则介绍其工作方式及适合场合:

①时间控制:用于办公室,由中央监控,配合上下班时间再自动按时亮熄。

②无线遥控:办公室下班后到上班之前,如果需要用电,通过本装置来亮熄,可以不改变办公室已经建立的时间控制制度。

③亮度调节:办公室靠窗部分的灯具通过亮度探测器,根据设定值亮熄灯光来维持亮度。

④探测自控:会议室、接待室、洗手间通过探测人进出的装置自动亮熄。

⑤电话遥控:利用大楼数字电话机的功能传达亮熄指令,用来弥补尚未纳入集中监控的不足或纳入太多的混乱。

⑥款式控制:走廊等公用部分纳入节能模式采用综合管理。以免过于谨慎,丧失保安的意义。

⑦联动亮熄:来人行动路径上采用联动亮熄,如"闲人躲开,保安人员快追踪过去"。VIP通行也可以照此完成。

⑧调光控制:用于大会议室和主要办公厅的灯盏、大舞池、舞台和体育场等。

现代智能照明控制系统是计算机微控技术在照明领域的应用,元件有主控模块、调光模块、智能管理器、可编程序控制器和系统监控器,它克服了传统继电器、接触器控制系统的接线复杂、操作不便、无法自动调光等缺点,具有操作智能化、系统网络化、管理科学化等显著特点。

习 题

1. 有一绘图室的面积为 9.6 m×7.4 m,室内高度为 3.5 m 。试进行照明器的选择和布置。

2. 某装配车间的面积 10 m×30 m,顶棚离地 5 m,工作面离地 0.8 m,采用 GC—A—1 型配照灯作为车间照明,$\frac{S}{h} < 1.0$,画出灯具布置平面图。

3. 某办公室面积为 10.6 m×5.8 m,高 3 m,工作面高度为 0.8 m。如图 8.35 所示,现采用 YG15—2 型格栅荧光灯(内装 40 W 灯管 2 支)组成 2 条光带。使用平方反比法和方位系数法计算 A 点和 B 点的水平照度。

4. 试对你校某栋教学楼或宿舍楼进行电气照明竣工图绘制。

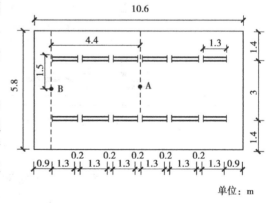

图 8.35 习题 3 图

9

电气安全及接地与防雷系统

本章首先介绍电流对人体的作用及电气安全的相关知识,然后介绍接地的有关概念以及接地装置的装设与接地计算,最后讲述过电压和雷电的有关概念及常用的防雷设备和防雷措施。

9.1　电气安全

9.1.1　电气安全的有关概念

电流通过人体时,人体内部组织将产生复杂的作用。

人体触电可分 2 种情况:一种是雷击和高压触电,较大的电流通过人体所产生的热效应、化学效应和机械效应,将使人的机体遭受严重的电灼伤、组织炭化坏死及其他难以恢复的永久性伤害;另一种是低压触电,在数十至数百 mA 电流作用下,使人的肌体产生病理生理性反应。轻的触电有针刺痛感,或出现痉挛、血压升高、心律不齐以致昏迷等暂时性的功能失常;重则可引起呼吸停止、心跳骤停、心室纤维性颤动等危及生命的伤害。

（1）安全电流

安全电流,也就是人体触电后最大的摆脱电流。安全电流值,各国规定并不完全一致。我国规定为 30 mA（50 Hz 交流）,按触电时间不超过 1 s（即 1 000 ms）,因此安全电流值为 30 mA/s。通过人体电流不超过 30 mA/s 时,对人身机体不会有损伤,不致引起心室纤维性颤动和器质损伤。如果通过人体电流达到 50 mA/s,对人就有致命危险,而达到 100 mA/s 时,一般会致人死亡。100 mA/s,即为"致命电流"。

（2）安全电压与人体电阻

安全电压，就是不致使人直接致死或致残的电压，我国国家标准规定的安全电压等级见《安全电压》(GB 3805—83)。

从电气安全的角度来说，安全电压与人体电阻有关系。人体电阻由体内电阻和皮肤电阻2部分组成。体内电阻约为500 Ω，与接触电压无关。皮肤电阻随皮肤表面的干湿洁污状态及接触电压而变。从人身安全的角度考虑，人体电阻一般取下限值1 700 Ω（平均值为2 000 Ω）。由于安全电流取30 mA，而人体电阻取1 700 Ω，因此人体允许持续接触的安全电压为：

$$U_{\text{saf}} = 30 \text{ mA} \times 1\ 700 \text{ } \Omega \approx 50 \text{ V}$$

50 V（50 Hz 交流有效值）称为一般正常环境条件允许持续接触的"安全特低电压"。

9.1.2 直接触电和间接触电防护

根据人体触电的情况将触电防护分为直接触电防护和间接触电防护2类。

（1）直接触电防护

它是指对直接接触正常带电部分的防护，例如对带电导体加隔离栅栏或加保持护罩等。

（2）间接触电防护

它是指对故障时带危险电压而正常时不带电的外露可导电部分（如金属外壳、框架等）的防护，例如将正常不带电的外露可导电部分接地，并装设接地故障保护，用以切断电源或发出报警信号等。

9.1.3 电气安全

在供用电工作中，必须特别注意电气安全。如果稍有麻痹或疏忽，就可能造成严重的触电事故或者引起火灾或爆炸，给国家和人民带来极大的损失。

保证电气安全的措施如下：

①加强电气安全教育。

②严格执行安全工作规程。

③严格遵循设计、安装规范。

④加强运行维护和检修试验工作。

⑤采用安全电压和符合安全要求的相应电器。

⑥按规定采用电气安全用具。

国家制订的设计、安装规范，是确保设计、安装质量的基本依据。例如进行供电设计，就必须遵循国家标准《供配电系统设计规范》(GB 50054—95)、《10 kV 及以下变电所设计规范》(GB 50053—94)、《低压配电设计规范》(GB 50054—95)等一系列设计规范，而进行供电工程的安装，则必须遵循国家标准《电气装置安装工程·高压电器施工及验收规范》(GBJ 147—90)、《电气装置安装工程·电力变压器、油浸电抗器、互感器施工及验收规范》(GBJ 148—90)、《电气装置安装工程·电缆线路施工及验收规范》(GB 50168—92)、《电气装置安装工程·35 kV 及以下架空电力线路施工及验收规范》(GB 50173—92)等施工及验收规范。

9.2 电气装置的接地

9.2.1 接地的有关概念

1)接地和接地装置

电气设备的某部分与大地之间做良好的电气连接,称为接地。埋入地中并直接与大地接触的金属导体,称为接地体或接地极。专门为接地而人为装设的接地体,称为人工接地体。兼作接地体的直接与大地接触的各种金属构件、金属管道及建筑物的钢筋混凝土基础等,称为自然接地体。连接接地体与设备、装置接地部分的金属导体,称为接地线。接地线在设备、装置正常运行情况下无电流流过,但在故障情况下要能通过接地故障电流。

接地线与接地体合称为接地装置。由若干接地体在大地中相互用接地线连接起来的一个整体,称为接地网。其中接地线又分为接地干线和接地支线,如图9.1所示。接地干线一般应采用不少于2根的导体在不同地点与接地网连接。

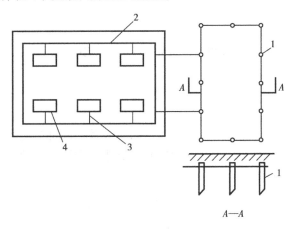

图9.1 接地网示意图
1—接地体;2—接地干线;3—接地支线;4—电气设备

2)接地电流和对地电压

当电气设备发生接地故障时,电流通过接地体向大地按半球形散开,这一电流称为接地电流,用 I_E 表示。在距接地体越远的地方散开球面越大,散流电阻越小,其电位分布曲线,如图9.2所示。

试验表明,在距单根接地体或接地故障点20 m左右的地方,实际上散流电阻已趋近于零。电位为零的地方,电气上称为"地"或"大地"。

电气设备的接地部分,如接地的外壳和接地体等,与零电位的"地"(大地)之间的电位差,称为接地部分的对地电压,如图9.2中的 U_E。

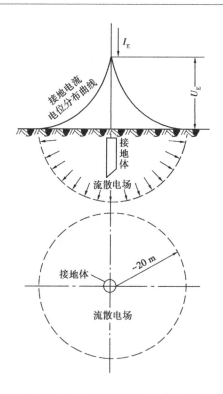

图9.2　接地电流、对地电压及接地电流电位分布曲线

3)接触电压和跨步电压

（1）接触电压

接触电压是指设备的绝缘损坏时,在身体可同时触及的两部分之间出现的电位差。例如人站在发生接地故障的设备旁边,手触及设备的金属外壳,则人手与脚之间所呈现的电位差即为接触电压,如图9.3中的 U_{tou}。

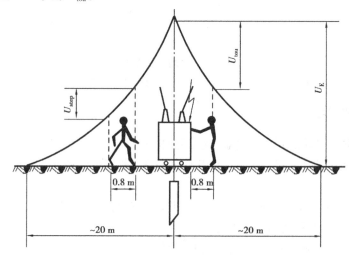

图9.3　接触电压和跨步电压

（2）跨步电压

跨步电压是指在接地故障点附近行走,两脚之间所出现的电位差,如图9.3中的 U_{step}。在带电的断线落地点附近及雷击时防雷装置泄放雷电流的接地体附近行走时,同样也会出现跨步电压。跨步电压的大小与离接地点的远近及跨步的长短有关,越靠近接地点,跨步越长,跨步电压越大。通常离接地点达20 m时,跨步电压为零。

4）工作接地、保护接地和重复接地

（1）工作接地

工作接地是为保证电力系统和设备达到正常工作要求而进行的一种接地,例如电源中性点的接地、防雷装置的接地等。各种工作接地有各自的功能,例如电源中性点直接接地,能在运行中维持三相系统中相线对地电压不变;而电源中性点经消弧线圈接地,能在单相接地时消除接地点的断续电弧,防止系统出现过电压。至于防雷装置的接地,其功能更是显而易见的,不进行接地就无法对地泄放雷电流,从而无法实现防雷的要求。

（2）保护接地

保护接地是为保障人身安全、防止间接触电而将设备的外露可导电部分接地。保护接地的型式有2种:

①设备的外露可导电部分经各自的接地线（PE 线）直接接地,如在 TT 和 IT 系统中的接地。

②设备的外露可导电部分经公共的 PE 线（在 TN-S 系统中）或经 PEN 线（在 TN-C 系统中）接地,这种接地我国习惯称为"保护接零"。

必须注意:同一低压系统中,不能有的采取保护接地,有的又采取保护接零,否则当采取保护接地的设备发生单相接地故障时,采取保护接零的设备外露可导电部分将带上危险的电压。

（3）重复接地

在 TN 系统中,为确保公共 PE 线或 PEN 线安全可靠,除在中性点进行工作接地外,还应在 PE 线或 PEN 线的下列地方进行重复接地:①如架空线路终端及沿线每 1 km 处;②电缆和架空线引入车间或大型建筑物处。如不重复接地,则在 PE 线或 PEN 线断线且有设备发生单相接地故障时,接在断线后面的所有外露可导电部分都将呈现接近于相电压的对地电压,即 $U_E \approx U_\varphi$,如图9.4a 所示,这是很危险的。如进行了重复接地,如图9.4b 所示,则在发生同样故障时,断线后面的设备外露可导电部分的对地电压为 $U_E' = I_E R_E' \ll U_\varphi$,危险程度大大降低。

9.2.2 电气装置的接地和接地电阻

（1）电气装置应接地或接零的金属部分（据 GB 50169—92）

①电机、变压器、电器、携带式或移动式用电器具等的金属底座和外壳。

②电气设备的传动装置。

③户内外配电装置的金属或钢筋混凝土构架以及靠近带电部分的金属遮栏和金属门。

④配电、控制、保护用的屏（柜、箱）及操作台等的金属框架和底座。

⑤交、直流电力电缆的接头盒、终端头和膨胀器的金属外壳和电缆的金属护层、可触及的电缆金属保护管和穿线的钢管。

⑥电缆桥架、支架和井架。

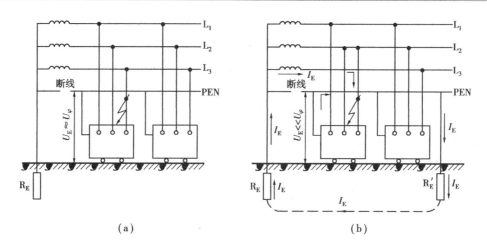

(a)　　　　　　　　　　　　　　(b)

图9.4　重复接地的作用说明

（a）没有重复接地的系统中，PE线或PEN线断线时；（b）采取重复接地的系统中，PE线或PEN线断时

⑦装有避雷线的电力线路杆塔。

⑧装在配电线路杆上的电力设备。

⑨在非沥青地面的居民区内，无避雷线的小接地电流架空线路的金属杆塔和钢筋混凝土杆塔。

⑩电除尘器的构架。

⑪封闭母线的外壳及其他裸露的金属部分。

⑫六氟化硫(SF_6)封闭式组合电器和箱式变电站的金属箱体。

⑬电热设备的金属外壳。

⑭控制电缆的金属护层。

（2）电气装置可不接地或接零的金属部分（据GB 50169—92）

①在木质、沥青等不良导电地面的干燥房间内，交流额定电压为380 V及其以下或直流额定电压为440 V及其以下的电气设备的外壳。当有可能同时触及上述电气设备外壳和已接地的其他物体时，则仍应接地。

②在干燥场所，交流额定电压为127 V及其以下或直流额定电压为110 V及其以下的电气设备的外壳。

③安装在配电屏、控制屏和配电装置上的电气测量仪表、继电器和其他低压电器等的外壳，以及当发生绝缘损坏时，在支持物上不会引起危险电压的绝缘子的金属底座等。

④安装在已接地金属构架上的设备，如穿墙套管等。

⑤额定电压为220 V及其以下的蓄电池室内的金属支架。

⑥由发电厂、变电所和工业、企业区域内引出的铁路轨道。

⑦与已接地的机床、机座之间有可靠电气接触的电动机和电器的外壳。

（3）接地电阻及其要求

接地电阻是接地体的流散电阻与接地线和接地体电阻的总和。由于接地线和接地体的电阻相对很小，可略去不计，因此接地电阻可认为就是接地体的流散电阻。

工频接地电流流经接地装置所呈现的接地电阻，称为工频接地电阻，即用R_E（或$R \sim$）表示。

雷电流流经接地装置所呈现的接地电阻,称为冲击接地电阻,用 R_{sh}(或 R_i)表示。

我国有关规程规定的部分电力装置所要求的工作接地电阻(包括工频接地电阻和冲击接地电阻)值,如附录表 25 所列,供参考。

关于 TT 系统和 IT 系统中电气设备外露可导电部分的保护接地电阻 R_E,按规定应满足这样的条件,即在接地电流 I_E 通过 R_E 时产生的对地电压不应高于安全特低电压 50 V,因此保护接地电阻为:

$$R_E \leqslant 50 \text{ V}/I_E \tag{9.1}$$

如果漏电断路器的动作电流 $I_{op(E)}$ 取为 30 mA(安全电流值),则 $R_E \leqslant \dfrac{50 \text{ V}}{0.03 \text{ A}} = 1\ 667 \ \Omega$。

这一接地电阻值很大,很容易满足要求。一般取 $R_E \leqslant 100 \ \Omega$,足以确保安全。

对 TN 系统,其中所有外露可导电部分均接在公共 PE 线或 PEN 线上,因此无所谓保护接地电阻问题。

9.2.3 接地装置的装设

(1)自然接地体的利用

在设计和装设接地装置时,首先应充分利用自然接地体,以节约投资。如果实地测量所利用的自然接地体电阻已能满足要求,而且这些自然接地体又满足热稳定条件,可不必再装设人工接地装置。

可作为自然接地体的物件包括:与大地有可靠连接的建筑物的钢结构和钢筋、行车的钢轨、埋地的金属管道及埋地敷设的不少于 2 根的电缆金属外皮等。对于变配电所来说,可利用其建筑物钢筋混凝土基础作为自然接地体。

利用自然接地体时,一定要保证良好的电气连接,在建构筑物结构的结合处,除已焊接者外,凡用螺栓连接或其他连接的,都要采用跨接焊接,而且跨接线不得小于规定值。

(2)人工接地体的装设

人工接地体有垂直埋设和水平埋设 2 种基本结构型式,如图 9.5 所示。

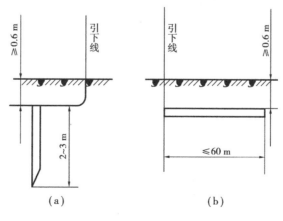

图 9.5 人工接地体
(a)垂直埋设的棒形接地体;(b)水平埋设的带形接地体

最常用的垂直接地体为直径 50 mm,长 2.5 m 的钢管,这是最为经济合理的。如果采用的钢管直径小于 50 mm,则因钢管的机械强度较小,易弯曲,不适于采用机械方法打入土中;若采用直径大于 50 mm 的钢管耗材增大,且流散电阻减小甚微,很不合算(例如钢管直径由 50 mm 增大到 125 mm 时,流散电阻仅减小 15%)。如果采用的钢管长度小于 2.5 m 时,流散电阻增加很多;如果长度大于 2.5 m 时,则既难于打入土中,且流散电阻减小也不显著。为了减少外界温度变化对散流电阻的影响,埋入地下的接地体,其顶面埋设深度不宜小于 0.6 m。

当土壤电阻率偏高时,例如土壤电阻率 $\rho \geqslant 300 \ \Omega \cdot m$ 时,为降低接地装置的接地电阻,可采取以下措施:

①采用多支线外引接地装置,其外引线长度不宜大于 $2\sqrt{\rho}$,此处 ρ 为埋设外引线处的土壤电阻率。

②如地下较深处土壤电阻率 ρ 较低时,可采用深埋式接地体。

③局部地进行土壤置换处理,换以 ρ 较低的粘土或黑土,或者进行土壤化学处理,填充以降阻剂。

按《电气装置安装工程·接地装置施工及验收规范》(GB 50169—92)规定,钢接地体和接地线的截面不应小于表 9.1 所列规格。对 110 kV 及以上变电所或腐蚀性强的场所的接地装置,应采用热镀锌钢材,或适当加大截面。

表 9.1 钢接地体和接地线的最小规格

种类 规格及单位	地上		地下	
	室内	室外	交流回路	直流回路
圆钢直径/mm	6	8	10	12
扁钢 截面/mm²	60	100	100	100
扁钢 厚度/mm	3	4	4	6
角钢厚度/mm	2	2.5	4	6
钢管管壁厚度/mm	2.5	2.5	3.5	4.5

注:1. 电力线路杆塔的接地体引出线截面不应小于 50 mm²;引出线应热镀锌。
　　2. 按《建筑物防雷设计规范》(GB 50057—94)规定:防雷的接地装置,圆钢直径不应小于 10 mm;
　　　扁钢截面不应小于 100 mm²,厚度不应小于 4 mm;角钢厚度不应小于 4 mm;钢管壁厚不应小于
　　　3.5 mm。作为引下线,圆钢直径不应小于 8 mm;扁钢截面不应小于 48 mm²,其厚度不应小
　　　于 4 mm。

当多根接地体相互接近时,入地电流的流散将相互排挤,其电流分布如图 9.6 所示。这种影响接地电流流散的作用,称为屏蔽效应。由于屏蔽效应使接地装置的利用率下降,所以垂直接地体的间距一般不宜小于接地体长度的 2 倍,水平接地体的间距一般不宜小于 5 m。

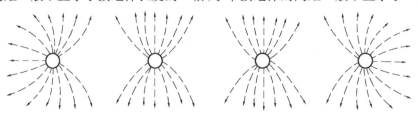

图 9.6 接地体间的电流屏蔽效应

接地网的布置,应尽量使地面的电位分布均匀,以降低接触电压和跨步电压。人工接地网

外缘应闭合。外缘各角应做成圆弧形。(35～110)/(6～10) kV 变电所的接地网内应敷设水平均压带,如图9.7 所示。为保障人身安全,应在经常有人出入的走道处,采用高绝缘路面(如沥青碎石路面)或加装帽檐式均压带。

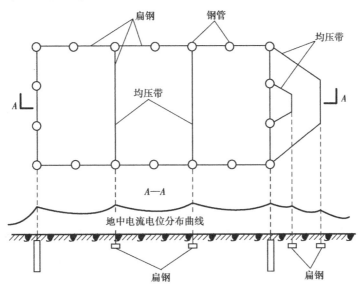

图9.7　加装均压带的接地网

　　为了减小建筑物的接触电压,接地体与建筑物的基础间应保持不小于1.5 m 的水平距离,通常取2～3 m。

　　(3)防雷装置的接地要求

　　避雷针宜装设独立的接地装置。防雷的接地装置(包括接地体和接地线)及避雷针(线、网)引下线的结构尺寸,应符合表9.1 标注2 的要求。

　　为了防止雷击时雷电流在接地装置上产生的高电位对被保护的建筑物和配电装置及其接地装置进行"反击闪络",危及建筑物和配电装置的安全,防直击雷的接地装置与建筑物和配电装置之间,应设有一定的安全距离,此距离与建筑物的防雷等级(参见9.4 节)有关,空气中安全距离 $S_0 \geq 5$ m,地下的安全距离 $S_E \geq 3$ m,如图9.8 所示。

　　为了降低跨步电压,保障人身安全,按 GB 50057—94 规定,防直击雷的人工接地体距建筑物出入口或人行道的距离不应小于3 m。当小于3 m 时,应采取下列措施之一:

　　①水平接地体局部深埋不应小于1 m。

　　②水平接地体局部应包绝缘物,可采用50～80 mm 厚的沥青层。

　　③采用沥青碎石地面或在接地体上面敷设50～80 mm 厚的沥青层,其宽度应超过接地体2 m。

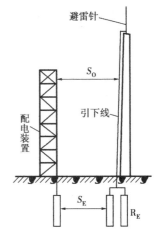

图9.8　防直击雷的接地装置与建筑物和配电装置之间的安全距离
S_0—空气中间距;S_E——地下间距

9.2.4 接地计算

（1）人工接地体工频接地电阻的计算

在工程设计中，人工接地体的工频接地电阻可采用下列公式计算。

①单根垂直管形接地体的接地电阻：

$$R_{E(1)} \approx \frac{\rho}{l} \tag{9.2}$$

式中，ρ——土壤电阻率参见附录表26；

l——接地体长度。

②多根垂直管形接地体的接地电阻 n 根垂直接地体并联时，由于接地体间屏蔽效应的影响，使得总的接地电阻 $R_E < \dfrac{R_{E(1)}}{n}$，实际接地电阻为：

$$R_E = \frac{R_{E(1)}}{n\eta_E} \tag{9.3}$$

式中，η_E——接地体的利用系数，垂直管形接地体的利用系数如附录表27所列，采用管间距离 a 与管长 l 之比及管子数目 n 去查得；由于该表所列 η_E 未计连接扁钢的影响，因此实际的 η_E 比表列数值略高。

③单根水平带形接地体的接地电阻：

$$R_E \approx \frac{2\rho}{l} \tag{9.4}$$

④n 根放射形水平接地带（$n \leqslant 12$，每根长度 $l \approx 60$ m）的接地电阻：

$$R_E \approx \frac{0.062\rho}{n + 1.2} \tag{9.5}$$

⑤环形接地带的接地电阻：

$$R_E \approx \frac{0.6\rho}{\sqrt{A}} \tag{9.6}$$

式中，A——环形接地带所包围的面积，m^2。

（2）冲击接地电阻的计算

冲击接地电阻是指雷电流经接地装置泄放入地时的接地电阻，包括接地电阻和地中散流电阻。由于强大的雷电流泄放入地时，土壤被雷电波击穿并产生火花，使散流电阻显著降低。当然，雷电波陡度很大，具有高频特性，同时会使接地线的感抗增大，但接地线阻抗较之散流电阻毕竟小得多，因此冲击接地电阻一般是小于工频接地电阻的。按《建筑物防雷设计规范》（GB 50057—94）规定，冲击接地电阻 R_{sh} 可按下式估算：

$$R_{sh} = \frac{R_E}{a} \tag{9.7}$$

式中，a——换算系数，为 R_E 与 R_{sh} 的比值，由图9.9确定。

图9.10中的 l_e 为接地体的有效长度，按 GB 50057—94 规定，应按下式计算

$$l_e = 2\sqrt{\rho} \tag{9.8}$$

图9.10中的 l：单根接地体时，l 为其实际长度；有分支线的接地体，l 为其最长分支线的长度；环形接地体，l 为其周长的一半。如果 $l_e < 1$ 时，取 $l_e = 1$，即 $a = 1$。

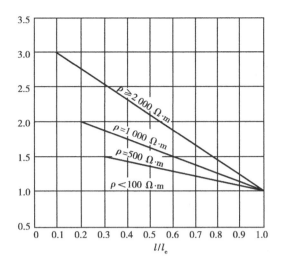

图9.9 确定换算系数 a 的曲线

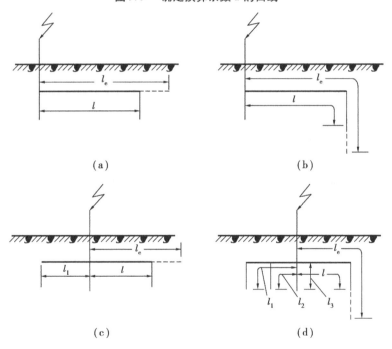

图9.10 接地体的长度 l 和有效长度 l_e

（a）单根水平接地体；（b）末端接垂直接地体的单根水平接地体；

（c）多根水平接地体（$l_1 \leqslant l$）；（d）接多根垂直接地体的多根水平接地体（$l_1 \leqslant l, l_2 \leqslant l, l_3 \leqslant l$）

（3）接地装置的计算程序及示例

接地装置的计算程序如下：

①按设计规范要求确定允许的接地电阻值 R_E。

②实测或估算可以利用的自然接地体的接地电阻 $R_{E(nat)}$。

③计算需要补充的人工接地体的接地电阻：

$$R_{\mathrm{E(man)}} = \frac{R_{\mathrm{E(nat)}} R_{\mathrm{E}}}{R_{\mathrm{E(nat)}} - R_{\mathrm{E}}} \qquad (9.9)$$

如不考虑自然接地体,则 $R_{\mathrm{E(man)}} = R_{\mathrm{E}}$。

④在装设接地体的区域内初步安排接地体的布置,并按一般经验试选,初步确定接地体和接地线的尺寸。

⑤计算单根接地体的接地电阻 $R_{\mathrm{E(1)}}$。

⑥用逐步渐近法计算接地体的数量 n:

$$n = \frac{R_{\mathrm{E(1)}}}{\eta_{\mathrm{E}} R_{\mathrm{E(man)}}} \qquad (9.10)$$

⑦校验短路热稳定度。对于大接地电流系统中的接地装置,可按 3.4.2 小节列式 $A_{\min} = I_{\infty}^{(3)} \frac{\sqrt{t_{\mathrm{ima}}}}{C}$ 进行单相短路热稳定度校验。由于钢线的热稳定系数 $C = 70$,因此计算满足单相短路热稳定度的钢接地线的最小允许载面 $A_{\min}$ 为:

$$A_{\min} = I_{\mathrm{k}}^{(1)} \frac{\sqrt{t_{\mathrm{k}}}}{70} \qquad (9.11)$$

式中,$I_{\mathrm{k}}^{(1)}$——单相接地短路电流,A。为了计算简便,可取为 $I^{(3)}$;

t_{k}——短路电流持续时间,s。

例 9.1 某车间变电所的主变压器容量为 500 kV·A,电压为 10/0.4 kV,联接组别为 Y,yn0。试确定此变电所公共接地装置的垂直接地钢管和连接扁钢。已知装设地点的土质为砂质粘土,10 kV 侧有电联系的架空线路长 150 km,电缆线路长 10 km。

解:1. 确定接地电阻:

按附录表 25 可确定此变电所公共接地装置的接地电阻应满足以下 2 个条件:

$$R_{\mathrm{E}} \leqslant \frac{120 \text{ V}}{I_{\mathrm{E}}} \qquad (a)$$

$$R_{\mathrm{E}} \leqslant 4 \ \Omega \qquad (b)$$

式(a)中的 I_{E} 由 1.4.1 节列式 $I_{\mathrm{C}} = \frac{U_{\mathrm{N}}(l_{\mathrm{ob}} + 35 l_{\mathrm{cab}})}{350}$ 计算为:

$$I_{\mathrm{E}} = I_{\mathrm{c}} = \frac{10 \times (150 + 35 \times 10)}{350} \text{ A} = 14.3 \text{ A}$$

故式(a) $$R_{\mathrm{E}} \leqslant \frac{120 \text{ V}}{14.3 \text{ A}} \leqslant 8.4 \ \Omega \qquad (c)$$

比较式(b)和式(c)可知,此变电所总的接地电阻应为 $R_{\mathrm{E}} \leqslant 4 \ \Omega$。

2. 接地装置初步方案:

现初步考虑围绕变电所建筑四周,距变电所建筑基础 2～3 m,间隔 5 m 打入 1 根垂直接地体,接地体为直径 50 mm,长 2.5 m 的钢管接地体,管间用 40 mm×4 mm 的扁钢焊接。

3. 计算单根钢管接地电阻:

查附录表 26,得砂质粘土的 $\rho = 100 \ \Omega \cdot \mathrm{m}$。

按式(9.2)得单根钢管接地电阻 $R_{\mathrm{E(1)}} \approx \frac{100 \ \Omega \cdot \mathrm{m}}{2.5 \ \mathrm{m}} = 40 \ \Omega$。

4. 确定接地钢管数和最后的接地方案:

根据 $\dfrac{R_{E(1)}}{R_E} \approx \dfrac{40\ \Omega}{4\ \Omega} = 10$。但考虑到管间的屏蔽效应,初选 15 根直径 50 mm,长 2.5 m 的钢管做接地体。以 $n=15$ 和 $\dfrac{a}{l}=2$ 去查附录表 26(取 $n=10$ 和 $n=20$ 在 $\dfrac{a}{l}=2$ 时的 η_E 值的中间值),可得 $\eta_E \approx 0.66$。因此由式(9.10)可得

$$n = \frac{R_{E(1)}}{\eta_e R_e} = \frac{40\ \Omega}{0.66 \times 4\ \Omega} \approx 15$$

考虑到接地体的均匀对称布置,选 16 根直径 50 mm,长 2.5 m 的钢管作接地体,用 40 mm×4 mm 的扁钢连接,环形布置。

9.2.5 低压配电系统的接地故障保护和等电位联接

1)低压配电系统的接地故障保护

接地故障是指低压配电系统中的相线对地或与地有联系的导电体之间的短路,包括相线与大地、相线与 PE 线或 PEN 线以及相线与设备的外露可导电部分之间的短路。

接地故障的危险性很大。在有的场合,接地故障电流很大(如在 TN 系统中),必须迅速切断电路,以保证线路的短路热稳定度,否则将产生严重的后果,甚至引起火灾或爆炸。在有的场合,接地故障电流较小(如在 TT 系统和 IT 系统中),但故障设备的外露可导电部分可能呈现危险的对地电压,如果不及时予以信号报警或切除故障,就有发生人身触电事故的可能。因此对接地故障必须重视,应对接地故障采取适当的安全防护措施。

低压配电系统的接地故障保护设置的要求,是能防止人身间接触电事故以及电气火灾和线路损坏等事故的发生。

接地故障保护电器的选择,应根据低压配电系统的接地型式、移动式和手握式或固定式电气设备的区别以及导体截面等因素经技术经济比较来确定。

(1)TN 系统中的接地故障保护

对已有总等电位联接的措施,且配电线路只供给固定式用电设备的末端线路,其接地故障保护的动作时间不宜大于 5 s,即 $t_{op(e)} \leqslant 5$ s。

对已有总等电位联接的措施,若供电给手握式电气设备和移动式电气设备的末端线路,则其接地故障保护的动作时间应不大于 0.4 s。即 $t_{op(e)} \leqslant 0.4$ s。

如果采用熔断器保护,接地故障电流 $I_k^{(1)}$ 与熔体额定电流 $I_{N,FE}$ 的比值 K 不应小于表 6.1 所列数值。如满足表 6.1 要求,则可认为满足接地故障保护要求。

TN 系统配电线路接地故障保护的动作电流 $I_{op(E)}$ 应符合下式要求:

$$I_{op(E)} \leqslant \frac{U_\varphi}{|Z_{\Sigma(\varphi)}|} \tag{9.12}$$

式中,U_φ——TN 系统的相电压;

$|Z_{\Sigma(\varphi)}|$——接地故障回路的总阻抗模。

接地故障保护可由过电流保护或零序电流保护来实现。如达不到保护要求时,则应采取漏电电流保护。

(2)TT 系统中的接地故障保护

采取总等电位联接的措施,其接地故障保护满足下式要求时,可认为已达到防触电的安全

要求：

$$I_{op(E)}R_E \leqslant 50 \text{ V} \tag{9.13}$$

式中，$I_{op(E)}$——接地故障保护的动作电流；

R_E——电气设备外露可导电部分的接地电阻和 PE 线电阻。

当采用过电流保护时，反时限特性过电流的 $I_{op(E)}$ 应保证在 5 s 内切除接地故障回路。当用瞬时动作特性过电流保护时，$I_{op(E)}$ 应保证瞬时切除接地故障回路。当采用过电流保护达不到上述要求时，则应采取漏电电流保护。

(3)IT 系统中的接地故障保护

在 IT 系统配电线路中，当发生第一次接地故障时，应由绝缘监视装置发出音响或灯光报警信号，其动作电流应符合下式要求：

$$I_E R_E \leqslant 50 \text{ V} \tag{9.14}$$

式中，I_E——相线与外露可导电部分之间的短路故障电流，由于此系统中性点不接地或经阻抗接地，因此 I_E 为单相接地电容电流；

R_E——电气设备外露可导电部分的接地电阻和 PE 线电阻。

当发生第二次接地故障时，可形成两相接地短路，这时应由过电流保护或漏电保护来切断故障电路，并应符合下列要求：

①当 IT 系统不引出 N 线、线路电压为 220/380 V 时，保护电器应在 0.4 s 内切断故障回路，并符合下式要求：

$$I_{op}|Z_\Sigma| \leqslant \frac{\sqrt{3}}{2}U_\varphi \tag{9.15}$$

式中，$|Z_\Sigma|$——包括相线和 PE 线在内的故障回路阻抗模。

②当 IT 系统引出 N 线、线路电压为 220/380 V 时，保护电器应在 0.8 s 内切断故障回路，并符合下式要求：

$$I_{op}|Z_\Sigma'| \leqslant \frac{1}{2}U_\varphi \tag{9.16}$$

式中，$|Z_\Sigma'|$——包括相线、N 线和 PE 线在内的故障回路阻抗模。

上式(9.15)和式(9.16)中的 I_{op} 均为保护电器的动作电流，U_φ 为线路的相电压。

接地故障保护还可采用漏电断路器保护。由漏电保护指示器动作，令断路器 QF 跳闸，从而切除故障电路，避免人员发生触电事故。

2)等电位联接

等电位联接(equipotential bonding)，是使电气装置各外露可导电部分和装置外可导电部分电位基本相等的一种电气联接。等电位联接的作用，在于降低接触电压，以保障人员安全。按《低压配电设计规范》(GB 50054—95)规定：采用接地故障保护时，在建筑物内应作总等电位联接(main equipotential bonding, MEB)。当电气装置某一部分的接地故障保护不能满足规定要求时，还应在局部范围内做局部等电位联接(localized equipotential bonding, LEB)。

(1)总等电位联接

总等电位联接是在建筑物进线处，将 PE 线或 PEN 线与电气装置接地干线，建筑物内的各处金属管道(如水管、煤气管、采暖管道等)以及建筑物金属构件等都接向总等电位联接端子，使它们都具有基本相等的电位,见图 9.11 中 MEB。

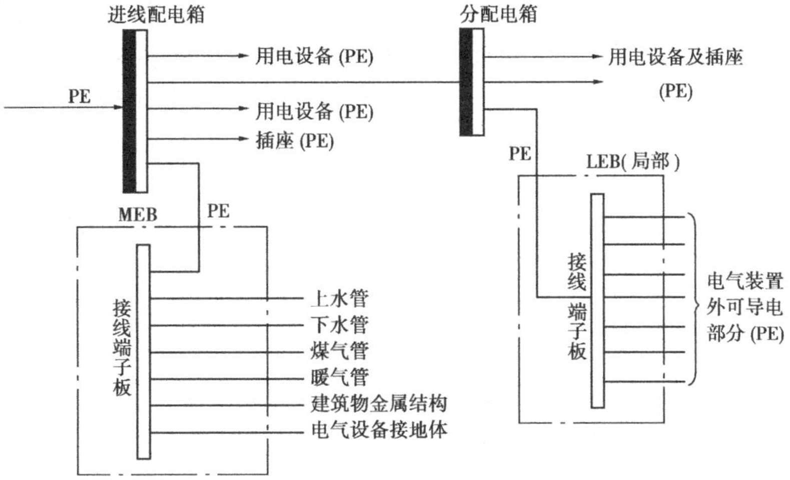

图 9.11　总等电位联接和局部等电位联接

MEB—总等电位联接;LEB—局部等电位联接

（2）局部等电位联接

局部等电位联接又称辅助等电位联接,是在远离总等电位联接处、非常潮湿、触电危险性大的局部地域内进行的等电位联接,作为总等电位联接的一种补充,见图 9.11 中 LEB。通常在容易触电的浴室及安全要求极高的胸腔手术室等地,宜做局部等电位联接。

总等电位联接主母线的截面规定不应小于装置中最大 PE 线截面的一半,而最小也不得小于 6 mm^2。如果是采用铜导线,其截面不可超过 25 mm^2。如为其他材质导线时,其截面应能承受与之相当的载流量。

连接 2 个外露可导电部分的局部等电位线,其截面不应小于接至该 2 个外露可导电部分的较小 PE 线的截面。

连接装置外露可导电部分与装置外可导电部分的局部等电位联接线,其截面不应小于相应 PE 线截面的一半。

PE 线、PEN 线和等电位联接线（WEB）以及引至接地装置的接地干线等,在安装竣工后,均应检测其导电是否良好,绝不允许有不良或松动的联接。在水表、煤气表处,应做跨接线。管道联接处,一般不需跨接线,但如导电不良则应做跨接线。

9.3　过电压与防雷

9.3.1　过电压及雷电的有关概念

1）过电压的形式

过电压是指在电气线路或电气设备上出现的超过正常工作要求的电压。在电力系统中,按过电压产生的原因不同,可分为内部过电压和雷电过电压 2 大类。

(1)内部过电压

内部过电压是由于电力系统本身的开关操作、发生故障或其他原因,使系统的工作状态突然改变,从而在系统内部出现电磁振荡而引起的过电压。内部过电压又分操作过电压和谐振过电压等形式。操作过电压是由于系统中的开关操作、负荷骤变或由于故障而出现断续性电弧而引起的过电压。谐振过电压是由于系统中的电路参数(R,L,C)在不利组合时发生谐振而引起的过电压,包括电力变压器铁心饱和而引起的铁磁谐振过电压。运行经验证明,内部过电压一般不会超过系统正常运行相对地(即单相)额定电压的 3~4 倍,因此对电力线路和电气设备绝缘的威胁不是很大。

(2)雷电过电压

雷电过电压又称大气过电压或外部过电压,它是由于电力系统内的设备或建(构)筑物遭受来自大气中的雷击或雷电感应而引起的过电压。雷电过电压产生的雷电冲击波,其电压幅值可高达 1 亿 V,其电流幅值可高达几十万 A。因此,对供电系统的危害极大,必须加以防护。

雷电过电压有 2 种基本形式:

①直接雷击:它是雷电直接击中电气设备、线路或建(构)筑物,其过电压引起强大的雷电流通过这些物体放入地,从而产生破坏性极大的热效应和机械效应,相伴的还有电磁效应和闪络放电。这种雷电过电压称为直击雷。

②间接雷击:它是雷电未直接击中电力系统中的任何部分而由雷电对设备、线路或其他物体的静电感应或电磁感应所产生的过电压。这种雷电过电压称为感应过电压或感应雷。

雷电过电压除上述 2 种雷击形式外,还有一种是由于架空线路遭受直接雷击或间接雷击而引起的过电压波,沿线路侵入变配电所或其他建筑物,称为雷电波侵入或高电位侵入。据我国几个城市统计,供电系统中由于雷电波侵入而造成的雷害事故占整个雷害事故的 50%~70%,比例很大。因此,对雷电波侵入的防护应予足够的重视。

2)雷电的形成及有关概念

(1)雷电的形成

雷电是带有电荷的"雷云"之间或"雷云"对大地(或物体)之间产生急剧放电的一种自然现象。关于雷云形成的理论,较普遍的看法是:在闷热的天气里,地面的水汽蒸发上升,在高空低温影响下,水汽凝成冰晶。冰晶受到上升气流的冲击而破碎分裂,气流挟带一部分带正电的小冰晶上升,形成"正雷云",而另一部分较大的带负电的冰晶则下降,形成"负雷云"。由于高空气流的流动,所以正雷云和负雷云在空中飘浮不定。据观测,在地面上产生雷击的雷云多为负雷云。

当空中的雷云靠近大地时,雷云与大地之间形成一个很大的电场。由于静电感应作用,使地面出现与雷云的电荷极性相反的电荷,如图 9.12 所示。

当雷云与大地之间在某一方位的电场强度达到 25~30 kV/cm 时,雷云就会开始向这一方位放电,形成一个导电的空气通道,称为雷电先导;大地的异性电荷集中的上述方位尖端上方,在雷电先导下行到离地面 100~300 m 时,也形成一个上行的迎雷先导,如图 9.12b 所示。当上、下先导相互接近时,正、负电荷强烈吸引中和而产生强大的雷电流,并伴有雷鸣电闪,这就是直击雷的主放电阶段,这个时间极短,一般约 50~100 μs。主放电阶段之后,雷云中的剩余电荷继续沿主放电通道向大地放电,形成断续的隆隆雷声,这就是直击雷的余辉放电阶段,

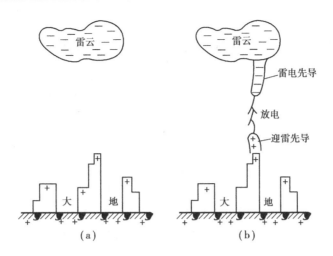

图9.12　雷云对大地放电(直击雷)示意图

(a)负雷云出现在大地建筑物上方时;(b)负雷云对建筑物顶部尖端放电

时间为 0.03 ~ 0.15 s,电流较小,约几百 A。雷电先导在主放电阶段前与地面上雷击对象之间的最小空间距离称为闪击距离,简称击距。闪击距离与雷电流的幅值和陡度有关。确定直击雷防护范围的"滚球半径"(参见"防雷设备"部分)大小,与闪击距离有关。

附近的架空线路在雷击时极易产生感应过电压。当雷云出现在架空线路上方时,线路上由于静电感应而积聚大量异性的束缚电荷,如图 9.13a 所示。当雷击对地放电后,线路上的束缚电荷被释放而形成的自由电荷,向线路两端泄放,形成电位很高的过电压,如图 9.13b 所示。高压线路上的感应电压,可高达几十万 V,低压线路上的感应过电压也可达几万 V,对供电系统的危害都很大。

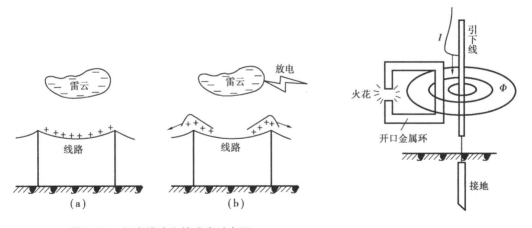

图9.13　架空线路上的感应过电压

(a)雷云在线路上方时;(b)雷云对地放电后

图9.14　开口金属环上的电磁感应过电压

当强大的雷电流沿着导体(如引下线)泄放入地时,由于雷电流具有很大的幅值和陡度,因此在它周围产生强大的电磁场。如果附近有一开口的金属环,则将在该金属环的开口(间隙)处感生相当大的电动势而产生火花放电,如图 9.14 所示。这对于存放易燃易爆物品的建筑物是十分危险的。为了防止雷电流电磁感应引起的危险过电压,应采用跨接导体或用焊接将开口金属环(包括包装箱上的铁皮箍)连成闭合回路后接地。

(2)与雷电有关的名词概念

①雷电流的幅值和陡度:雷电流是一个幅值很大、陡度很高的冲击波电流,如图 9.15 所示。雷电流的幅值 I_m 与雷云中的电荷量及雷电放电通道的阻抗有关。雷电流一般在 1 ~ 4 μs 内增长到幅值 I_m。雷电流在幅值以前的一段波形称为波头,从幅值起到雷电流衰减到 $\frac{I_m}{2}$ 的一段波形称为波尾。雷电流的陡度 a 用雷电流波头部分增长的速率来表示,即 $a = \frac{\mathrm{d}i}{\mathrm{d}t}$。雷电流陡度据测定可达 50 kA/μs 以上。对电气设备绝缘来说,雷电流的陡度越大,由 $u_L = L\frac{\mathrm{d}i}{\mathrm{d}t}$ 可知,产生的过电压越高,对绝缘的破坏性也越严重。

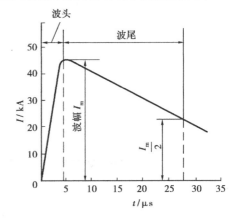

图 9.15 雷电流波形

因此,研究如何降低雷电流的幅值和陡度是防雷保护的一个重要课题。

②年平均雷暴日数:凡有雷电活动的日子,包括看到雷闪和听到雷声,都称为雷暴日。由当地气象台、站统计的多年雷暴日的年平均值称为年平均雷暴日数。年平均雷暴日数不超过 15 d 的地区称为少雷区。年平均雷暴日数超过 40 d 的地区称为多雷区。年平均雷暴日数越多,说明该地区雷电活动越频繁,因此防雷要求就越高,防雷措施越需加强。

③年预计雷击次数:这是表征建筑物可能遭受雷击的一个频率参数,据《建筑物防雷设计规范》(GB 50057—94)规定,应按下式计算:

$$N = 0.024KT_a^{1.3}A_e \tag{9.17}$$

式中,N——建筑物所预计的雷击次数;

T_a——年平均雷暴日数,按当地气象台、站资料确定;

A_e——与建筑物遭受雷击次数相同的等效面积,km²。按 GB 50057—94 规定的方法计算,此略;

K——校正系数,在一般情况下取 1;在下列情况下取相应数值:位于旷野孤立的建筑物取 2;金属屋面的砖木结构建筑物取 1.7;位于河边、湖边、山坡下或山地中土壤电阻率较小处、地下水露头处、土山顶部、山谷风口等处的建筑物,以及特别潮湿的建筑物取 1.5。

9.3.2 防雷设备

1)接闪器

接闪器是专门用来接受直接雷击(雷闪)的金属物体。接闪器的金属杆称为避雷针,金属线称为避雷线(或称架空地线),金属带称为避雷带,金属网称为避雷网。

(1)避雷针

避雷针一般采用镀锌圆钢(针长 1 m 以下时直径不小于 12 mm,针长 1 ~ 2 m 时直径不小于 16 mm)或镀锌钢管(针长 1 m 以下时,内径不小于 20 mm;针长 1 ~ 2 m 时,内径不小于 25

mm)制成。它通常安装在电杆(支柱)或构架、建筑物上,其下端要经引下线与接地装置连接。

避雷针的功能实质上是引雷作用,它能对雷电场产生一个附加电场。这个附加电场是由于雷云对避雷针产生静电感应引起的,其作用是使雷电场畸变,从而将雷云放电的通道,由原来可能向被保护物体发展的方向,吸引到避雷针,经与避雷针相连的引下线和接地装置将雷电流泄入到大地中去,使被保护物免受直接雷击。所以,避雷针实质是引雷针,它把雷电流引入地下,从而保护了线路、设备及建筑物等。

避雷针的保护范围,以它能防护直击雷的空间来表示。新颁布的《建筑物防雷设计规范》(GB 50057—94)规定采用 IEC 推荐的"滚球法"来确定避雷针和避雷线的保护范围。

所谓"滚球法"(roll-ball method),就是选择一个半径(滚球半径)为 h_r 的球体,沿需要防护直击雷的部位滚动,如果球体只接触到避雷针(线)或避雷针(线)与地面,而不触及需要保护的部位,则该部位就在避雷针(线)的保护范围之内。

单支避雷针的保护范围,按 GB 50057—94 规定,应按下列方法确定(参见图 9.16):

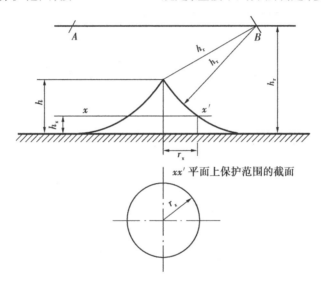

xx′ 平面上保护范围的截面

图 9.16 单支避雷针保护范围

当避雷针高度 $h \leqslant h_r$ 时:

①距地面 h_r 处做一平行于地面的平行线。

②以避雷针的针尖为圆心,h_r 为半径,作弧线交于平行线的 A,B 两点。

③以 A,B 为圆心,h_r 为半径作弧线,该弧线与针尖相交并与地面相切。从此弧线起到地面止的整个锥形空间,就是避雷针的保护范围。

④避雷针在被保护物高度 h_x 的 xx′ 平面上的保护半径,按下式计算:

$$r_x = \sqrt{h(2h_r - h)} - \sqrt{h_x(2h_r - h_x)} \tag{9.18}$$

式中,h_r——滚球半径,按表 9.2 确定。

表 9.2 按建筑物防雷类别确定滚球半径和避雷网络尺寸

建筑物防雷类别	滚球半径 h_r/m	避雷网格尺寸/m
第一类防雷建筑物	30	$\leq 5 \times 5$ 或 $\leq 6 \times 4$
第二类防雷建筑物	45	$\leq 10 \times 10$ 或 $\leq 12 \times 8$
第三类防雷建筑物	60	$\leq 20 \times 20$ 或 $\leq 24 \times 16$

⑤避雷针在地面上的保护半径,按下式计算:

$$r_o = \sqrt{h(2h_r - h)} \qquad (9.19)$$

当避雷针高度 $h > h_r$ 时,在避雷针上取高度 h_r 的一点代替单支避雷针的针类作圆心。其余的作法与 $h \leq h_r$ 时的作法相同。

关于 2 支及多支避雷针的保护范围,可参看 GB 50057—94 或有关设计手册,此略。

例 9.2 某厂一座高 30 m 的水塔旁边,建有一水泵房(属于第三类防雷建筑物)尺寸如图 9.17 所示。水塔上面安装有 1 支高 2 m 的避雷针。试问此针能否保护这一水泵房。

解:查表 9.2 得滚球半径 $h_r = 60$ m,而 $h = 30$ m + 2 m = 32 m,$h_x = 6$ m,由式(9.17)得避雷针保护半径为:

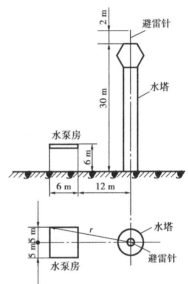

图 9.17 例 9.2 所示避雷针的保护范围

$$r_x = \sqrt{32 \times (2 \times 60 - 32)}\ \text{m} - \sqrt{6 \times (2 \times 60 - 6)}\ \text{m}$$
$$= 26.9\ \text{m}$$

现水泵房在 $h_x = 6$ m 高度上最远一角距离避雷针的水平距离为:

$$r = \sqrt{(12 + 6)^2 + 5^2}\ \text{m} = 18.7\ \text{m} < r_x$$

由此可见,水塔上的避雷针完全能保护这一水泵房。

(2)避雷线

避雷线一般采用截面不小于 35 mm² 的镀锌钢绞线,架设在架空线路的上面,以保护架空线路或其他物体(包括建筑物)免遭直接雷击。由于避雷线既是架空,又要接地,因此它又称为架空地线。避雷线的功能和原理与避雷针基本相同。

单根避雷线的保护范围,可参见 GB 50057—94 或有关设计手册。

(3)避雷带和避雷网

避雷带和避雷网主要用来保护高层建筑物免遭直击雷和感应雷。

避雷带和避雷网宜采用圆钢和扁钢,优先采用圆钢。圆钢直径应不小于 8 mm;扁钢截面应不小于 48 mm²,其厚度应不小于 4 mm。当烟囱上采用避雷环时,其圆钢直径应不小于 12 mm;扁钢截面应不小于 100 mm²,其厚度应不小于 4 mm。避雷网的网格尺寸要求如表 9.2 所示。

以上接闪器均应经引下线与接地装置连接。引下线宜采用圆钢或扁钢,优先采用圆钢,其

· 268 ·

尺寸要求与避雷带(网)采用的相同。引下线应沿建筑物外墙明敷,并经最短的路径接地,建筑艺术要求较高者可暗敷,但其圆钢直径应不小于 10 mm,扁钢截面应不小于 80 mm^2。

2)避雷器

避雷器是用来防止雷电产生的过电压波沿线路侵入配电所或其他建筑物内,以免危及被保护设备的绝缘。避雷器应与被保护设备并联,装在被保护设备的电源侧,如图 9.18 所示。当线路上出现危及设备绝缘的雷电过电压时,避雷器的火花间隙就被击穿,由高阻变为低阻,使过电压对大地放电,从而保护了设备的绝缘。

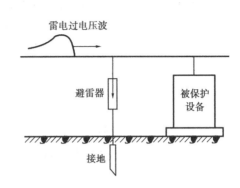

图 9.18 避雷器的连接

(1)阀式避雷器

阀式避雷器又称阀型避雷器,由火花间隙和阀片组成,装在密封的磁套管内。每对间隙用厚 0.5 ~ 1 mm 的云母垫圈隔开,正常情况下火花间隙阻断工频电流通过,但在雷电过电压作用下,火花间隙被击穿放电。阀片是用陶料粘固

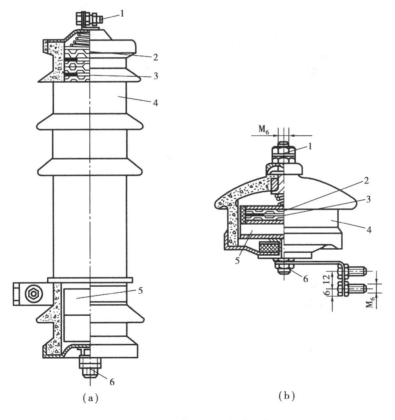

图 9.19 高低压阀式避雷器

(a)FS4—10 型;(b)FS—0.38 型
1—上接线端;2—火花间隙;3—云母垫圈;
4—瓷套管;5—阀片;6—下接线端

的电工用金刚砂(碳化硅)颗粒制成的,这种阀片具有非线性特性,正常电压时阀片电阻很大,过电压时阀片电阻变得很小。因此,在线路上出现雷电流时雷电流经阀片顺畅地向大地泄放。当雷电过电压消失、线路上恢复工频电压时,阀片呈现很大的电阻,使火花间隙绝缘迅速恢复正常运行。必须注意:雷电流流过阀片电阻时要形成电压降,即线路在泄放雷电流时有一定的残压加在被保护设备上。残压不能超过设备绝缘允许的耐压值,否则设备绝缘仍要被击穿。

图9.19a,b分别是我国生产的FS4—10型高压阀式避雷器和FS—0.38型低压阀式避雷器的结构图。

(2)排气式避雷器

排气式避雷器,通称管型避雷器,由产气管、内部电极和外部电极等组成,如图9.20所示。产气管由纤维、有机玻璃或塑料制成。内部电极为棒形,装在产气管内,另一个电极为环形。

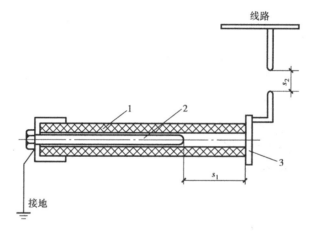

图9.20 排气式避雷器
1—产气管;2—内部电级;3—外部电极;
s_1—内部间隙;s_2—外部间隙

当线路上遭到雷击或感应雷时,雷电过电压使排气式避雷器的内、外间隙击穿,强大的雷电流通过接地装置入地。由于避雷器放电时内阻接近于零,所以其残压极小,但工频续流极大。雷电流和工频续流使管子内部间隙发生强烈电弧,使管内壁材料燃烧产生大量灭弧气体,由管口喷出,强烈吹弧,使电弧迅速熄灭,全部灭弧时间至多0.01 s(半个周期)。这时外部间隙的空气恢复绝缘,使避雷器与系统隔离,恢复系统正常运行。

为了保证避雷器可靠工作,在选择排气式(管型)避雷器时,开断电流的上限,应不小于安装处短路电流的最大有效值(考虑非周期分量);开断电流的下限,应不大于安装处短路电流可能的最小值(不考虑其周期分量)。在排气式(管型)避雷器的全型号中应表示出其开断电流的上、下限。排气式避雷器具有简单经济、残压很小的优点,但其动作时有电弧和气体从管中喷出,因此它只能用于室外架空场所(主要是架空线路上)。

(3)保护间隙

保护间隙又称角型避雷器,其结构如图9.21所示。它简单经济、维修方便,但保护性能差,灭弧能力小,容易造成接地或短路故障,引起线路开关跳闸或熔断器熔断,使线路停电。因此,对于装有保护间隙的线路,一般要求装设自动重合闸装置,以提高供电可靠性。

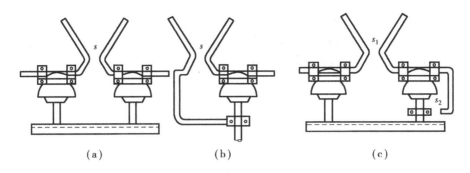

图 9.21　保护间隙(角型避雷器)

(a)双支持绝缘子单间隙;(b)单支持绝缘子单间隙;(c)双支持绝缘子双间隙

s—保护间隙;s_1—主间隙;s_2—辅助间隙

保护间隙的安装是一个电极接线路,另一个电极接地。但为了防止间隙被外物(如鼠、鸟、树枝等)短接而造成接地或短路故障,设有辅助间隙。

保护间隙只用于室外且负荷不重要的线路上。

(4)金属氧化物避雷器

金属氧化物避雷器又称压敏避雷器,它是一种没有火花间隙只有压敏电阻片的阀型避雷器。压敏电阻片是由氧化锌或氧化铋等金属氧化物烧结而成的多晶半导体陶瓷元件,具有理想的阀特性。在工频电压下,它呈现极大的电阻,能迅速有效地阻断工频续流,因此无需火花间隙来熄灭由工频续流引起的电弧,而且在雷电过电压作用下,其电阻又变得很小,能很好地泄放雷电流。目前,金属氧化物避雷器已广泛用于低压设备的防雷保护。随着其制造成本的降低,它在高压系统中获得广泛应用。

9.3.3　防雷措施

1)架空线路的防雷措施

(1)架设避雷线

这是防雷的有效措施,但造价高,因此只在 66 kV 及其以上的架空线路上才沿全线装设。35 kV 的架空线路上,一般只在进出变配电所的一段线路上装设,而 10 kV 及以下线路上一般不装设避雷线。

(2)提高线路本身的绝缘水平

在架空线路上,可采用木横担、瓷横担可高一级的绝缘子,以提高线路的防雷水平,这是 10 kV 及以下架空线路防雷的基本措施。

(3)利用三角形排列的顶线兼做防雷保护线

由于 3～10 kV 的线路是中性点不接地的系统,因此可在三角形排列的顶线绝缘子上装设保护间隙。

(4)装设自动重合闸装置

线路上因雷击放电而产生的短路是由电弧引起的,在断路器跳闸后,电弧即自行熄灭。如果采用一次 ARD,使断路器经 0.5 s 或稍长时间后自动重新合闸,电弧通常不会复燃,从而能恢复供电,这对一般用户不会有什么影响。

(5)个别绝缘薄弱地点加装避雷器

对架空线路上个别绝缘薄弱地点,如跨越杆、转角杆、分支杆、带拉线杆,以及木杆线路中个别金属杆等处,可装设排气式避雷器或保护间隙。

2)变配电所的防雷措施

(1)装设避雷针

室外配电装置应装设避雷针来防护直接雷击。如果变配电所附近有高大建(构)筑物,且在其防雷设施保护范围之内或变配电所本身为室内型时,不必再考虑直击雷的防护。

(2)高压侧装设避雷器

主要用来保护主变压器,以免雷电冲击波沿高压线路侵入变电所,损坏了变压器这一最关键的设备。因此,要求避雷器尽量靠近主变压器安装。阀式避雷器至3~10 kV主变压器的最大电气间离,如表9.3所示。3~10 kV高压配电装置中装设避雷器以防雷电波侵入的接线图,如图9.22所示。在每路进线终端和每段母线上,均装有阀式避雷器。如果进线是具有一段引入电缆的架空线路,则在架空线路终端的电缆头处装设阀式避雷器或排气式避雷器,其接地端与电缆头外壳相联后接地。

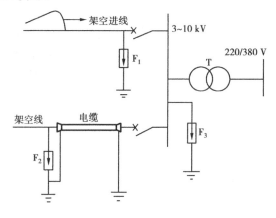

图9.22 高压配电装置中避雷器的装设

F₁,F₂—排气式或阀式避雷器;F₃—阀式避雷器

表9.3 阀式避雷器至3~10 kV主变压器的最大电气间离

雷雨季节经常运行的进线路数	1	2	3	4≥
避雷器至主变压器的最大电气间离/m	15	23	27	30

(3)低压侧装设避雷器

主要用在多雷区以防止雷电波沿低压线路侵入而击穿电力变压器的绝缘。当变压器低压侧中性点不接地时(如IT系统),其中性点要装设阀式避雷器或金属氧化物避雷器或保护间隙。

3)高压电动机的防雷措施

高压电动机的定子绕组是采用固体介质绝缘的,其冲击耐压试验值大约只有同电压等级的电力变压器的1/3。长期运行时固体绝缘介质会受潮、腐蚀和老化,将进一步降低其耐压水平。因此高压电动机对雷电波侵入的防护,不能采用普通的 FS 型和 FD 型阀式避雷器,而要采用专用于保护旋转电机用的 FCD 型磁吹阀式避雷器,或采用具有串联间隙的金属氧化物避雷器。

对定子绕组中性点能引出的高压电动机,就在中性点装设磁吹阀式避雷器或金属氧化物避雷器。

对定子绕组中性点不能引出的高压电动机,要采用图 9.23 所示接线。为降低沿线路侵入的雷电波波头陡度,减轻其对电动机绕组绝缘的危害,可在电动机前面加一段 100 ~ 150 m 的引入电缆头处安装 1 组排气式或阀式避雷器,而在电动机电源端(母线上)安装 1 组并联有电容器(0.25 ~ 0.5 μF)的 FCD 型磁吹阀式避雷器。

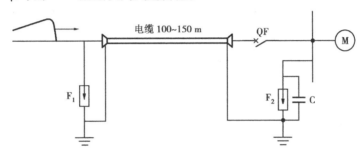

图9.23 高压电动机的防雷保护接线
F_1—排气式或普通阀式避雷器;F_2—磁吹阀式避雷器

4)建筑物的防雷措施

据 GB 50057—94,建筑物(含构筑物,下同)根据其重要性、使用性质、发生雷电事故的可能性和后果,防雷要求分为 3 类。

(1)第一防雷建筑物

①凡制造、使用或贮存炸药、火药、起爆药、火工品等大量爆炸物质的建筑物,因电火花而引起爆炸会造成巨大破坏和人身伤亡者;②具有 0 区或 10 区爆炸危险环境的建筑物;③具有 1 区爆炸危险环境的建筑物,因电火花而引起爆炸会造成巨大破坏和人身伤亡者;关于爆炸危险环境的分区,可参见附录表 28。

(2)第二类防雷建筑物

①制造、使用或贮存爆物质的建筑物,且电火花不易引起爆炸或不致造成巨大破坏和人身伤亡者;②具有 1 区爆炸危险环境的建筑物,且电火花不易引起爆炸或不致造成巨大破坏和人身伤亡者;③具有 2 区或 11 区爆炸危险环境的建筑物;④工业企业内有爆炸危险的露天钢质封闭气罐;⑤预计雷击次数大于 0.06 次/a 的部、省级办公建筑物及其他重要或人员密集的公共建筑物;预计雷击次数大于 0.3 次/a 的住宅、办公楼等一般性民用建筑物;⑥国家级重要建筑物。

(3)第三类防雷建筑物

①根据雷击后对工业生产的影响及产生的后果,并结合当地气象、地形、地质及周围环境

等因素,确定需要防雷的21区、22区、23区火灾危险环境(参见附录表30);②预计雷击次数大于或等于0.06次/a的一般工业建筑物;③预计雷击次数大于或等于0.012次/a,且小于或等于0.06次/a的部、省级办公建筑物及其他重要或人员密集的公共建筑物;预计雷击次数大于或等于0.06次/a,且小于或等于0.3次/a的住宅、办公楼等一般性民用建筑物;④在平均雷暴日大于15 d/a的地区,高度在15 m及其以上的烟囱、水塔等孤立的高耸建筑物;在平均雷暴日大于15 d/a的地区,高度在20 m及其以上的烟囱、水塔等孤立的高耸建筑物;⑤省级重点文物保护的建筑物及省级档案馆。

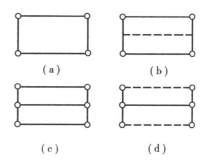

图9.24　建筑物易受雷击的部位
(a)坡度为零;(b)坡度≤1/10;
(c)1/10<坡度<1/2;(d)坡度≥1/2
——易受雷击部位;－－－不易受雷击的屋脊或屋檐;
○雷击率最高部位

据GB 50057—94规定,第一类防雷建筑物和第二类防雷建筑物中有爆炸危险的场所,应有防直击雷、防雷电感应和防雷电波侵入的措施。第二类防雷建筑物除有爆炸危险外及第三类防雷建筑物,应有防直击雷和防雷电波侵入的措施。

(4)建筑物易受雷击的部位

据观测研究发现,建筑物容易遭受雷击的部位与屋顶的坡度有关:

①平屋顶或坡度不大于1/10的屋顶,易受雷击的部位为檐角、女儿墙、屋檐,如图9.24a,b所示;②坡度大于1/10且小于1/2的屋顶,易受雷击的部位为屋角、屋脊、檐角、屋檐,如图9.24c所示;③坡度不小于1/2的屋面,易受雷击的部位为屋角、屋脊、檐角,如图9.24d所示。

对建筑物屋顶的易受雷击部位,应装设雷针或避雷带(网)进行直击雷防护。图9.24c,d中,如屋脊装有避雷带而屋檐处于此避雷带的保护范围以内时,屋檐上可不装设避雷带。屋顶上装设的避雷带、避雷网至少应经2根引下线与接地装置相连。

5)建筑物防直击雷的措施

①明装避雷带、避雷网:在建筑物面混凝土支座上、女儿墙上、天沟支架上、屋脊或檐口支座支架上安装避雷带(网)。

②暗装避雷带:利用建筑物V形折板内钢筋作避雷网;利用女儿墙压顶钢筋作暗装避雷带;高层建筑暗装避雷网是利用建筑物屋面板内钢筋作为接闪装置,柱内主筋为引下线,基础钢筋作为接地装置,组成一个钢铁大网笼,也称为鼠笼避雷网,如图9.25所示。

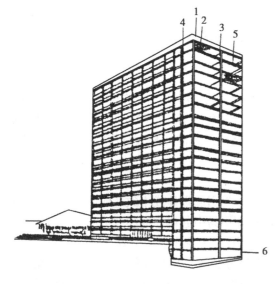

图9.25　框架结构笼式避雷网示意图
1—女儿墙避雷带;2—屋面钢筋;3—柱内钢筋;
4—外墙板钢筋;5—楼板钢筋;6—基础钢筋

对于高层建筑物一定要注意防备雷电的侧击和绕击,应在建筑物首层起每3层设均压环1圈。当建筑物全部为钢筋混凝土结构时,即可将结构圈梁钢筋与柱内充当引下线的钢筋进行绑扎或焊接作为均压环。当建筑物为砖混结构但有钢筋混凝土组合柱和圈梁时,均压环的做法如前所述。没有组合柱和圈梁的建筑物,应每3层在建筑物外墙上敷设1圈12 mm镀锌圆钢作为均压环,并与防雷装置的所有引下线连接,如图9.26所示。

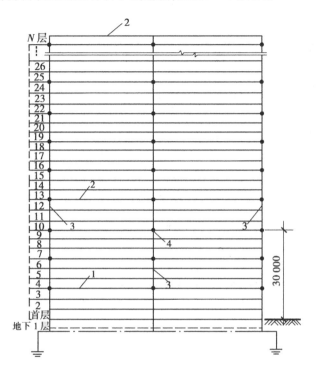

图9.26　高层建筑物避雷带

(网或均压环)引下线连接示意图

1—避雷带(网或均压环);2—避雷带(网);3—防雷引下线;

4—防雷引下线与避雷带(网或均压环)的连接处

9.3.4　防雷接地工程图实例

图9.27～图9.29为某住宅建筑防雷接地工程图。

设计施工说明:

①避雷带、引下线均采用25 mm×4 mm的扁钢,镀锌或作防腐处理。

②引下线在地面上1.7 m至地面下0.3 m一段,用50 mm硬塑料管保护。

③本工程采用25 mm×4 mm扁钢作水平接地体,绕建筑物1周埋设,其接地电阻不大于10 Ω。施工后达不到要求时,可增设接地极。

④安装施工采用国家标准图集D562,D563,并应与土建密切配合。

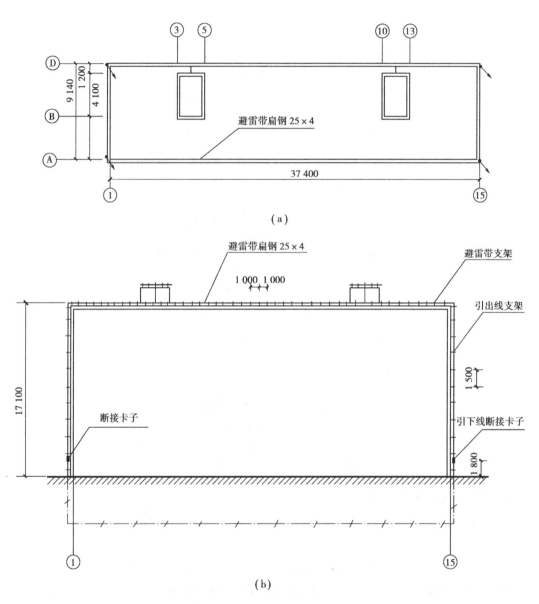

图 9.27　某住宅建筑防雷平面图、立面图

(a)屋顶防雷平面图;(b)北立面图

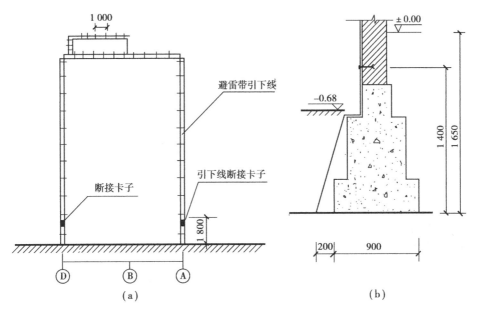

图 9.28　某建筑防雷西立面图;A—A 断面大样图

(a)西立面;(b)A—A 断面

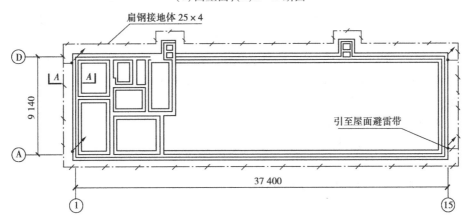

图 9.29　某住宅建筑接地平面图

习　题

1. 有一 50 kV·A 的变压器中性点需进行接地,可利用的自然接地体电阻为 25 Ω,而接地体电阻要求不大于 10 Ω。已知接地处的土壤电阻率为 150 Ω·m,单相短路电流可达 2.5 kA,短路电流持续时间可达 1.1 s。试选择直埋地的钢管和连接扁钢。

2. 某厂有 1 座第二类防雷建筑物,高 10 m,其屋顶最远的一角距离高 50 m 的烟囱 150 m。烟囱上装有 1 根 2.5 m 高的避雷针。试验算此避雷针能否保护该建筑物?

结 束 语

电能是一种很重要的二次能源,是发展国民经济的重要物质基础,也是制约国民经济发展的一个重要因素,能源紧张是我国面临的一个严重的问题,其中包括了电力供应紧张。我国将能源建设作为国民经济建设的战略重点之一,同时提出在加强能源开发的同时,必须最大限度地提高能源利用率,大力降低能源消耗,保护环境,保护自然。

搞好供配电系统的电能节约,必须在供配电系统规划、设计中采取节电、节能措施,大力提高供用电水平,进行供电系统的科学管理和技术改造等方面采取措施。

1) 系统规划、设计中的采取节电、节能措施

①选择先进的生产工艺技术。

②选择节能型的电气设备。

③合理设计供配电系统。

2) 加强供配电系统的科学管理,实现节电、节能的措施

① 加强能源管理,建立健全能源管理机构和管理制度。

② 加强教育,树立环保意识、可持续发展意识和节能意识,使节能成为全民的自觉行动。

③ 实行计划供用电,进行负荷调整。

④ 加强供配电系统电能计量和考核以及能源费用的核算工作,做到以经济手段管理能源。

⑤ 实行经济运行方式,全面降低系统能耗。

⑥ 加强维护,提高检修质量以节约电能。

3) 通过技术改造实现节电、节能的措施

① 采用和推广节电、节能的生产工艺。

② 逐步更新淘汰或改造现有的低效率高能耗的用电设备。

③ 改造现有供配电系统,降低线路损耗。

④ 合理选择供、用电设备的容量,提高设备的负荷率,达到运行经济的目的。

⑤ 采取无功功率补偿措施,人为地提高功率因素。

附 录

附录表1 用电设备组的需要系数、二项式系数及功率因数值

用 电 设 备 组 名 称	需要系数 K_d	二项式系数		最大容量设备台数 $x^{①}$	$\cos\varphi$	$\tan\varphi$
		b	c			
小批生产的金属冷加工机床电动机	0.16 ~ 0.2	0.14	0.4	5	0.5	1.73
大批生产的金属冷加工机床电动机	0.18 ~ 0.25	0.14	0.5	5	0.5	1.73
小批生产的金属热加工机床电动机	0.25 ~ 0.3	0.24	0.4	5	0.6	1.33
大批生产的金属热加工机床电动机	0.3 ~ 0.35	0.26	0.5	5	0.65	1.17
通风机、水泵、空压机及电动发电机组电动机	0.7 ~ 0.8	0.65	0.25	5	0.8	0.75
非连锁的连续运输机械及铸造车间整砂机械	0.5 ~ 0.6	0.4	0.4	5	0.75	0.88
连锁的连续运输机械及铸造车间整砂机械	0.65 ~ 0.7	0.6	0.2	5	0.75	0.88
锅炉房和机加、机修、装配等类车间的吊车($\varepsilon = 25\%$)	0.1 ~ 0.15	0.06	0.2	3	0.5	1.73
铸造车间的吊车($\varepsilon = 25\%$)	0.15 ~ 0.25	0.09	0.3	3	0.5	1.73
自动连续装料的电阻炉设备	0.75 ~ 0.8	0.7	0.3	2	0.95	0.33
实验室用的小型电热设备(电阻炉、干燥箱等)	0.7	0.7	0	—	1.0	0
工频感应电炉(未带无功补偿装置)	0.8	—	—	—	0.35	2.68
高频感应电炉(未带无功补偿装置)	0.8	—	—	—	0.6	1.33
电弧熔炉	0.9	—	—	—	0.87	0.57
点焊机、缝焊机	0.35	—	—	—	0.6	1.33
对焊机、铆钉加热机	0.35	—	—	—	0.7	1.02
自动弧焊变压器	0.5	—	—	—	0.4	2.29
单头手动弧焊变压器	0.35	—	—	—	0.35	2.68
多头手动弧焊变压器	0.4	—	—	—	0.35	2.68
单头弧焊电动发电机组	0.35	—	—	—	0.6	1.33
多头弧焊电动发电机组	0.7	—	—	—	0.75	0.88
生产厂房及办公室、阅览室、实验室照明^{②}	0.8 ~ 1	—	—	—	1.0	0
变配电所、仓库照明^{②}	0.5 ~ 0.7	—	—	—	1.0	0
宿舍(生活区)照明^{②}	0.6 ~ 0.8	—	—	—	1.0	0
室外照明、应急照明^{②}	1	—	—	—	1.0	0

①如果用电设备组的设备组总台数 $n < 2x$ 时,则最大容量设备台数取 $x = n/2$,且按"四舍五入"修约规则取整数。

②这里的 $\cos\varphi$ 和 $\tan\varphi$ 值均为白炽灯照明数据。如为荧光灯照明,则 $\cos\varphi = 0.9$,$\tan\varphi = 0.48$;如为高压汞灯、钠灯,则 $\cos\varphi = 0.5$,$\tan\varphi = 1.73$。

附录表2 部分工厂的全厂需要系数、功率因数及年最大有功负荷利用小时参考值

工厂类别	需要系数	功率因数	年最大有功负荷利用小时数	工厂类别	需要系数	功率因数	年最大有功负荷利用小时数
汽轮机制造厂	0.38	0.88	5 000	量具刃具制造厂	0.26	0.60	3 800
锅炉制造厂	0.27	0.73	4 500	工具制造厂	0.34	0.65	3 800
柴油机制造厂	0.32	0.75	4 500	电机制造厂	0.33	0.65	3 000
重型机械制造厂	0.35	0.79	3 700	电器开关制造厂	0.35	0.75	3 400
重型机床制造厂	0.32	0.71	3 700	电线电缆制造厂	0.35	0.73	3 500
机床制造厂	0.2	0.65	3 200	仪器仪表制造厂	0.37	0.81	3 500
石油机械制造厂	0.45	0.78	3 500	滚珠轴承制造厂	0.28	0.70	5 800

附录表3 电力变压器配用的高压熔断器规格

变压器容量/(kV·A)		100	125	160	200	250	315	400	500	630	800	1 000
$I_{1N,T}$/A	6 kV	9.6	12	15.4	19.2	24	30.2	38.4	48	60.5	76.8	96
	10 kV	5.8	7.2	9.3	11.6	14.4	18.2	23	29	36.5	46.2	58
RN1 型熔断器 $(I_{N,FU}$/A$)/(I_{N,FE}$/A$)$	6 kV	20/20		75/30		75/40	75/50		75/75	100/100		200/150
	10 kV	20/15			20/20		50/30	50/40	50/50	100/75		100/100
RW4 型熔断器 $(I_{N,FE}$/A$)/(I_{N,FE}$/A$)$	6 kV	50/20		50/30		50/40		50/50	100/75	100/100		200/150
	10 kV	50/15			50/20		50/30		50/40	50/50	100/75	100/100

附录4 BW型并联电容器的主要技术数据

型 号	额定容量 kvar	额定电容 μF	型 号	额定容量 kvar	额定电容 μF
BW0.4—12—1	12	240	BWF6.3—30—1W	30	2.4
BW0.4—12—3	12	240	BWF6.3—40—1W	40	3.2
BW0.4—13—1	13	259	BW6.3—50—1W	50	4.0
BW0.4—13—3	13	259	BWF6.3—100—1W	100	8.0
BW0.4—14—1	14	280	BWF6.3—120—1W	120	9.63
BW0.4—14—3	14	280	BWF10.5—22—1W	22	0.64
BW6.3—12—1TH	12	0.96	BWF10.5—25—1W	25	0.72
BW6.3—12—1W	12	0.96	BWFF10.5—30—1W	30	0.87
BW6.3—16—1W	16	1.28	BWF10.5—40—1W	40	1.15
BW10.5—12—1W	12	0.35	BWF10.5—50—1W	50	1.44
BW10.5—16—1W	16	0.46	BWF10.5—100—1W	100	2.89
BWF6.3—22—1W	22	1.76	BWF10.5—120—1W	120	3.47
BWF6.3—25—1W	25	2.0			

注:1. 额定频率均为 50 Hz。

2. 并联电容器全型号表示和含义:

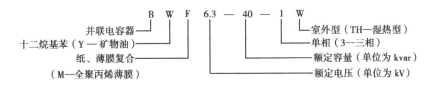

附录表5　导体在正常和短路时的最高允许温度及热稳定系数

导体种类和材料		最高允许温度/℃		热稳定系数 C /($A \cdot s^{\frac{1}{2}} \cdot mm^{-2}$)
		额定负荷时	短路时	
母　线	铜	70	300	171
	铝	70	200	87
油浸纸绝缘电缆	铜芯 1~3 kV	80	250	148
	铜芯 6 kV	65(80)	250	150
	铜芯 10 kV	60(65)	250	153
	铜芯 35 kV	50(65)	175	
	铝芯 1~3 kV	80	200	84
	铝芯 6 kV	65(80)	200	87
	铝芯 10 kV	60(65)	200	88
	铝芯 35 kV	50(65)	175	

附录表6　架空裸导线的最小截面

线 路 类 别		导线最小截面/mm^2		
		铝及铝合金线	钢芯铝线	铜绞线
35 kV 及以上线路		35	35	35
3~10 kV 线路	居民区	35	25	25
	非居民区	25	16	16
低压线路	一　般	16	16	16
	与铁路交叉跨越档	35	16	16

附录表7　绝缘导线芯线的最小截面

线 路 类 别		芯线最小截面/mm^2		
		铜芯软线	铜 线	铝 线
照明用灯头引下线	室　内	0.5	1.0	2.5
	室　外	1.0	1.0	2.5
移动式设备线路	生活用	0.75	—	—
	生产用	1.0	—	—

续表

线 路 类 别			芯线最小截面/mm²		
			铜芯软线	铜 线	铝 线
敷设在绝缘支持件上的绝缘导线,(L为支持点间距)	室内	L≤2 m	—	1.0	2.5
	室外	L≤2 m	—	1.5	2.5
		2 m<L≤6 m	—	2.5	4
		6 m<L≤15 m	—	4	6
		15 m<L≤25 m	—	6	10
穿管敷设的绝缘导线			1.0	1.0	2.5
沿墙明敷的塑料护套线			—	1.0	2.5
板孔穿线敷设的绝缘导线			—	1.0(0.75)	2.5
PE 线和 PEN 线	有机械保护时		—	1.5	2.5
	无机械保护时	多芯线	—	2.5	4
		单芯干线	—	10	16

附录表8 6 kV 铝芯电缆的允许持续载流量
(据 GB 50217—1994)   A

绝缘类型		粘性油浸纸		不滴流纸		聚氯乙烯				交联聚乙烯			
钢铠护套		有		有		无		有		无		有	
缆芯最高工作温度/℃		65		80		70				90			
敷设方式		空气中	直埋	空气中	直埋	空气中	直埋	空气中	直埋	空气中	直埋	空气中	直埋
缆芯额定截面/mm²	10	—	—	—	—	40	51	—	50	—	—	—	—
	16	46	58	58	63	54	67	—	65	—	—	—	—
	25	62	79	79	84	71	86	—	83	—	87	—	87
	35	76	94	92	101	85	105	—	100	114	105	—	102
	50	92	114	116	119	108	126	—	126	141	123	—	118
	−70	118	140	147	148	129	149	—	149	173	148	—	148
	95	143	167	183	180	160	181	—	177	209·	178	—	178
	120	169	193	213	209	185	209	—	205	246	200	—	200
	150	194	215	245	232	212	232	—	228	227	232	—	222
	185	223	249	280	264	246	264	—	255	323	262	—	252
	240	265	288	334	308	393	309	—	300	378	300	—	295
	300	295	323	374	344	323	346	—	332	432	343	—	333
	400	—	—	—	—	—	—	—	—	505	380	—	370
	500	—	—	—	—	—	—	—	—	584	432	—	422
环境温度/℃		40	25	40	25	40	25	—	25	40	25	—	25
土壤热阻系数/(℃·m·W⁻¹)		—	1.2	—	1.5	—	1.2	—	1.2	—	2	—	2

附录表 9 10 kV铝芯电缆的允许持续载流量

（据 GB 50217—1994）   A

绝缘类型		粘性油浸纸		不滴流纸		交联聚乙烯			
钢铠护套		有		有		无		有	
缆芯最高工作温度/℃		60		65		90			
敷设方式		空气中	直埋	空气中	直埋	空气中	直埋	空气中	直埋
缆芯额定截面/mm²	16	42	55	47	59	—	—	—	—
	25	56	75	63	79	100	90	100	90
	35	68	90	77	95	123	110	123	105
	50	81	107	92	111	146	125	141	120
	70	106	133	118	138	178	152	173	152
	95	126	160	143	169	219	182	214	182
	120	146	182	168	196	251	205	246	205
	150	171	206	189	220	283	223	278	219
	185	195	233	218	246	324	252	320	247
	240	232	272	261	290	378	292	373	292
	300	260	308	295	325	433	332	428	328
	400	—	—	—	—	506	378	501	374
	500	—	—	—	—	579	428	574	424
环境温度/℃		40	25	40	25	40	25	40	25
土壤热阻系数/(℃·m·W⁻¹)		—	1.2	—	1.2	—	2.0	—	2.0

土壤热阻系数单位: $\text{℃} \cdot \text{m} \cdot \text{W}^{-1}$

附录表 10 绝缘导线明敷、穿钢管和穿塑料管时的允许载流量

1. BLX 和 BLV 型铝芯绝缘线明敷时的允许载流量（导线正常最高允许温度为 65 ℃） (A)								
芯线截面/mm²	BLX 型铝芯橡皮线				BLV 型铝芯塑料线			
	环 境 温 度							
	25 ℃	30 ℃	35 ℃	40 ℃	25 ℃	30 ℃	35 ℃	40 ℃
2.5	27	25	23	21	25	23	21	19
4	35	32	30	27	32	29	27	25
6	45	42	38	35	42	39	36	33
10	65	60	56	51	59	55	51	46
16	85	79	73	67	80	74	69	63
25	110	102	95	87	105	98	90	83
35	138	129	119	109	130	121	112	102
50	175	163	151	138	165	154	142	130
70	220	206	190	174	205	191	177	162
95	265	247	229	209	250	233	216	197
120	310	280	268	245	283	266	246	225

续表

1. BLX 和 BLV 型铝芯绝缘线明敷时的允许载流量（导线正常最高允许温度为 65 ℃）　　　　　（A）

芯线截面 /mm²	BLX 型铝芯橡皮线				BLV 型铝芯塑料线			
	环 境 温 度							
	25 ℃	30 ℃	35 ℃	40 ℃	25 ℃	30 ℃	35 ℃	40 ℃
150	360	336	311	284	325	303	281	257
185	420	392	363	332	380	355	328	300
240	510	476	441	403	—	—	—	—

2. BLX 和 BLV 型铝芯绝缘线穿钢管时的允许载流量（导线正常最高允许温度为 65 ℃）　　　　　（A）

导线型号	芯线截面 /mm²	2 根单芯线 环境温度				2 根穿管管径 /mm		3 根单芯线 环境温度				3 根穿管管径 /mm		4~5 根单芯线 环境温度				4 根穿管管径 /mm		5 根穿管管径 /mm	
		25 ℃	30 ℃	35 ℃	40 ℃	G	DG	25 ℃	30 ℃	35 ℃	40 ℃	G	DG	25 ℃	30 ℃	35 ℃	40 ℃	G	DG	G	DG
BLX	2.5	21	19	18	16	15	20	19	17	16	15	15	20	16	14	13	12	20	25	20	25
	4	28	26	24	22	20	25	25	23	21	19	20	25	23	21	19	18	20	25	20	25
	6	37	34	32	29	20	25	34	31	29	26	20	25	30	28	25	23	25	25	25	32
	10	52	48	44	41	25	32	46	43	39	36	25	32	40	37	34	31	25	32	32	40
	16	66	61	57	52	25	32	59	55	51	46	32	32	52	48	44	41	32	40	40	(50)
	25	86	80	74	68	32	40	76	71	65	60	32	40	68	63	58	53	40	(50)	40	—
	35	106	99	91	83	32	40	94	87	81	74	32	(50)	83	77	71	65	40	(50)	50	—
	50	133	124	115	105	40	(50)	118	110	102	93	50	(50)	105	98	90	83	50	—	70	—
	70	164	154	42	130	50	(50)	150	140	129	118	50	(50)	133	124	115	105	70	—	70	—
	95	200	187	173	158	70	—	180	168	155	142	70	—	160	149	128	126	70	—	80	—
	120	230	215	198	181	70	—	210	196	181	166	70	—	190	177	164	150	70	—	80	—
	150	260	243	224	205	70	—	240	224	207	189	70	—	220	205	190	174	80	—	100	—
	185	295	275	255	233	80	—	270	252	233	213	80	—	250	233	216	197	80	—	100	—
BLV	2.5	20	18	17	15	15	15	18	16	15	14	15	15	15	14	12	11	15	15	15	20
	4	27	25	23	21	15	15	24	22	20	18	15	15	22	20	19	17	15	15	20	20
	6	35	32	30	27	15	20	32	29	27	25	15	20	28	26	24	22	20	25	25	25
	10	49	45	42	38	20	25	44	41	38	34	20	25	38	35	32	30	25	25	25	32
	16	63	58	54	49	25	25	56	52	48	44	25	32	50	46	43	39	25	32	32	40
	25	80	74	69	63	25	32	70	65	60	55	32	32	65	60	56	51	32	40	32	(50)
	35	100	93	86	79	32	40	90	84	77	71	32	40	80	74	69	63	40	(50)	40	—
	50	125	116	108	98	40	50	110	102	95	87	40	(50)	100	93	86	79	50	(50)	50	—
	70	155	144	134	122	50	50	143	133	123	113	40	(50)	127	118	109	100	50	—	70	—
	95	190	177	164	150	50	(50)	170	158	147	134	50	—	152	142	131	120	70	—	70	—
	120	220	205	190	174	50	(50)	195	182	168	154	50	—	172	160	148	136	70	—	80	—
	150	250	233	216	197	70	(50)	225	210	194	177	70	—	200	187	173	158	70	—	80	—
	185	285	266	246	225	70	—	255	238	220	201	70	—	230	215	198	181	80	—	100	—

续表

3. BLX 和 BLV 型铝芯绝缘线穿硬塑料管时的允许截流量（导线正常最高允许温度为65℃）　　　（A）

导线型号	芯线截面/mm²	2根单芯线 环境温度				2根穿管管径/mm	3根单芯线 环境温度				3根穿管管径/mm	4~5根单芯线 环境温度				4根穿管管径/mm	5根穿管管径/mm
		25℃	30℃	35℃	40℃		25℃	30℃	35℃	40℃		25℃	30℃	35℃	40℃		
BLX	2.5	19	17	16	15	15	17	15	14	13	15	15	14	12	11	20	25
	4	25	23	21	19	20	23	21	19	18	20	20	18	17	15	20	25
	6	33	30	28	26	20	29	27	25	22	20	26	24	22	20	25	32
	10	44	41	38	34	25	40	37	34	31	25	35	32	30	27	32	32
	16	58	54	50	45	32	52	48	44	41	32	46	43	39	36	32	40
	25	77	71	66	60	32	68	63	58	53	32	60	56	51	47	40	40
	35	95	88	82	75	40	84	78	72	66	40	74	69	64	58	40	50
	50	120	112	103	94	40	108	100	93	86	50	95	88	82	75	50	50
	70	153	143	132	121	50	135	126	116	106	50	120	112	103	94	50	65
	95	184	172	159	145	50	165	154	142	130	65	150	140	129	118	65	80
	120	210	196	181	166	65	190	177	164	150	65	170	158	147	134	80	80
	150	250	233	215	197	65	227	212	196	179	75	205	191	177	162	80	90
	185	282	263	243	223	80	255	238	220	201	80	232	216	200	183	100	100
BLV	2.5	18	16	15	14	15	16	14	13	12	15	14	13	12	11	20	25
	4	24	22	20	18	20	22	20	19	17	20	19	17	16	15	20	25
	6	31	28	26	24	20	27	25	23	21	20	25	23	21	19	25	32
	10	42	39	36	33	25	38	35	32	30	25	33	30	28	26	32	32
	16	55	51	47	43	32	49	45	42	38	32	44	41	38	34	32	40
	25	73	68	63	57	32	65	60	56	51	40	57	53	49	45	40	50
	35	90	84	77	71	40	80	74	69	63	40	70	65	60	55	50	65
	50	114	106	98	90	50	102	95	88	80	50	90	84	77	71	65	65
	70	145	135	125	114	50	130	121	112	102	50	115	107	99	90	65	75
	95	175	163	151	138	65	158	147	136	124	65	140	130	121	110	75	75
	120	206	187	173	158	65	180	168	155	142	65	160	149	138	126	75	80
	150	230	215	198	181	75	207	193	179	163	75	185	172	160	146	80	90
	185	265	247	229	209	75	235	219	203	185	75	212	198	183	167	90	100

注：1. BX 和 BV 型铜芯绝缘导线的允许载流量约为同截面的 BLX 和 BLV 型铝芯绝缘导线允许载流量的1.29倍。

2. 表2中的钢管 G——焊接钢管，管径按内径计；DG——电线管，管径按外径计。

3. 表2和表3中4~5根单芯线穿管的载流量，是指三相四线制的 TN-C 系统、TN-S 系统和 TN-C-S 系统中的相线载流量，其中性线（N）或保护中性线（PEN）中可有不平衡电流通过。如果线路是供电给平衡的三相负荷，第四根导线为单纯的保护线（PE），则虽有四根导线穿管，但共载流量仍应按三根线穿管的载流量考虑，而管径则按四根线穿管选择。

4. 管径在工程中常用英制尺寸（英才 in）表示。管径的国际单位制（SI 制）与英制的近似。

附录表 11　LJ 型铝绞线的主要技术数据

额定截面/mm²	16	25	35	50	70	95	120	150	185	240
50 ℃的电阻 R_0/($\Omega \cdot km^{-1}$)	2.07	1.33	0.96	0.66	0.48	0.36	0.28	0.23	0.18	0.14
线间几何均距/mm	线路电抗 X_0/($\Omega \cdot km^{-1}$)									
600	0.36	0.35	0.34	0.33	0.32	0.31	0.30	0.29	0.28	0.28
800	0.38	0.37	0.36	0.35	0.34	0.33	0.32	0.31	0.30	0.30
1 000	0.40	0.38	0.37	0.36	0.35	0.34	0.33	0.32	0.31	0.31
1 250	0.41	0.40	0.39	0.37	0.36	0.35	0.34	0.34	0.33	0.33
1 500	0.42	0.41	0.40	0.38	0.37	0.36	0.35	0.35	0.34	0.33
2 000	0.44	0.43	0.41	0.40	0.40	0.39	0.37	0.37	0.36	0.35
室外气温 25 ℃导线最高温度 70 ℃时的允许载流量/A	105	135	170	215	265	325	375	440	500	610

注:1. TJ 型铜绞线的允许载流量约为同截面的 LJ 型铝绞线允许载流量的 1.29 倍。

2. 如当地环境温度不是 25 ℃,则导体的允许载流量应按系数进行校正。

附录表 12　SC9 系列 10 kV 级铜线树脂浇注干式电力变压器的技术数据

型　号	额定容量 (kVA)	额定电压/kV 一次	额定电压/kV 二次	联结组	损耗/W 空载	损耗/W 负载	空载电流/%	阻抗电压/%	噪声水平/dB	质量/kg	外形尺寸/mm 长	外形尺寸/mm 宽	外形尺寸/mm 高
SC9—200/10	200				480	2 670			42	990	1 090 (1 370)	670 (910)	1 030 (1 320)
SC9—250/10	250				550	2 910	1.2			1 160	1 120 (1 410)	670 (915)	1 060 (1 350)
SC9—315/10	315				650	3 200		4	44	1 320	1 170 (1 460)	700 (1 150)	1 125 (1 440)
SC9—400/10	400				750	3 690	1.0			1 560	1 220 (1 520)	700 (1 160)	1 185 (1 510)
SC9—500/10	500				900	4 500			45	1 820	1 300 (1 580)	700 (1 200)	1 230 (1 570)
SC9—630/10	630	10 (6)	0.4	Y,yn0	1 100	5 420				2 220	1 340 (1 620)	850 (1 200)	1 222.5 (1 650)
SC9—630/10	630				1 050	5 500	0.9		46	2 420	1 450 (1 740)	850 (1 220)	1 267.5 (1 595)
SC9—800/10	800				1 200	6 430				2 950	1 530 (1 820)	850 (1 280)	1 347 (1 745)
SC9—1000/10	1 000				1 400	7 510	0.8		48	3 190	1 640 (1 940)	850 (1 280)	1 422 (1 850)
SC9—1250/10	1 250				1 650	8 960		6		3 830	1 730 (2 030)	850 (1 320)	1 482 (1 910)
SC9—1600/10	1 600				1 980	10 850	0.7			5 000	1 840 (2 120)	850 (1 390)	1 693 (2 100)
SC9—2000/10	2 000				2 380	13 360			50	5 800	1 940 (2 230)	850 (1 420)	1 768 (2 180)
SC9—2500/10	2 500				2 850	15 880	0.6			6 820	2 030 (2 320)	850 (1 440)	1 883 (2 295)

注:1. 表中"外形尺寸"栏内加括号者为加有 IP20 防护的变压器外形尺寸。

2. 本系列变压器亦可采用 Dyn11 联结组,但其损耗和空载电流等数值略有不同。

3. 本型产品是山东省金曼克电气集团公司开发生产的新一代产品,具有损耗低、噪声小、电气机械强度好等优点。本表按该公司提供的技术资料编制。

附录表 13　RT0 型低压熔断器的主要技术数据和保护特性曲线

型　号	熔管额定电压/V	额定电流/A		最大分断电流/kA
		熔　管	熔　体	
RT0—100	交流 380	100	30,40,50,60,80,100	50 (cosφ = 0.1 ~ 0.2)
RT0—200		200	(80,100),120,150,200	
RT0—400		400	(150,200),250,300,350,400	
RT0—600	直流 440	600	(350,400),450,500,550,600	
RT0—1000		1 000	700,800,900,1 000	

2. 保护特性曲线

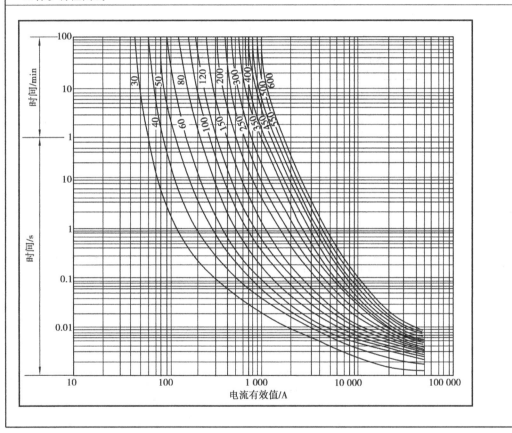

注:表中括号内的熔体电流尽可能不采用。

附录表 14　DW16 型低压断路器的主要技术数据

型　　号	壳架等级 电流/A	脱扣器额定 电流 $I_{N,OR}$/A	长延时动作 整定电流	瞬时动作 整定电流	单相接地短 路动作电流	极限分断 能力/kA
DW16—630	630	100，160，200，250， 315，400，630	$(0.64 \sim 1)$ $I_{N,OR}$	$(3 \sim 6)I_{N,OR}$	$0.5I_{N,OR}$	30（380 V） 20（660 V）
DW16—2000	2 000	800，1 000，1 600，2 000				50
DW16—4000	4 000	2 500，3 200，4 000				80

注:1. 低压断路器全型号的表示和含义:

2. DW16 型低压断路器可用于 380 V 和 660 V2 个电压等级。

附录表 15　GL-$\frac{11,15}{21,25}$型电流继电器的主要技术数据

型　　号	额定电流 /A	整　定　值		速断电流 倍数	返回 系数
		动作电流/A	10 倍动作电流的动作时间/s		
GL—11/10，—21/10	10	4，5，6，7，8，9，10	0.5，1，2，3，4	2 ~ 8	0.85
GL—11/5，—21/5	5	2，2.5，3，3.5，4，4.5，5			
GL—15/10，—25/10	10	4，5，6，7，8，9，10	0.5，1，2，3，4		0.8
GL—15/5，—25/5	5	2，2.5，3，3.5，4，4.5，5			

附录表 16　生产车间及工作和生活场所的照度标准值

1. 工作场所作业面上的照度标准值(GB 50034—92)										
视觉作业特性	识别对象的 最小尺寸 d/mm	视觉作业 分等	类级	亮度 对比	照度范围/lx					
					混合照明			一般照明		
特别精细作业	$d \leqslant 0.15$	I	甲	小	1 500	2 000	3 000	—	—	—
			乙	大	1 000	1 500	2 000	—	—	—
很精细作业	$0.15 < d \leqslant 0.3$	II	甲	小	750	1 000	1 500	200	300	500
			乙	大	500	750	1 000	150	200	300
精细作业	$0.3 < d \leqslant 0.6$	III	甲	小	500	750	1 000	150	200	300
			乙	大	300	500	750	100	150	200
一般精细作业	$0.6 < d \leqslant 1.0$	IV	甲	小	300	500	750	100	150	200
			乙	大	200	300	500	75	100	150
一般作业	$1.0 < d \leqslant 2.0$	V	—	—	150	200	300	50	75	100
较粗糙作业	$2.0 < d \leqslant 5.0$	VI	—	—	—	—	—	30	50	75
粗糙作业	$d > 5.0$	VII	—	—	—	—	—	20	30	50
一般观察生产过程	—	VIII	—	—	—	—	—	10	15	20
大件贮存	—	IX	—	—	—	—	—	5	10	15
有自行发光材料的车间	—	X	—	—	—	—	—	30	50	75

2. 一般生产车间工作面上的照度标准值（GB 50034—92）

车间和作业场所		视觉作业等级	照度范围/lx								
			混合照明			混合照明中的一般照明			一般照明		
金属机械加工车间	粗加工	Ⅲ乙	300	500	750	30	50	75	—	—	—
	精加工	Ⅱ乙	500	750	1 000	52	75	100	—	—	—
	精密加工	Ⅰ乙	1 000	1 500	2 000	100	150	200	—	—	—
机电装配车间	大件装配	Ⅴ	—	—	—	—	—	—	50	75	100
	小件装配、试车台	Ⅱ乙	500	750	1 000	75	100	150	—	—	—
	精密装配	Ⅰ乙	1 000	1 500	2 000	100	150	200	—	—	—
焊接车间	手动焊接①、切割①、接触焊、电渣焊	Ⅴ	—	—	—	—	—	—	50	75	100
	自动焊接、一般划线①	Ⅳ乙	—	—	—	—	—	—	75	100	150
	精密划线①	Ⅱ甲	750	1 000	1 500	75	100	150	—	—	—
	备料（如有冲压、剪切设备则参照冲压剪切车间）	Ⅵ	—	—	—	—	—	—	30	50	75
钣金车间		Ⅴ	—	—	—	—	—	—	50	75	100
冲压剪切车间		Ⅳ乙	200	300	500	30	50	75	—	—	—
锻工车间		Ⅹ	—	—	—	—	—	—	30	50	75
热处理车间		Ⅵ	—	—	—	—	—	—	30	50	75
锻工车间	熔化、浇铸	Ⅹ	—	—	—	—	—	—	30	50	75
	型砂处理、清理、落砂	Ⅵ	—	—	—	—	—	—	20	30	50
	手工造型①	Ⅲ乙	300	500	750	30	50	75	—	—	—
	机器造型	Ⅵ	—	—	—	—	—	—	30	50	75
木工车间	机床区	Ⅲ乙	300	500	750	30	50	75	—	—	—
	锯木区	Ⅴ	—	—	—	—	—	—	50	70	100
	木模区	Ⅳ甲	300	500	750	50	75	100	—	—	—
表面处理车间	电镀槽间、喷漆间	Ⅴ	—	—	—	—	—	—	50	75	100
	酸洗间、发兰间、喷砂间	Ⅵ	—	—	—	—	—	—	30	50	75
	抛光间	Ⅲ甲	500	750	1 000	50	75	100	150	200	300
	电泳涂漆间	Ⅴ	—	—	—	—	—	—	50	75	100
电修车间	一般	Ⅳ甲	300	500	750	30	50	75	—	—	—
	精密	Ⅲ甲	500	750	1 000	50	75	100	—	—	—
	拆卸、清洗场所①	Ⅵ	—	—	—	—	—	—	30	50	75

①表示被照面的计算高度为零。

续表

3. 部分生产和生活场所的照度标准值(GB 50034—92)					
场 所 名 称		单独一般照明工作面上的照度范围/lx			工作面离地高度/m
配、变电所	变压器室、高压电容器室	20	30	50	0
	高低压配电室、低压电容器室	30	50	75	0
	值班室	75	100	150	0.75
	电缆间(夹层)	10	15	20	—

附录表 17　常见普通白炽灯的光电参数

光 源 型 号	电压/V	功率/W	初始光通量/lm	平均寿命/h	灯头型号
PZS220—15		15	110		E27 或 B22
25		25	220		
40		40	350		
100		100	1 250		
500		500	8 300		E40/45
PZS220—36	220	36	350	1 000	E27 或 B22
60		60	715		
100		100	1 350		
PZM220—15		15	107		E27 或 B22
40		40	340		
60		60	611		
100		100	1 212		
PZQ220—40		40	345		E27
60		60	620		
100		100	1 240		
JZS36—40	36	40	550		E27
60		60	880		

注:PZ 指普通白炽灯泡,PZS 指双螺旋普通白炽灯泡,PZQ 指球形普通白炽灯泡,JZS 指双螺旋低压 36 V 普通白炽灯泡。

附录表 18　常见卤钨灯电光参数

灯头型号	功率/W	电压/V	光通量/lm	平均寿命/h	灯头型号	直径/mm	全长/mm
LZG 200—300	300		4 800	1 000		10	117.6/141
500	500		8 500	1 000		10	117.6/141
1000	1 000	220	22 000	1 500	R7s/Fa4	12	189.1/212.5
1500	1 500		33 000	1 000		12	254.1/277.5
2000	2 000		44 000	1 000		12	330.8/334.4

附录表 19　常见荧火灯电光参数

类　型		型　号	电压/V	功率/W	光通量/lm	平均寿命/h	灯管直径×长度 $\phi \times L$/mm
直管形		YZ8RR	220	8	250	1 500	16×302.4
		15RR		15	450	3 000	26×451.6
		20RR		20	775	3 000	26×604
		32RR		32	1 295	5 000	26×908.8
		40RR		40	2 000	5 000	26×1213.6
环形		YH22①		22	1 000	5 000	
		22RR		22	780	2 000	
单端内启动型	H 形	YDN5—H		5	235		27×104
		7—H		7	400	5 000	27×135
		11—H		11	900	5 000	27×234
	2D 形	YDN16—2D		16	1 050	5 000	138×141×27.5

附录表 20　常用高压钠灯主要特性

型　号	额定功率/W	光通量/lm	灯头型号	电源电压/V	寿命/h
NG100	100	6 000	E27/35 * 30	220	10 000
NG250	250	25 500	E40/45		
NG360	360	32 400	E40/45		
NG400	400	38 000	E40/45		
NG1000	1 000	100 000	E40/75 * 54		

附录表 21　金属卤化物灯型号及参数

型　号	电压/V	功率/W	光通量/lm	平均寿命/h	灯头型号
ZJD175	220	175	14 000	10 000	E40
ZJD250		250	20 500	10 000	
ZJD400		400	34 000	10 000	
ZJD175V(绿)		175	11 000	2 000	
ZJD250V(蓝)		250	15 000	2 000	
ZJD400HO(红)		400	20 000	3 000	
ZJD400ZI(紫)		400	10 000	3 000	
DDQ1800(镝灯)	380	1 800	1 260 000	1 000	

附录表22　低压钠灯的光电参数

型　号	额定功率/W	光源电压/V	工作电流/A	光通量/lm	灯头型号
ND35	35		0.60	4 800	
ND55	55	220	0.59	8 000	B22
ND90	90		0.94	12 500	
ND135	135		0.95	21 500	

附录表23　带反光罩多管荧光灯

灯　型　示　意	发光强度值/cd（光源为1 000 lm）			顶棚反射系数	0.30	0.50	0.70	
				墙面反射系数	0.10	0.30	0.50	
				地面反射系数	0.10	0.30	0.10	0.30
	$\theta°$	I_r（纵轴）	I_θ（横轴）	室形指数 i	利　用　系　数 u			
	0	242	242	0.6	0.25	0.29	0.34	0.36
	5	241	241	0.7	0.29	0.33	0.38	0.40
	15	230	241	0.8	0.33	0.36	0.42	0.44
	25	215	237	0.9	0.35	0.39	0.45	0.47
				1.0	0.38	0.42	0.47	0.50
	35	190	216	1.1	0.40	0.44	0.50	0.53
				1.25	0.43	0.48	0.53	0.57
	45	158	183	1.5	0.47	0.52	0.57	0.61
				1.75	0.51	0.54	0.60	0.65
	55	119	139	2.0	0.54	0.57	0.62	0.68
	65	76	93	2.25	0.56	0.59	0.64	0.70
				2.5	0.57	0.60	0.65	0.72
	75	40	40	3.0	0.60	0.63	0.67	0.75
	85	0	10	3.5	0.62	0.65	0.69	0.78
	90	0	0	4.0	0.64	0.66	0.70	0.80
				5.0	0.66	0.69	0.72	0.82

配光曲线示意

利　用　系　数　表 $s/h=1.0$																	
有效顶棚反射系数/%	70				50				30				10				0
墙反射系数/%	70	50	30	10	70	50	30	10	75	50	30	10	70	50	30	10	0
室空间比（RCR）																	
1	0.93	0.89	0.86	0.83	0.89	0.85	0.83	0.80	0.85	0.82	0.80	0.78	0.81	0.79	0.77	0.75	0.73
2	0.85	0.79	0.73	0.69	0.81	0.75	0.71	0.67	0.77	0.73	0.69	0.65	0.73	0.70	0.67	0.64	0.62
3	0.78	0.70	0.63	0.58	0.74	0.67	0.61	0.57	0.70	0.65	0.60	0.56	0.67	0.62	0.58	0.55	0.53
4	0.71	0.61	0.54	0.49	0.67	0.59	0.53	0.48	0.64	0.57	0.52	0.47	0.61	0.55	0.51	0.47	0.45
5	0.64	0.55	0.47	0.42	0.62	0.53	0.46	0.41	0.59	0.51	0.45	0.41	0.56	0.49	0.44	0.40	0.39
6	0.60	0.49	0.42	0.36	0.57	0.48	0.41	0.36	0.54	0.46	0.40	0.36	0.52	0.45	0.40	0.35	0.34
7	0.55	0.44	0.37	0.32	0.52	0.43	0.36	0.31	0.50	0.42	0.36	0.31	0.48	0.40	0.35	0.31	0.29
8	0.51	0.40	0.33	0.27	0.48	0.39	0.32	0.27	0.46	0.37	0.32	0.27	0.44	0.36	0.31	0.27	0.25
9	0.47	0.36	0.29	0.24	0.45	0.35	0.29	0.24	0.43	0.34	0.28	0.24	0.41	0.33	0.28	0.24	0.22
10	0.43	0.32	0.25	0.20	0.41	0.31	0.24	0.20	0.39	0.30	0.24	0.20	0.37	0.29	0.24	0.20	0.18

续表

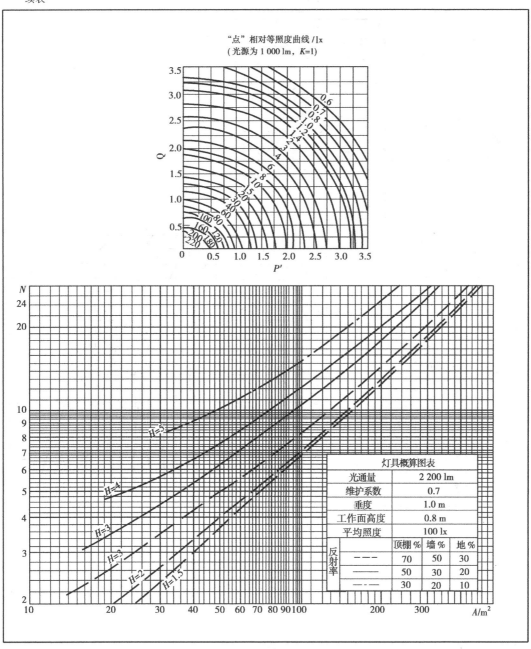

"点"相对等照度曲线 /lx
(光源为 1 000 lm,$K=1$)

灯具概算图表		
光通量	2 200 lm	
维护系数	0.7	
垂度	1.0 m	
工作面高度	0.8 m	
平均照度	100 lx	

反射率	顶棚%	墙%	地%
– – –	70	50	30
——	50	30	20
–·–	30	20	10

附录表24　JXDS—2型平圆吸顶灯计算图表

型　号		JXDS—2
规格/mm	φ	236
	D	296
	H	110
保护角		—
灯具效率		57%
上射光通比		22%
下射光通比		35%
最大允许距离比 s/h		1.32
灯头型式		2B22

平圆型吸顶灯
(白炽灯100 W，60 W)

配光曲线/cd 光源为1 000 lm

发光强度值/cd

θ	I_θ	θ	I_θ	θ	I_θ
0	84	60	57	120	39
5	84	65	52	125	39
10	83	70	46	130	38
15	82	75	41	135	38
20	81	80	36	140	37
25	80	85	33	145	35
30	77	90	31	150	34
35	74	95	32	155	34
40	71	100	34	160	31
45	67	105	36	165	30
50	64	110	38	170	29
55	61	115	38	175	30
				180	31

空间等照度曲线 1 000 lm X=1

利用系数表　s/h = 1.0

有效顶棚反射系数/%	80				70				50				30				0
墙反射系数/%	70	50	30	10	70	50	30	10	75	50	30	10	70	70	30	10	0
室空间比																	
1	0.56	0.53	0.50	0.47	0.52	0.49	0.47	0.44	0.45	0.42	0.41	0.39	0.38	0.36	0.35	0.34	0.26
2	0.50	0.45	0.41	0.38	0.47	0.42	0.39	0.36	0.40	0.37	0.34	0.31	0.34	0.31	0.29	0.27	0.21
3	0.46	0.40	0.35	0.31	0.42	0.37	0.33	0.29	0.36	0.32	0.29	0.26	0.31	0.28	0.25	0.23	0.17
4	0.42	0.35	0.30	0.26	0.39	0.32	0.28	0.24	0.33	0.28	0.25	0.22	0.28	0.24	0.21	0.19	0.14
5	0.38	0.31	0.26	0.22	0.35	0.29	0.24	0.21	0.30	0.25	0.21	0.18	0.25	0.22	0.19	0.16	0.12
6	0.35	0.27	0.22	0.19	0.32	0.26	0.21	0.18	0.28	0.22	0.19	0.16	0.24	0.19	0.16	0.14	0.15
7	0.32	0.25	0.20	0.16	0.30	0.23	0.18	0.15	0.26	0.20	0.16	0.14	0.22	0.17	0.14	0.12	0.09
8	0.30	0.22	0.17	0.14	0.28	0.21	0.16	0.13	0.24	0.18	0.14	0.12	0.20	0.16	0.13	0.10	0.08
9	0.28	0.20	0.15	0.12	0.26	0.19	0.14	0.12	0.22	0.16	0.13	0.10	0.19	0.14	0.11	0.09	0.07
10	0.25	0.18	0.13	0.10	0.23	0.17	0.13	0.10	0.20	0.15	0.11	0.09	0.17	0.13	0.10	0.08	0.05

亮 度 系 数 表																
有效顶棚反射系数/%	80				70				50				30			
墙反射系数/%	70	50	30	10	70	50	30	10	70	50	30	10	70	50	30	10
墙 面																
室空间比																
1	0.30	0.20	0.11	0.03	0.28	0.19	0.11	0.03	0.25	0.17	0.09	0.03	0.22	0.15	0.08	0.02
2	0.27	0.17	0.09	0.02	0.25	0.16	0.09	0.02	0.22	0.14	0.08	0.02	0.19	0.13	0.07	0.02
3	0.25	0.15	0.08	0.02	0.23	0.14	0.07	0.02	0.20	0.13	0.07	0.02	0.17	0.11	0.06	0.01
4	0.23	0.14	0.07	0.02	0.22	0.13	0.07	0.02	0.19	0.11	0.06	0.01	0.16	0.10	0.05	0.01
5	0.22	0.13	0.06	0.01	0.20	0.12	0.06	0.01	0.17	0.10	0.05	0.01	0.15	0.09	0.05	0.01
6	0.20	0.12	0.06	0.01	0.19	0.11	0.05	0.01	0.16	0.10	0.05	0.01	0.14	0.08	0.04	0.01
7	0.19	0.11	0.05	0.01	0.18	0.10	0.05	0.01	0.16	0.09	0.04	0.01	0.13	0.08	0.04	0.01
8	0.18	0.10	0.05	0.01	0.17	0.09	0.04	0.01	0.15	0.08	0.04	0.01	0.13	0.07	0.03	0.01
9	0.17	0.09	0.04	0.01	0.16	0.09	0.04	0.01	0.14	0.08	0.04	0.01	0.12	0.07	0.03	0.01
10	0.17	0.09	0.04	0.01	0.16	0.08	0.04	0.01	0.13	0.07	0.03	0.01	0.12	0.06	0.03	0.00
顶 棚 空 间																
室空间比																
1	0.29	0.27	0.26	0.24	0.25	0.23	0.22	0.21	0.17	0.16	0.15	0.14	0.09	0.09	0.08	0.08
2	0.30	0.27	0.24	0.22	0.25	0.23	0.21	0.19	0.17	0.16	0.14	0.13	0.09	0.09	0.08	0.08
3	0.30	0.26	0.24	0.21	0.26	0.23	0.20	0.18	0.17	0.15	0.14	0.13	0.10	0.09	0.08	0.07
4	0.30	0.26	0.23	0.20	0.26	0.22	0.20	0.18	0.17	0.15	0.14	0.12	0.10	0.09	0.08	0.07
5	0.30	0.26	0.22	0.20	0.26	0.22	0.19	0.17	0.17	0.15	0.13	0.12	0.10	0.08	0.08	0.07
6	0.30	0.25	0.22	0.19	0.26	0.22	0.19	0.17	0.17	0.15	0.13	0.12	0.10	0.08	0.07	0.07
7	0.30	0.25	0.21	0.19	0.26	0.21	0.19	0.17	0.17	0.15	0.13	0.12	0.10	0.08	0.07	0.07
8	0.30	0.25	0.21	0.19	0.25	0.21	0.18	0.16	0.17	0.14	0.13	0.11	0.09	0.08	0.07	0.07
9	0.30	0.24	0.21	0.19	0.25	0.21	0.18	0.16	0.17	0.14	0.13	0.11	0.09	0.08	0.07	0.07
10	0.20	0.24	0.21	0.19	0.25	0.21	0.18	0.16	0.17	0.14	0.12	0.11	0.09	0.08	0.07	0.07

灯具概算图表			
光通量	1 140 lm		
维护系数	0.75		
灯吊下来的长度	0		
工作面高度	0		
平均照度	100/lx		
反射率		顶棚%	墙%	地%
	- - - -	70	50	30
	———	50	30	20
	—·—·—	30	20	10

100 W × 1.0
60 W × 1.97

附录表25 部分电力装置要求的工作接地电阻值

序号	电力装置名称	接地的电力装置特点		接地电阻值
1	1 kV 以上大电流接地系统	仅用于该系统的接地装置		$R_E \leqslant \dfrac{2\ 000\ \text{V}}{I_k^{(1)}}$ 当 $I_k^{(1)} > 4\ 000$ A 时 $R_E \leqslant 0.5\ \Omega$
2	1 kV 以上小电流接地系统	仅用于该系统的接地装置		$R_E \leqslant \dfrac{250\ \text{V}}{I_E}$ 且 $R_E \leqslant 10\ \Omega$
3		与 1 kV 以下系统共用的接地装置		$R_E \leqslant \dfrac{120\ \text{V}}{I_E}$ 且 $R_E \leqslant 10\ \Omega$
4	1 kV 以下系统	与总容量在 100 kV·A 以上的发电机或变压器相联的接地装置		$R_E \leqslant 4\ \Omega$
5		上述（序号4）装置的重复接地		$R_E \leqslant 10\ \Omega$
6		与总容量在 100 kV·A 及以下的发电机或变压器相联的接地装置		$R_E \leqslant 10\ \Omega$
7		上述（序号6）装置的重复接地		$R_E \leqslant 30\ \Omega$
8	避雷装置	独立避雷针和避雷线		$R_E \leqslant 10\ \Omega$
9		变配电所装设的避雷器	与序号4装置共用	$R_E \leqslant 4\ \Omega$
10			与序号6装置共用	$R_E \leqslant 10\ \Omega$
11		线路上装设的避雷器或保护间隙	与电机无电气联系	$R_E \leqslant 10\ \Omega$
12			与电机有电气联系	$R_E \leqslant 5\ \Omega$
13	防雷建筑物	第一类防雷建筑物		$R_{sh} \leqslant 10\ \Omega$
14		第二类防雷建筑物		$R_{sh} \leqslant 10\ \Omega$
15		第三类防雷建筑物		$R_{sh} \leqslant 30\ \Omega$

注：R_E 为工频接地电阻；R_{sh} 为冲击接地电阻；$I_k^{(1)}$ 为流经接地装置的单相短路电流；I_E 为单相接地电容电流。

附录表26 土壤电阻率参考值

土壤名称	电阻率/(Ω·m)	土壤名称	电阻率/(Ω·m)
陶粘土	10	砂质黏土、可耕地	100
泥炭、泥灰岩、沼泽地	20	黄土	200
捣碎的木炭	40	含砂黏土、砂土	300
黑土、田园土、陶土	50	多石土壤	400
黏土	60	砂、砂砾	1 000

附录表27 垂直管形接地体的利用系数值

1. 敷设成一排时(未计入连接扁钢的影响)

管间距离与管子长度之比 a/l	管子根数 n	利用系数 η_E	管间距离与管子长度之比 a/l	管子根数 n	利用系数 η_E
1		0.84 ~ 0.87	1		0.67 ~ 0.72
2	2	0.90 ~ 0.92	2	5	0.79 ~ 0.83
3		0.93 ~ 0.95	3		0.85 ~ 0.88
1		0.76 ~ 0.80	1		0.56 ~ 0.62
2	3	0.85 ~ 0.88	2	10	0.72 ~ 0.77
3		0.90 ~ 0.92	3		0.79 ~ 0.83

2. 敷设成环形时(未计入连接扁钢的影响)

管间距离与管子长度之比 a/l	管子根数 n	利用系数 η_E	管间距离与管子长度之比 a/l	管子根数 n	利用系数 η_E
1		0.66 ~ 0.72	1		0.44 ~ 0.50
2	4	0.76 ~ 0.80	2	20	0.61 ~ 0.66
3		0.84 ~ 0.86	3		0.68 ~ 0.73
1		0.58 ~ 0.65	1		0.41 ~ 0.47
2	6	0.71 ~ 0.75	2	30	0.58 ~ 0.63
3		0.78 ~ 0.82	3		0.66 ~ 0.71
1		0.52 ~ 0.58	1		0.38 ~ 0.44
2	10	0.66 ~ 0.71	2	40	0.56 ~ 0.61
3		0.74 ~ 0.78	3		0.64 ~ 0.69

附录表28 爆炸和火灾危险环境的分区

分区代号	环 境 特 征
0 区	连续出现或长期出现爆炸性气体混合物的环境
1 区	在正常运行时可能出现爆炸性气体混合物的环境
2 区	在正常运行时不可能出现爆炸性气体混合物的环境,或即使出现也仅是短时存在的爆炸性气体混合物的环境
10 区	连续出现或长期出现爆炸性粉尘环境
11 区	有时会将积留下的粉尘扬起而偶然出现爆炸性粉尘混合物的环境
21 区	具有闪点(flash-point)高于环境温度的可燃液体,在数量和配置上能引起火灾危险的环境
22 区	具有悬浮状、堆积状的可燃粉尘或可燃纤维,虽不可能形成爆炸混合物,但在数量和配置上能引起火灾危险的环境
23 区	具有固体状可燃物质,在数量和配置上能引起火灾危险的环境

参考文献

[1] 建筑电气杂志社,全国建筑电气设计情报网资深理事专家委员会.建筑电气常用法律及规范选编.北京:中国电力出版社,2002

[2] 水利电力部西北电力设计院.电力工程电气设计手册.北京:水利电力出版社,1989

[3] 电力工业部西北电力设计院.电力工程电气设备手册.北京:中国电力出版社,1998

[4] 电力工业部西北电力设计院.电力工程电气设备手册.北京:中国电力出版社,1996

[5] 北京市建筑设计研究院编制组.建筑电气专业设计技术措施.北京:中国建筑工业出版社,1998

[6] 建筑电气学会编写组.灯具设计安装图册.北京:机械工业出版社,1996

[7] 建筑电气学会编写组.灯具设计安装图册.北京:机械工业出版社,1996

[8] 中华人民共和国机械工业部.机械工厂电力设计规范.北京:机械工业出版社,1996

[9] 中国建筑东北设计研究院.民用建筑电气设计规范.北京:中国计划出版社,1993

[10] 国家质量监督局等.城市电力规划设计规范.北京:中国建筑工业出版社,1999

[11] 全国通用建筑标准设计编委会.电气装置标准图集.北京:中国标准出版社,1998

[12] 全国电气图形符号标准化技术委员会.国家标准电气制图.北京:中国标准出版社,1994

[13] 全国电气图形符号标准化技术委员会.电气图形符号应用实例图册.北京:中国标准出版社,1994

[14] 刘介材.工厂供电.北京:机械工业出版社,1999

[15] 刘介材.工厂供用电实用手册.北京:机械工业出版社,2001

[16] 俞丽华,朱桐城.电气照明.上海:同济大学出版社,1990

[17] 胡乃定.民用建筑电气技术设计.北京:清华大学出版社,1993